数
体系と歴史

足立恒雄 著

朝倉書店

まえがき

　数学が物理学のような自然科学ではないという事実は広く知られている．力学の教科書を開くと力・運動・空間といった術語が説明らしい説明もなくいきなり登場し，基礎から一歩一歩理解していくという学習方法を拒んでいる．物理学は基礎からすべてを直線的に理解できるような学問ではなく，最後まで読み通して初めて運動や力といった概念の真の理解に達するものらしい．それは宇宙がわれわれより先に存在していて，われわれはその中にいながら宇宙の森羅万象を理解しようとしているのだから当然であろう．言葉を知らないで字引を引くことができないのと同じなのではなかろうか．

　一方，数学はそうした経験科学ではなく，定義があり，公理があり，その上で命題があって，それを証明することから成り立っている．極端なことを言えば，われわれが勝手に決めた約束事の世界なのである．だから，十分の忍耐と理解力さえあれば（そんな忍耐力と理解力を兼備した人はめったにいないにしても），原理的には基礎からすべてを理解できるはずである．

　とは言うものの，実際には途中の段階では五里霧中で，最後まで読んで初めて何を目的としていたのかがやっと了解できるという事情は物理学とそう変わらない．それに，どんな数学書を読んでも集合や論理などの基礎は直感に頼っている部分が多くて，その砂上楼閣ぶりは物理学と大同小異，五十歩百歩というところである．ではあるが，数学者は，実際には論理も集合も厳密に公理的に展開できることを少なくとも知識の上では知っているので，安心して自らの専門を研究することができるのである．

　しかし，ある程度歳をとると建前上は知っているのだが，本当に数学は基礎から積み上げていくことができるのだということを自分自身の目で確かめたくなるものである．正確に言うと，そういう気持ちになる数学者も少なくないだろう．

　と思ったときに本棚を見回しても，本屋に行っても，数学の基礎を書き切った，これを読めば痒いところに手が届くというような都合の良い本は（唯一の例外を除いて）存在しない．基礎論や集合論の教科書は，何の予備知識もまったく

仮定していない「はずである」にもかかわらず，とても読み通せるものではない．数学のアマチュアが専門の数学書を読んだときにどんな気持ちがするものかわかりたかったら，数学基礎論の専門書を読んでみればよい，と言っておこう．

　話は変わる．

　ずいぶん昔，調べてみれば 30 年近くも前のことだが，いまは亡き廣瀬 健さんがニコニコしながら自慢そうに一冊の本を見せてくれた（「ニコニコ」と「自慢」とは廣瀬さんのキーワードである）．それは，これもいまは亡き島内剛一さんの『数学の基礎』（日本評論社）だった．廣瀬さんが何を言ったかいまとなっては思い出せないのだが，「数学の基礎は全部この本に尽くされている」というようなことを言ったのだろう．とにかく自分の敬愛する島内さんが良い本を書いたというので，わがことのようにうれしくて自慢したかったに違いない．

　筆者はそのときは易しいことがくどくどと書いてある入門書だというような印象を持っただけだった（凡人はいつも後になって悟る）．当時すでに数学基礎論に興味を持つようになっていたはずなのだが，基礎論と数学を別物のように考えていたのではなかろうか．

　「一般に，数学は論理的であり，厳密な学問だと思われている．ところが，その数学の基礎となる数や集合の概念，論理などは，直感的に導入され把握されたものが，そのまま用いられることが多い．微分積分学にしても，線形代数学にしても，このままでは砂上の楼閣にすぎない．たまに自然数論，実数論，集合論，論理学などが展開されることはあっても，自然数，実数，集合，論理などが単独に取り扱われ，それら相互や，他の数学との有機的関係にまで立ち入って論じられることは少ない．本書は，この間隙を埋めるために書かれたものであり，論理に始まり，初等関数の導入によって終わる．」

　これは『数学の基礎』の序文である．つまり，数学の基礎を尽くした本はないと先に書いたが，その唯一の例外が島内さんの本なのである．このように，厳密かつ平易に，付け入る隙なく数学の基礎を説いた著作は欧米にも類がない．この名著がいまや絶版だという．

　さて，本書のことである．

　島内さんの本との違いを言えば，筆者は長年数体系の発展史に関心を抱いてきた関係上，数体系の解説に本書の目的を絞った．上に紹介した序文の最後を「論理に始まり，複素数の導入によって終わる」とすれば本書の内容を言い尽くして

いるだろう．すべての定義や定理は数体系のためであり，その目的だけで種々の概念を導入するにもかかわらず，集合の濃度（基数）まで含めた数学における主要な概念がすべて登場して繰り返し使われるというのは不思議なくらいである．これは数体系こそが数学の基盤であり，母胎であるのだという証拠であろう．

あえてさらに二三特徴を付け加えれば，数の体系が歴史的にどういう発展の仕方を遂げてきたのかを各章の冒頭に簡単に解説した．これは無味乾燥になりがちな数学書に彩りを添えて読者の興味をつなぐという目的にとどまらず，これからひたすら数学の研究に邁進しようという学生といえども，自らの目指す学問の依って立つ歴史的背景について一通りは目配りしておくべきだというのが筆者の持論で，こうしたメモを挿入することでいくらかでも歴史に対する関心を持ってもらうきっかけにしたかったからである．

さらに，島内さんは基礎論の専門家で，筆者はそうではないというのも特徴の一つであると考える．専門家には，本書の論理や集合に関する記述はくどく，まどろっこしく感じられるに違いない．しかし，この程度の内容を盛るにも非専門家である筆者にとっては膨大な時間を要したのだということを専門家には知ってもらいたいと思う．簡単に言えば，基礎論の専門家はもっと一般の数学者，ならびに世間の知識人との溝を埋めるべく，あるいは自らを理解させるべく努力をすべきだと思うのである．同時に，本書は一般の数学の学徒にとっては専門家の著書よりはなじみやすいと思うので，数学基礎論への関心と理解への掛け橋となれば，というのが直接的ではないにしても目的の一つである．しかし，むだと誤りの少ない，贅肉を削ぎ落とした古武士を連想させる島内さんの本と比較すると，むだと誤りの多いのが本書の特徴だとされるのではないかと心配ではある．

本文中，文字を小さくした個所や＊を付けた命題の証明は，こうした類の本を初めて読む場合には定理の意味を理解するだけでよいというつもりである．先にも述べたが，数学を学ぶ学生にとって基礎的な部分がかえって難しいようなところがあるので，読める章，関心のある話題を拾い読みできるようにできるだけ定義を繰り返して述べ，また記号の説明も繰り返すように，参照する定理・定義を詳細に付するように気を配ったつもりである．逆に言えば，最初から全部隅々まで理解しようという読み方では骨が折れるだろう，むしろ何度も繰り返し読むという方法で理解を深めていっていただきたい．書かれている内容は数学4000年の歴史を背景にした数体系の集大成なのであるから，十分そうした読み方に値す

るものであると確信している．

　最後になったが，論理や集合など基礎論的な話題について，同僚の江田勝哉さんにいろいろ教えていただいた．最後の第8章の実閉体と四元数体の話題は，複素数が究極的な数体系なのだということを立証するために書いたもので，いくらかオリジナルな内容が含まれている．この部分に関してはやはり同僚の橋本喜一朗さんに議論の相手になっていただき，また数々ご教示いただいた．島根大学の尾崎 学さんには原稿を精読していただき，本人では気がつきにくい誤りを数多くご指摘いただいた．お三方にお礼を申し上げる．しかし，せっかくお世話になりながら書き直してさらに誤りを混入させたのではないかと危惧する．読者諸兄のご指摘を待って訂正していきたい．

　最後の最後に，オタク人間になって朝から晩までしがみついているパソコンから引き剥がし，食事をさせたり寝かしつけたり，健康の管理に怠りない妻の恵子さんに感謝する．

　　2001年11月　還暦を迎えた日に

足 立 恒 雄

目　次

1. **論　理** ——————————————————————————— 1
   - 1.1　命題論理　1
     - 1.1.1　はじめに　1
     - 1.1.2　命題についてのお話　5
     - 1.1.3　命題と証明の定義　11
   - 1.2　述語論理　17
     - 1.2.1　述語論理をめぐるお話　17
     - 1.2.2　述語論理と証明　24
2. **集　合** ——————————————————————————— 32
   - 2.1　素朴な集合論　32
     - 2.1.1　基本的な考え方　32
     - 2.1.2　関数と写像　39
   - 2.2　公理的集合論　47
     - 2.2.1　集合論の公理系　47
     - 2.2.2　集合論の展開　53
   - 2.3　整列原理・ツォルンの補題　61
3. **自　然　数** ——————————————————————— 67
   - 3.1　自然数をめぐるお話　67
   - 3.2　自然数論　73
     - 3.2.1　自然数の演算　73
     - 3.2.2　自然数の順序関係　79
   - 3.3　純粋算術　81
4. **整　　数** ——————————————————————— 85
   - 4.1　整数をめぐるお話　85
   - 4.2　類　別　89
   - 4.3　整数の構成　92

4.4 初等整数論入門　100

5. 有理数 —————————————— 109
5.1 有理数をめぐるお話　109
5.2 有理数の構成　114

6. 代数系 —————————————— 117
6.1 諸代数系の定義　117
6.2 代数系の同型・準同型　124
6.3 イデアル　130
6.4 多項式環　134

7. 実数 ——————————————— 144
7.1 実数をめぐるお話　144
7.2 順序体　149
7.3 実数体の公理的特徴づけ　156
7.4 実数体の構成　160
7.5 濃度　166

8. 複素数 —————————————— 174
8.1 複素数をめぐるお話　174
8.2 体論の基礎　177
   8.2.1 代数拡大　177
   8.2.2 代数閉包　181
   8.2.3 超越拡大　184
8.3 複素数の構成　186
8.4 複素数体のもつ性質　189
   8.4.1 方程式論の基本定理　189
   8.4.2 実閉体　193
8.5 ハミルトンの四元数体　199

問題のヒントと略解 ——————————— 204
参考文献 ———————————————— 208
索引 —————————————————— 209

記号一覧

■ 論 理

$\bot$	偽命題:たとえば 1=0	$\Gamma \vdash P$	命題列 Γ を仮定すると P が証明される
$\neg P$	命題 P の否定命題	$\forall x P(x)$	任意の x に対して $P(x)$ が成り立つ
$P \vee Q$	P または Q	$\forall x \in X P(x)$	X 内の任意の x に対して $P(x)$ が成り立つ
$P \wedge Q$	P かつ Q	$P(x)$ for $\forall x \in X$	X 内の任意の x に対して $P(x)$ が成り立つ
$P \rightarrow Q$	P ならば Q		
$P \Rightarrow Q$	P ならば Q	$\exists x P(x)$	$P(x)$ を満たす x が存在する
$P \rightleftharpoons Q$	P と Q は同値	$\exists_1 x P(x)$	$P(x)$ を満たす x が一意的に存在する
$P \Leftrightarrow Q$	P と Q は同値	$\exists x \in X P(x)$	$P(x)$ を満たす x が X 内に存在する
$\Gamma \vDash P$	命題列 Γ を仮定すると P が真	$\exists x \in X$ s.t. $P(x)$	$P(x)$ を満たす x が X 内に存在する

■ 集 合

$x \in X$	x は集合 X の元(要素)	$\bigcup X$	集合 X の和集合
$\{x, y\}$	対集合:x と y からなる集合	$\bigcup_{\lambda \in \Lambda} X_\lambda$	集合族 X_λ, $\lambda \in \Lambda$ の和集合
$\{x\}$	単集合:要素が x だけの集合	$X \cap Y$	集合 X と集合 Y の共通部分集合
$\{x \in X \mid P(x)\}$	$P(x)$ を満たす X の元 x のなす集合	$\bigcap X$	集合 X の共通部分集合
$\{a_n\}_{n \in N}$, $\{a_n\}_n$	数列	$\bigcap_{\lambda \in \Lambda} X_\lambda$	集合族 X_λ, $\lambda \in \Lambda$ の共通部分集合
$\{a\}_n$	一般項が a の定数項数列		
$\emptyset$	空集合	$X \sqcup Y$	集合 X と集合 Y の直和
V	宇宙:すべての集合のなす類	$\bigsqcup_{\lambda \in \Lambda} X_\lambda$	集合族 X_λ, $\lambda \in \Lambda$ の直和
$X \subseteq Y$	X は Y の部分集合	$X - Y$	集合 X と集合 Y の差集合
$X \subsetneq Y$	X は Y の真部分集合	$\wp(X)$	集合 X の冪集合:X のすべての部分集合のなす集合
(x, y)	順序対		
$T: X \rightarrow Y$	X から Y への写像	$X \times Y$	集合 X と集合 Y の直積
$T(x)$	写像 T による元 x の値	$\prod_{\lambda \in \Lambda} X_\lambda$	集合族 X_λ, $\lambda \in \Lambda$ の直積
$T(X)$	写像 T による X の値域(像)	$\|X\|$	集合 X の濃度:有限集合の場合はその個数
$x \mapsto y$	元 x に元 y を対応させる写像		
$G \circ F$	写像 F と G の合成写像	$\|X\| \leq \|Y\|$	X の濃度は Y の濃度を越えない
id_X	X 上の恒等写像		
$X \sim Y$	集合の対等	X^Y	集合 Y から集合 X へのすべての写像のなす集合
$X \cup Y$	集合 X と集合 Y の和集合		

■ 基本的な数体系

x^+	x の次の数(集合): $x^+=x\cup\{x\}$	Q	有理数体:すべての有理数のなす集合
ω	すべての自然数のなす集合	R	実数体:すべての実数のなす集合
N	すべての自然数のなす集合	C	複素数体:すべての複素数のなす集合
Z	有理整数環:すべての有理数のなす集合	$H(R)$	極大実体 R 上の四元数体

■ 代数系

$x\equiv y \pmod{m}$	x は y に m を法として合同	$K(a)$	体 K に元 a を添加した体
$a\|b$	a は b を割り切る	$K[a]$	体 K に元 a を添加した環
$a\sim b$	a は b に同値	$K[S]$	体 K に元の集合 S を添加した環
$\bar{x}$	x の属する同値類	$K(S)$	体 K に元の集合 S を添加した体
(a)	a で生成される単項イデアル		
$(a_1,\cdots,a_n)$	$a_1,\cdots,a_n$ で生成されるイデアル,あるいは最大公約数	$K[X]$	体 K の元を係数とする 1 変数多項式環
		$K[[X]]$	体 K の元を係数とする 1 変数冪級数環
G/N	群 G の正規部分群 N による商群	$K((X))$	体 K の元を係数とする 1 変数冪級数体
R/A	環 R のイデアル A による商環	$K[X,Y]$	体 K の元を係数とする 2 変数多項式環
$X\simeq Y$	代数系 X は代数系 Y に同型	$\lim_{n\to\infty}a_n$	数列 $\{a_n\}_n$ の極限
L/K	L は体 K の拡大体	$a<X$	任意の $x\in X$ に対して $a<x$ が成り立つ
$[L:K]$	体 L の部分体 K 上の拡大次数	$(a,b),(a,b],[a,b]$	実数 $a,b\,(a<b)$ で定まる開(半開,閉)区間

論　理

1.1 命題論理

1.1.1 はじめに

　数学は厳密な学問であるとされている．その理由は数学は定理から成り立っていて，その定理が証明されているからであろう．しかし，証明されるからにはもとになる命題があるはずである．何もまったく仮定しないで何かが証明されるはずもない．そこで数学が完全に厳密な学問だというのなら，その仮定されている命題も証明されていなければならないことになる．

　たとえば，「複素数係数の n 次方程式は重複も含めて勘定すれば n 個の根をもつ」という有名な命題(本書では方程式論の基本定理と呼ぶ)を考えてみよう．まず，根が複素数であることを要求するのだとすれば，複素数とは何かがわかっていなければならない．複素数とは $a+bi$ という形式で a,b は実数という形に表せるものだとすると，実数とは何かがわかっていなければならない．そして基本定理の証明には奇数次実数係数の方程式は実根をもつという命題が使われるのだが，その命題自身は実数のもつ連続性という難しい性質を使って証明されるのである．そしてさらに実数 a,b が

$$a+b=b+a, \quad ab=ba, \quad a(b+c)=ab+ac$$

といった基本的な公式を満たしていることを，当然ながら利用する．どうして実

ヒルベルト
(DAVID HILBERT, 1862-1943)

数がそんな公式を満たすのかというと，……．こんな連鎖はどこまで続くのだろうか，というのは数学に志す人間なら一度は抱いた疑問であるに違いない．

数学を厳密に展開する方法として，20世紀前半を代表する大数学者ヒルベルト (1862-1943) は，二つの方法をあげている．ヒルベルトは，一つは生成的方法で，もう一つは公理的方法だという．

生成的方法とは，1から出発して，自然数の列をつくり，それらの間の和や積が導入され，引き算もできるようにするために 0 および負の整数も導入される．次に，割り算もできるようにするため有理数が整数の対としてつくられる．それだけでは十分ではない．たとえば，円周率 π を考えてみるとこれは有理数ではないからである．そこで何らかの方法で（たとえば 10 進無限小数として）実数というものを定義する．それでも 2 次方程式すら全部解けるわけではないので，$i^2=-1$ なる数をつくり出し，複素数を定義する．このように次々と概念を拡張していくのが，生成的（あるいは構成的）方法である．

もう一つの公理的方法では，幾何学の例でいえば点・直線・平面というものを無定義要素として（あるいは，わかりやすくいえば，初めから存在しているものと仮定して），それら相互間の関係を公理という形で規定するのである．たとえば，「2 点 P, Q を通るような直線がただ一本存在する」というのが典型的な公理である．そして公理系には，そこから矛盾は導けないことと，知られる限りの定理はこの公理系から導けるという二つの事柄が要求される．

以上がヒルベルトの説くところで，ヒルベルトは『幾何学の基礎』([Hilb]；初版 1899 年) において公理的方法を展開し，ユークリッド幾何学を完璧なものに

するという，いにしえからの夢を実現したのだった．ユークリッド幾何学はもともと完璧な論理体系だったのではないのか，と考えているナイーブな読者には「三角形 ABC の辺 BC を通る直線は必ず辺 AB または辺 AC と交わる」という命題は明らかそうにはみえるが，これは古代ギリシアのエウクレイデス（英語ではユークリッド）が著した『ストイケイア（原論）』で述べられた公理系からは証明できないことが知られているということを指摘しておこう．古来厳密の象徴のようにいわれてきた『原論』も，現代の目からみれば完璧な論理体系というにはほど遠いのである．

　ヒルベルトもいっていることだが，通常の数学理論は公理的に展開される．たとえば，現代の大学で微積分学を学習する場合にも，現に公理的方法が採用されている．まず講義の最初の時間に，実数の体系は加法・乗法に関してはかくかくの基本命題（公理）が成り立っていること，大小関係についてはしかじかの基本命題が成り立っていることを述べる．工学部の講義などでは，必ずしも公理（基本的仮定）とは呼ばれていないで，当然成り立つ命題として認められているかもしれない．しかし，いくつかの命題を基本的前提として認めているという意味では同じことである．さらに「単調増加で有界な実数列は収束する」という命題（実数の連続性）を公理としてか，あるいは当然のこととしてかは別にしても，認めて，大学の微積分学はここから出発するのである．

　一方，数学を専攻しようという立場の学科ではどうだろうか．数学の基礎である数体系を導入するにあたっては，多くの場合構成的方法がとられているだろう．というのは，微積分学の基礎をなす実数論は，公理として認めてしまうにはあまりに複雑にして精緻な体系だからである．公理というからには，自明な（少なくともそうみえるほど簡単な）命題でなければならない．そういうわけで実数を基礎にとるのでは満足せず，有理数論を既知として実数を構成する講義の方法もあるだろう．しかし，さらにさかのぼって，われわれにとっては天与といってよい算術（自然数論）を基礎にとる立場もある．すなわち，自然数の全体のなす集合 N をいくつかの（たとえば1は自然数であるとか，ある数が自然数なら1を加えた次の数も自然数であるといった）公理を満たす集合として規定し，あとの数体系を生成的に構成していくのである．

　その体表的な例が，19世紀後半を代表する大数学者デデキント (1831-1916)

デデキント
(Richard Dedekind,
1831–1916)

ランダウ
(Edmund Landau,
1877–1938)

による『数とは何であり，何であるべきか』(1887 年)，および『連続性と無理数』(1872 年；ともに [Dede] 所収) である．前者では自然数が公理的に叙述され，後者では有理数から実数を構成するという仕事がなされている．デデキントはその中で「$\sqrt{2}\sqrt{3}=\sqrt{6}$ はかくして初めて証明された」のだと（言葉どおりではないにしても，実質的にはそのように）誇らしげに宣言したのだった．

これで数学の厳密性が十分確立されたと考えてもよいだろう．実際，厳密に数の体系を講じる教科書では，(実際にはデデキントの方が早いのだが，どういうわけか) ペアノの公理系と称される自然数論の公理系の叙述から始まるのが普通である．その代表例として，ランダウ (1877-1938) の『解析学の基礎』(1929 年) をあげておこう．

ここで，冒頭の「数学は厳密な学問である」という立言に戻ってみよう．

はたしてそうだろうか．偉大な数理論理学者フレーゲ (1848-1925) は算術の論証を綿密に分析し，簡単な算術にさえ，曖昧な論理が氾濫していて，徹底的に見直さなければ数学は厳密な学問であるなどとは主張できないことを実証した．フレーゲは後に，デデキントの仕事にさえ，まだ論理的には完全からほど遠いと不満をもらしたものである．そしてフレーゲは数学の論理学への還元を唱え，その目標を実現するために述語論理という数学用の人工言語を開発したのだった (『概念文字』1879 年)．論理学への還元というフレーゲのプログラムは，彼自身が認めるように破綻したのではあるが，述語論理による記述のおかげでその後数学の基礎を研究する分野は大いに進展し，以前は無意識に使われていた推論の中

にも，決して自明とはいえないものの存在することが徐々に認識されていった．選出公理 (2.2.1 項：p.50 参照) はその一例だが，現代数学において欠かすことのできない公理であるにもかかわらず，一般の数学の世界ではなお十分意識されていないような傾向があるのも，実数論あたりから数学を始める伝統と関係があるのかもしれない．

　以上を要約するとこうである．数学の理論は公理を設定して展開される．しかし，実数論の場合はあまりに複雑にして高度な理論体系なので，より自明性の高い算術 (自然数論) を基礎とする道がとられる．しかしながら，その自然数論もそのままでは決してわれわれの直観に自明と映るようなものではない．

　そういうわけで，われわれが「数学は厳密な学問である」と確信できるためには，数学で使われる論理も吟味せざるを得ないのである．こうした論理体系から，実数・複素数の体系まで厳密に吟味し構成するという作業が，本書で初めて実現したというわけではもちろんない．デデキント，フレーゲ，ヒルベルトの時代からすでに 1 世紀を経た現代の数学では常識といえるかもしれない．

　しかし，他人の経験は自分の経験ではない．常識としてなんとなく認められていても，一度は自分で吟味の作業を行ってみなければ納得しないのが，数学を志す学生の心意気でなければならない．

　というわけで，数の体系を人間理性の及ぶ限り厳密なものとして基礎づけるわれわれの旅は，数学における論理の検証から始まるのである．

1.1.2　命題についてのお話

　本項では，数学に不可欠な記号論理を違和感なく導入するための準備をする．

　命題という言葉でもって何らかの主張を意味することにする．一例をあげれば，「$2 \neq 1$」は真の命題であり，「$2 = 1$」は偽の命題である．

　では「すべての人間は死ぬ」という主張はどうか．これも主張であるからには命題である．そして普通は真であると考えられている．

　しかしどうだろうか．まだ人類は死滅していないから，すべての人が死ぬのかどうか決定しているわけではない．だから，この命題は厳密には真とはいえない．もちろん，偽ともいえない．ではあるが，真か偽かのどちらかではある．

　このように，命題は一般にそれを述べられた段階では真とも偽とも判定できないかもしれないにしても，真偽は定まっているものとする．すなわち，真偽の定

まっている主張を命題と呼ぶのである．

　数学では，必ず真偽が定まった式が出てくるというわけではない．たとえば，$x=y$ は x と y に具体的な数を代入すれば真偽が定まるけれども，このままでは真偽は定まっていない．こういう式も後に変数を含む命題という名で呼んで，命題の仲間に入れることになるが，本項の段階ではとりあえず，命題は真偽が定まっているものとして話を始めることにしよう．

　数学では，成り立つことが証明された命題を**定理**と呼ぶ（場合によっては命題とか，補題，系などともいう）．「方程式 $x^2+y^2=z^2$ を満たす自然数 x,y,z が存在する」という命題は定理の実例である．なぜなら，$x=3, y=4, z=5$ はこの方程式を満足するからである．「$2\neq1$」もそういう意味では（いくらつまらなくても）定理は定理である．ただし，先の「すべての人間は死ぬ」という命題で述べたような揚げ足取りをここでもするなら，2 とは何か，1 とは何か，$\neq$ は何を意味するか，が厳密に定義されたという前提のもとにである．

　一方，「方程式 $x^3+y^3=z^3$ は自然数解 x,y,z をもつ」というのは，その証明は難しいけれども，偽命題である．つまり，そういう自然数は存在しない．

　自然科学以外の世界では，真偽が判定できそうにもない命題が少なくないのだが，数学でも実際には真偽が判定できていない命題がたくさん存在する．たとえば，フェルマーの大定理と呼ばれた命題を取り上げてみよう．これは「n が 3 以上の自然数であるなら，方程式 $x^n+y^n=z^n$ は自然数解 x,y,z をもたない」という主張である．これは 300 年以上の間定理と呼ばれてきたが，実際は単なる「予想」と呼ばれるべき性質の命題であった．しかし，20 世紀もほとんど終わりになってその正しいことが証明されたので，定理となったのである．

　たとえば，「すべての人間は死ぬ．私は人間である．ゆえに私は死ぬ．」というのは三段論法としてよく知られた論証の実例である．これが正しい論証であるとすると，私が死ぬのは確定の事実のようにみえるけれども，先に述べたように，命題「すべての人間は死ぬ」の真理性は決定的ではないから，この三段論法は単に「すべての人間は死ぬ」という仮定（前提）のもとに真であるにすぎない，云々というように，推論の真偽が内容にひきずられるおそれがあるから，記号論理学のように推論の構造を分析するのが目的の場合に一般的な命題を表すには，文字を使うのが普通である．

　一般的な命題を表すのに文字を使う方法は，ライプニツ (1646-1716) によって

ライプニツ
(GOTTFRIED WILHELM LEIBNIZ,
1646-1716)

組織的に始められた．アリストテレスも大いに文字を使ったという人もいるが，文献上でみる限り組織的とはいえないと思うので，私はライプニツがその道の創始者だとしたい．

P と Q を命題としよう．このとき，「P あるいは Q」，「P かつ Q」，「P ではない」，「P ならば Q」はいずれも命題である．つまり，「…あるいは…」，「…かつ…」，「…ではない」，「…ならば…」はすでにある命題から新しい命題をつくり出す方法である．命題を表すのに文字を使ったので，命題を結合するこれらの言葉にも定まった記号を割り当てることにする．これらは，記号に少々の違いはあるかもしれないが，高等学校で習ったものである．

▶**定義 1.1**◀ P, Q を命題とする．このとき

$$P \vee Q, \quad P \wedge Q, \quad \neg P, \quad P \rightharpoonup Q \tag{1.1}$$

でもってそれぞれ「P あるいは Q」，「P かつ Q」，「P ではない」，「P ならば Q」という命題を表す．

$\rightharpoonup$ の代わりに $\rightarrow$ を使う教科書も多い．しかし，本書では写像として $\rightarrow$ を多用するので，重複を避けて $\rightharpoonup$ を使う．また，ときには $\Rightarrow$ を使う．

なお，$(P \rightharpoonup Q) \wedge (Q \rightharpoonup P)$ を $P \rightleftharpoons Q$，ときには $P \Leftrightarrow Q$ と略記する．

たとえば，「今日は天気がよい」という命題を P とし，「明日は天気がよい」という命題を Q とすれば，(1.1)はそれぞれ「今日か明日か（少なくもどちらかは）天気がよい」，「今日も明日も天気がよい」，「今日は天気がよくない」，「今日天気がよければ，明日も天気がよい」という命題を表す．このように命題が具体的に

なれば，適当に言葉を補って正しい日本語にするものとしよう．

特に，時間が関係するときは注意が必要である．「叱られないと勉強しない」というA君に関する命題があったとする．この対偶を「勉強すると叱られる」とやってしまっては，何のことやら訳がわからなくなる．正しくは(A君が)「勉強しているということは，叱られたのである」とせねばならない．

しかし，日本語に限らず自然言語による推論にはかなりの曖昧性があるので，数学に使うためにはこうした命題結合の記号の意味を以下に述べるように限定しなくてはならない．このようにすると，対応する日常言語の使用法と完全には一致しない場合も出てくる．その場合は，自然言語のもつ曖昧性という欠陥を正すために，厳密な定義が考案されたのだという認識をもち，無理に自然言語と一致させようと試みるのを諦めるのが肝心である．

その1 「PまたはQ」は日常会話では「Pか，さもなければQ」，つまりPとQのどちらか一方だけが成り立つことを要求している場合が多い．しかし記号論理では，PとQのどちらか少なくとも一方が真のとき$P \vee Q$は真であると定義する．この$\vee$はラテン語のvelからとられたと聞いたことがある．ラテン語でvelは「どちらか少なくとも一方」を意味し，「Pか，さもなければQ」は別の単語autを使う．

その2 次に否定命題だが，「今日は天気がよい」をPで表すとき，$\neg P$は「今日は天気がよくない」だが，二重否定$\neg \neg P (= \neg(\neg P))$は「「今日は天気がよくない」ではない」となって，日常言語の中にうまい表現が見当たらない．「今日は天気がよくないわけではない」では意味が違ってくる．古語には「あらずんばあらず」という表現があるが，これも単なる肯定形と同値なわけではない．

$\neg \neg P$はPと**真理値**(命題を表す文字P, Qなどに真あるいは偽を代入したときの値)が常に一致するから，内容的にはたしかに$\neg \neg P$はPと同値である．だけれども，自然言語には二重否定の主張を表す表現がなく，部分否定の表現だけがあるので，なんとなく違和感があるのであろう．しかし$\neg P$が真なのはPが偽のとき，$\neg P$が偽なのはPが真のときと定めれば，$\neg \neg P$の真理値はPの真理値と一致することを認めないわけにはいかない．

その3 数学に使われる論理では「P ならば Q」という命題は P と Q がともに真のとき真で，P が偽のときは Q の真偽にかかわらず真であると**定義する**．P が偽のとき Q の真偽にかかわらず $P \to Q$ は真の命題であるというのは，最初は理解しにくいかもしれない．よく調べてみると，実は自然な感覚と合わないのは P が偽のときばかりではない．

たとえば，「$1=1$」を P とし，「$x^3+y^3=z^3$ は自然数解をもたない」を Q とするとき，「P ならば Q」は正しい命題だといわれても違和感があるだろう．自然言語において「P ならば Q」と主張されれば，Q は P と何らかの特別な論理的関連があって，P から Q が必然性をもって推論されていると暗黙のうちに認めているからである．しかし，論理的関連とは何かを問い出せばやっかいなことになるだろう．このために条件文 $P \to Q$ の真偽を前後関係は無視して単に真理値でもって定義するのが簡単であり，また**「偽でなければ真である」**という全数学に通じる指導原理にも適っているのである．

いまの場合，無条件に Q が成り立つところへ，ましてや P という仮定をつけたのだから，当然 Q が結論できるのだと考えよう．

さて，仮定が偽ならば，どんな結論を出してもよいというのが数学の論理の立場である．仮定が偽のとき条件文は何も主張していないのだというように説く数学の初心者向け教科書もみられないではないが，これでは命題「P ならば Q」の真偽と対偶「Q でないならば P ではない」の真偽とが一致しなくなって具合が悪い．

ある講演の席上，ラッセル(1872-1970)が「偽命題からはどんな命題でも導け

ラッセル
(BERTRAND RUSSELL, 1872-1970)

る」と話したとき，聴衆から「では $1 \neq 1$ という命題から，あなたが法王であるということを証明してくれ」と挑戦されたという話を読んだ記憶がある．ラッセルは直ちにこの求めに応じたというのだが，「偽命題を前提すれば任意の命題が結論できる，というのは論理学の公理である」などと凡庸な数学者のような答え方をしたら，聴衆は納得しなかっただろう．彼の答えは忘れたけれども，きっと次のようであっただろう．というのは，これは論理学史上よく知られた論証だからである．

(1) 「$1=1$」が真だから「$1=1$」∨「私は法王である」も真である．

(2) 「$1\neq 1$」が真である (すなわち，「$1=1$」は偽である) と仮定されているので，「$1=1$」∨「私は法王である」が真であるためには「私は法王である」が真でなければならない．

「ウソからはどんなウソでも導ける」というのは日常言語では通らない．「日本が原子爆弾をもっていたら太平洋戦争に勝てたのに」と私が主張したなら，この脳タリンの右翼保守反動野郎め！と黙殺されるかもしれないが，「そんなはずはない．世界を相手にしては最終的には敗北したはずだ」と論じる人もいれば，「日本に原爆がつくれたはずがない」と力説する人もいるだろう．偽命題 (日本が原子爆弾をもっている) を仮定したのだからどんな結論も正しいとはだれも考えないに違いない．

もっとも，「$P \rightarrow Q$」の — は条件法であって，仮定法ではないという指摘もあるが，数学では条件法も仮定法も違いがない．

われわれの定義に従えば，「$P \rightarrow Q$」の真理値は「$\neg P \vee Q$」の真理値と一致する．つまり，P と Q の真偽を定めると，常に両者の真偽が一致する．これに違和感をもつ初心者が多い．「P ならば Q」がどうして「P でないか，あるいは Q である」と同じなのかという疑問である．真理値が同じなのだから，同値なのだといっても，何か腑に落ちない顔をされるだけのことである．「P ならば Q」が「P でないか，あるいは Q である」と考えてよいのかどうか，古代ギリシア以来大いに議論されてきた．条件文をめぐるディオドーロスとフィロンの大論争は世間でもたいへん有名で，「烏でさえも条件文についてカーカー論じている」という内容の詩が残されている．

このように考えてみてはどうだろう．定理の証明で背理法がよく使われる．「P ならば Q」が成り立たないと仮定すると，これは「P であるのに，Q ではな

い」ということだから，この仮定から矛盾が導かれれば，実は「P ならば Q」が証明されたとするのである．これはすなわち $\neg(P \to Q)$ が $P \wedge \neg Q$ と同値だと認めていることになる．これに $\neg$ をつければ，$P \to Q$ が $\neg P \vee Q$ と同値であるということになるのである．

これだけ説明しても納得できないという方には，結局のところ，数学における $P \to Q$ の真偽は真理値によって定義されているのであって，こう定義しても何も矛盾が生じないことが証明されているのだから，仕方がないと諦めていただくしかない．これについてはさらに，命題論理の無矛盾性(定理 1.3 : p. 16) と完全性(定理 1.4 : p. 16) を参照されたい．

1.1.3 命題と証明の定義

研究対象としたい理論が決まっているとしよう．たとえば，自然数論をやりたいなら，「任意の x に対して $x+0=x$」とか，「任意の x,y に対して $x+y=y+x$」というような数学的命題を公理，すなわち基本命題として採用し，これらを論理記号で結合して命題をつくることができる．しかし，あらゆる分野の数学に対応するためにも，また推論の構造を調べる目的のためにも，基本となる命題を決めずにおく方が望ましいであろう．

そこで，**基本命題**(**原始命題**，あるいは**原子命題**)を表す文字を導入し，$P, Q, R, \cdots$ などとする．これらに真を割り振ったり偽を割り振ったりして，複合命題(分子命題)の真偽を論じるので，P, Q などは真偽が前もって決定しているわけではない．だから，1.1.2 項で述べた意味ではこれらは命題ではない．たいていの記号論理学の本では，**命題変数**とか**命題記号**と呼ばれているのがこれであるが，いろんな用語をもち込まないようにするために，これも本項では命題に含めることにしておく．この原子命題から論理結合記号を使って合成されたものを，本項では**命題**と呼ぶ(記号論理学では普通**論理式**と呼ばれている)．正確には次のように定義する．

▶**定義 1.2**(命題論理における命題の定義)◀

(1) 原子命題 $P, Q, R, \cdots$ は命題である．

(2) A を命題とするとき，$\neg A$ も命題である．A, B を命題とするとき，$A \vee B, A \wedge B, A \to B$ も命題である．

(3) 以上のようにして定義されたものだけが命題である．

そして命題 P, Q の真理値とこれらの命題の真理値との間には，次のような関係があるものと定義する (T は真，F は偽である)．

P	Q	$P \vee Q$	$P \wedge Q$	$\neg P$	$P \rightarrow Q$
T	T	T	T	F	T
T	F	T	F	F	F
F	T	T	F	T	T
F	F	F	F	T	T

▶**定義1.3**◀ 原子命題にどのように真偽を代入しても常に真となる命題を，**トートロジー**，あるいは**恒真**であるという．命題 A がトートロジーであることを記号で

$$\models A$$

と表す．この概念を拡張して，$A_1, A_2, \cdots, A_n$ が真のときは B が常に真となる場合，

$$A_1, A_2, \cdots, A_n \models B$$

と表す．

例1.1 A, B などを命題とするとき，以下のトートロジーは A, B などに真偽をいろいろ入れて，値が常に真であることによって簡単に確かめられる．

(1) (**排中律**) $\models A \vee \neg A$
(2) (**分配律**) $\models (A \vee B) \wedge C \rightleftharpoons (A \wedge C) \vee (B \wedge C)$,
$\models (A \wedge B) \vee C \rightleftharpoons (A \vee C) \wedge (B \vee C)$
(3) (**ド・モルガンの法則**) $\models \neg(A \vee B) \rightleftharpoons \neg A \wedge \neg B$,
$\models \neg(A \wedge B) \rightleftharpoons \neg A \vee \neg B$
(4) $\models (A \rightarrow B \rightleftharpoons \neg B \rightarrow \neg A)$
(5) $\models (A \rightarrow B \rightleftharpoons \neg A \vee B)$
(6) $\models A \wedge B \rightarrow A$, $\models B \wedge A \rightarrow A$
(7) $\models A \rightarrow A \vee B$, $\models A \rightarrow B \vee A$

命題として定義1.2のような形のものしか現れず，しかも推論規則として以下に述べるような形のものしか出てこないような論理体系を，**命題論理** (propositional calculus) という．英語の calculus は計算という意味であるから，論理学にはふさわしくないようなものだが，これには歴史がある．昔ライプニツはすべ

ての命題は算術の命題として表現でき，論証は算術の計算に還元することができると夢想した．たとえば動物を 2，理性を 3 で表せば，その積 6 は理性ある動物，すなわち人間を表すというのである．そして簡単な計算機を発明し，これを発展させればあらゆる訴訟・裁判は計算で黒白をつけられるようになり，その結果戦争もなくなり「人類に残されたのは幸せになることだけである」と主張した．こうした思想がどういう発展を遂げ，現在ではどう考えられているかについてはここでは論じないが，いずれにしても論理を計算と呼ぶのはライプニッツに始まるのである（と，私は思う）．ちなみにいえば，微積分学を英語で the calculus というが，これは微分や積分を算術の計算をするようにアルゴリズム的に計算する学問という意味で，これもライプニッツの思想を反映しているのである．

さて，命題論理における証明という概念を定義しよう．たとえば簡単な例として，命題 A が仮定されれば，命題 $A \vee B$ が結論されると考えてよい．A が真ならば $A \vee B$ も真だからである．このことを，ちょっと大げさだが，仮定 A から命題 $A \vee B$ が証明されたということにする．もう一例．命題 A, B を仮定すれば，$A \wedge B$ が得られるから，仮定 A, B から $A \wedge B$ が証明されたと称する．

一般的に仮定 A から B が証明されるとは，A から始めて，あらかじめ許されているいくつかの単純な推論を積み重ねていった命題の有限列の最終項が B であることを意味するのである．したがって，命題の有限列を次々に延長していく基本的な推論規則を定めれば，証明の定義も確定する．

▶**定義 1.4**(**証明の定義**)◀ 仮定命題 $A_1, A_2, \cdots, A_n$ から命題 C が**証明できる**とは，各 B_i が下に述べる I. の条件のいずれかを満たすような命題の有限列 $B_1, B_2, \cdots, B_m (= C)$ をうまくとると，仮定命題として数えなくてもよいという条件 (II. (4), (7), (9) 参照) を満たす B_i と，I. (2) のようにすでに証明されている命題であるような B_i をすべて取り除いたとき，残りの命題がたかだか $A_1, A_2, \cdots, A_n$ であるようにできることをいう．このとき記号で
$$A_1, A_2, \cdots, A_n \vdash C$$
と記す．特に，仮定命題がないときは
$$\vdash C$$
と記し，C は命題論理における**定理**であるという．

I. B_i が満たすべき条件：

(1) B_i は任意の命題でありうる（仮定命題 A_j であったり，一時的仮定であったりする）．

(2) B_i はそれより前の一つ，または二つの B_j から II. に述べる推論規則によって得られた命題である．

II. 推論規則：

(1) (**∧ の除去**) $A \wedge B$ から，A でも B でもどちらでも結論できる．

(2) (**∧ の導入**) A と B があれば，$A \wedge B$ あるいは $B \wedge A$ のどちらでも結論できる．

(3) (**∨ の導入**) A あるいは B から，$A \vee B$ が結論できる．

(4) (**場合分け証明法**) 命題の列の中に，$A \vee B, C$ および C がこの順序で現れ（間隔をおいてでもよい），前の C には A が仮定として先行しており，後の C には B が仮定として先行しているならば，A と B は仮定から取り除いてもよい．

(5) (**二重否定の除去**) $\neg\neg A$ から，A が結論できる．

(6) (**モードゥス・ポーネンス**) A と $A \rightarrow B$ があれば，B が結論できる．

(7) (**背理法**) A と $\wedge$ (偽命題) がこの順序であれば，$\neg A$ が結論できる．このとき，A は仮定命題から取り除いてもよい．

(8) (**$\neg A \vee B$ と $A \rightarrow B$ の同値性**) $\neg A \vee B$ から，$A \rightarrow B$ が結論できる．また逆に $A \rightarrow B$ から，$\neg A \vee B$ が結論できる．

(9) (**演繹定理**) A と B がこの順序であれば，$A \rightarrow B$ が結論できる．このとき，A は仮定命題から取り除いてもよい．

推論規則は，仮定を真とすれば真なる命題を結論できる形になっていることは簡単にチェックできる．だからこれらを推論規則に採用するのは納得がいくだろう．たとえば，∨ の導入など，こんなつまらない推論は現場の数学では使われていないように思えるかもしれない．だが実際頻繁に使用されている推論法則だということを，ゲンツェン (1909-1945) が数学に現れる推論過程を詳細に分析することによって指摘している．

ただし，こうした推論規則の一つ一つを全部記憶している必要はない．そもそも，本書の推論規則は最少になるように選んだのではなくて，普通の数学で使う

のに使い勝手がよいように選んだだけだから，他の規則を組み合わせれば結論できる (余分な) 規則も含まれている．要するに，ごく基本的な推論をいくつか選んでおいて，それらを使って命題論理のトートロジーがすべて証明できるようにしてあるのだということを覚えておけばよい．

▌定理 1.1▐ $A_1, A_2, \cdots, A_n \vdash A_i$ ($i=1, 2, \cdots, n$), 特に $A \vdash A$

証明 なぜなら，命題の列 $A_1, A_2, \cdots, A_n, A_i$ は証明の定義によって，$A_1, A_2, \cdots, A_n$ からの A_i の証明である． □

なお，証明という概念は真理値とは一応無関係に定義されているから，真理値を調べることで証明が得られたと考えてはいけない．命題論理の範囲では，後に述べるように (Γ を命題の有限列として) $\Gamma \vdash A$ と $\Gamma \vDash A$ は同値だから，結果としては問題ないが，論理以外の公理をもっている数学の体系ではそうはいかないので，**真理値による真という概念と証明されるという概念の区別を明確に認識していなくてはならない．**

老婆心ながら指摘しておくと，たとえば演繹定理を不精して

$$A \vdash B \ \to \ \vdash (A \to B)$$

などと書いてはならない．→ は論理体系 (いまは命題論理) の中の記号で，演繹定理はその中の規則を外からみて述べているのだけだからだ．そういう意味でいえば，$\vdash$ や $\vDash$ も命題論理の中の記号ではなく，外部の言葉で，たとえば $A \vdash B$ は「A から B が証明できる」というところを簡単のため記号で表しただけである．命題論理という体系における記号は $P, Q, \cdots$ といった原子命題を表す記号と $\vee, \wedge, \neg, \to$ という論理記号，それに区切りのために使われる括弧 ( )，および証明において命題の列を区切るために使うコンマ"，"だけである．だから演繹定理を記号で表したいというなら，新しく記号，たとえば $\Rightarrow$ を導入して，

$$A \vdash B \ \Rightarrow \ \vdash (A \to B)$$

とでも書くことになる．

こうした対象世界 X の言語と，X における証明や真理値の問題を論じているわれわれの言語との区別がどうしてもつかない人は，「直ちに本を閉じて養蜂学かクロスワード学か，何か別の科目をとりなさい」とある高名な基礎論学者が暴言を吐いている．学び始めの読者に対してそういうことをいうべきではないが，数学を学ぶからにはこうした話題が理解できるように努力すべきである．

定理 1.2 (三段論法) $A \to B,\ B \to C \vdash A \to C$

証明 ( ) 内は普通の数学をやるときのように，理解のために言葉を補ったものである．また [ ] 内はコメントである．

1. A (と仮定する．) [仮定]
2. $A \to B$ (が仮定されている．) [仮定]
3. (1., 2. にモードゥス・ポーネンスを適用して) B (を得る．)
4. (さらに) $B \to C$ (も仮定されている．) [仮定]
5. (3., 4. にモードゥス・ポーネンスを適用して) C (を得る．)
6. (1., 5. に演繹定理を適用して) $A \to C$ (を得る．) [仮定 A は取り除ける] □

問題 1.1 次を証明せよ．
(1) $\vdash A \lor \neg A$
(2) $\vdash (A \to B) \rightleftharpoons (\neg B \to \neg A)$
(3) $\vdash \neg(A \lor B) \to \neg A$
(4) $\vdash \neg(A \lor B) \rightleftharpoons \neg A \land \neg B,\quad \vdash \neg(A \land B) \rightleftharpoons \neg A \lor \neg B$

推論規則の各々をチェックしてみると，それぞれにおいて $\vdash$ を $\vDash$ に置き換えた式が成り立つ (すなわち，真の命題から真の命題を導いている) ことがわかる．したがって，$\vdash A$ ならば $\vDash A$ である．このことを使うと，命題論理の無矛盾性が証明できる．つまり，次が成り立つ．

定理 1.3 (命題論理の無矛盾性) 命題論理では偽命題 ∧ は証明されえない．同じことだが，A と $\neg A$ の両方が証明されることはない．

証明 ある命題 A に対して $\vdash A$ と $\vdash \neg A$ の両方が成り立つとせよ．これは，$\vDash A$ および $\vDash \neg A$ を意味する．前者は A が恒真であることを主張し，後者は A が恒偽であることを意味する．これは明らかな矛盾である． □

「$\vdash A$ ならば $\vDash A$」の逆は，証明がそれほどやさしくはないが，たしかに成り立つ．すなわち，次が成り立つ．

定理 1.4 (命題論理の完全性) $\vdash A$ であるためには，$\vDash A$ が必要十分である．

すなわち，命題論理においては，恒真命題は証明可能であり，逆に証明可能な命題は恒真である．だから，新たに論理記号を導入する必要はないし，証明に新しい推論規則を持ち出す必要もない．定理 1.4 の証明は，記号論理の教科書を参照せよ．田中一之編著『数学基礎論講義』(日本評論社，1997) の証明は述語論理の完全性 (ゲーデルの完全性定理) の証明の雛型になっていて，筆者自身は最善であると思う．ここでも紹介したいと思うが，本書の性質上やめておくのがよかろう．

「ならば」や「または」の解釈に不満な人がいるかもしれないが，われわれの定義が矛盾を生じるということはありえないし，命題論理を扱っている限り真なる命題は必ず証明できるということである．

命題論理の無矛盾性や完全性はチャチなものであるが，無矛盾とか，完全というような概念の特徴をすでによく備えていると思う．また証明という概念もこの段階では理解しやすい．これが本書では，述語論理より先に命題論理の理論を一通り記述した理由である．命題論理の場合は，命題の真偽は有限回の操作で決定できるのに引き換え，述語論理になると，真偽という概念が有限の範囲では定まらないので，相対的に証明という概念の重要度が増すことになる．

1.2 述語論理

1.2.1 述語論理をめぐるお話

命題論理は数学にはほとんど役に立たない．たとえば，自然数論で「任意の x に対して $x+0=x$」という命題を公理に採用したとして，それを A と略記しよう．次に「3+0=3」という命題を B と記そう．命題論理の技法をいくら駆使しても A から B が証明できないことは明らかである．こんな簡単なことすら不可能なのだから，古代ギリシア以来研究されてきた論理学は，数学とは無縁な学問であったと極言してもいいすぎではない．

もう一つ例をあげよう．「すべての人間は死ぬ」を A，「私は人間である」を B，「私は死ぬ」を C と表そう．この三つの命題を A, B, C と並べてみたところで何事も生じない．つまり，A, B が真であったところで命題論理にとどまっている限り，C は決して論証できない．

さらにもう一つ，「馬は動物である．ゆえに馬の首は動物の首である．」という

ド・モルガン
(Augustus de Morgan,
1806-1871)

ブール
(George Boole,
1815-1864)

例をあげよう．これは，ド・モルガン (1806-1871) が伝統的な論理学の無力を示す例としてあげたものだという．この推論は明白に真であるにもかかわらず，どうにも伝統的な論理学における論証の形に表現できないのである．

こういう例を多々あげると，数学における，ましてや自然言語における複雑多岐にわたる推論をパターン化するのは不可能事に思えるに違いない．どんなにたくさんの新しい概念，それを表す記号が必要かと思われる．しかし意外なことに，実は命題論理にあと二つの論理記号を追加するだけで，数学の命である定義・定理・証明を細大漏らさず表現できるのである．ということは，先に例としてあげた諸例も自然言語のもつ細かいニュアンスはむりだとしても，事実関係だけなら曲がりなりにも記号論理で表現できるということでもある．

この事実，つまりきわめて厳密に構成された人工言語でもって数学のすべてが書ききれるという事実の発見は，地動説や進化論に並ぶ，人類精神文化史上の金字塔であった．この発見は諸科学からの数学の独立性を含意するからである．

古来の論理学は推論の真偽を判定するものではあっても，定理や定義などを文章として表現することを目的としたものではなかった．ブール (1815-1864) による先行的な研究があったとはいえ，これから定式化しようとしている述語論理の系統的な研究は，ひとえにドイツの数理哲学者フレーゲ (1848-1925) に負う．

古代ギリシアより数学は厳密な学問の代表とされ，論理学のような数学に近接した学問ばかりか，ときにはスピノザ (1632-1677) の『エチカ』(1675 年) でみられるように，倫理学さえも数学をモデルとして体系づけようと試みられたものであった．ライプニッツが論理学を**普遍数学**と呼んだのも，論理学を数学化するという意味であろう．近代になると，「A または B」を $A+B$ とし，「A かつ B」を

フレーゲ
(GOTTLOB FREGE, 1848-1925)

スピノザ
(BENEDICT DE SPINOZA, 1632-1677)

$A \cdot B$ と表すという考え方が登場してくるが，これは論理学を数学化しようという意図を明確に表したものであることは明らかであろう．

これに対してフレーゲは，数学における推論そのものの不確かさに注目した．数学の中でもいちばん単純な算術（自然数論）の推論を詳細に分析した末，推論の不確かさの原因が，使われる言語の不完全性にあるということに気づいたのである．そのうえで算術，さらには解析学，幾何学，そして広く厳密性を重んじるすべての科学のために人工言語を創造しようという目的で，『概念文字』(1879年) を著した．概念文字とは，概念を（表音文字ではなく，象形文字のような）表意文字で表すという意味である．

フレーゲの著作は論理学者からは数学とみられ，数学者からは論理学とみなされ無視された．この『概念文字』の不評ばかりではなく，フレーゲは生涯評価を受けることの低い不運な人だったが，ラッセルをはじめヴィトゲンシュタイン，ペアノ，フッサール，カルナップなどに大きな影響を与えたとされる．

さて，最初にあげた二つの例に戻ろう．ちょっと注意深くみてみるなら，これらの主張の内容は違うけれども，推論の形式は同一だということに気がつく．

「x は自然数である」という命題を $P(x)$，また「$x+0=x$」という命題を $Q(x)$ と表してみよう．これらは x が具体的に与えられると真偽が定まるが，そのままでは真偽が定まっていないので，1.1.3項で定義した意味では命題と呼ぶことはできないが，簡単のため本書では**命題**と呼ぶことにする．特に変数が含まれていることに注意する必要があれば，**変数 x を含む**（あるいは，**x に関する**）**命題**ということにする．このとき，最初の例は，変数 x の動く範囲を自然数の全体

のなす集合とすると，次のような形式をもっている．
1. 任意の x に対して $P(x) \to Q(x)$ が成り立つ．
2. $P(3)$ である．
3. ゆえに，$Q(3)$ である．

次に変数 x の動く範囲 D を生物の全体とし，「x は人間である」という命題を $P(x)$，「x は死ぬ」という命題を $Q(x)$ と表してみよう．このとき「$I=$私」とすれば，2番目の例は次のような形式に書き表される．
1. すべての x に対して $P(x) \to Q(x)$ が成り立つ．
2. $P(I)$ である．
3. ゆえに，$Q(I)$ である．

「任意の x に対して $P(x)$ が成り立つ」という表現と「すべての x に対して $P(x)$ である」という表現は意味が異なるかもしれないが，数学をやっている限りはそんなに違いを強調するほどのことはないだろう．「どんな x も $P(x)$ を満たす」でも同じことである．したがって，この「任意の」という内容を表現する記号を決めれば，上記の二つの推論はどちらも，同一の形式になるはずである．フレーゲは「任意の a に対して $P(a)$ である」を

$$\vdash\!\!-\!\!\overbrace{}^{a}\!\!-\!\!P(a)$$

というおもしろい記号(彼のいう表意文字)で表したのだが，現在の記号論理学では同じことを簡潔に

$$\forall(x)P(x), \quad (x)P(x), \quad \wedge xP(x)$$

と表している．われわれは数学の世界で最も普及している $\forall xP(x)$ を使うことにしよう．このとき先の二つの推論は
1. $\forall x(P(x) \to Q(x))$
2. $P(t)$
3. $Q(t)$

のように，一つのパターンで表現されることがわかる．

さて，「任意の」のほかにも，数学では $P(x)$ を x を含む命題として「$P(x)$ を満たす x が存在する」という表現が頻発する．おもしろいのは，この「……なる x が存在する」，同じことだが「ある x に対して……が満たされる」という内容を表現する論理記号をこしらえれば，それ以上は新しい論理記号がいらないとい

うことである．フレーゲは導入する記号の数を減らす目的で，同じことを「どんな x に対しても $\neg P(x)$ というわけではない」(われわれが先に導入した記号で書けば $\neg(\forall x \neg P(x))$) と言い直し，記号としては

$$\vdash\!\!\sqcap\!\!\smile\!\!a\!\!\sqcap\quad P(a)$$

と表した．つまり，否定記号 $\neg$ と**全称記号** (universal quantifier) $\forall$ があれば存在記号は必要ないともいえるのだが，$\neg A \lor B$ を $A \to B$ と表すのと同じ伝で，意味のとりやすさや，頻出するという事実を考慮して，これを独立した記号で表す方が望ましい．ラッセルはそう考えて，$P(x)$ を x を含む命題として「$P(x)$ を満たす x が存在する」という主張を $(\exists x)P(x)$ と表した．現在数学の世界ではこれを少し改めて

$$\exists x P(x)$$

と表すのが普通である．この**存在記号** (existential quantifier) $\exists$ と全称記号を使って算術の命題をいくつか表現してみよう．その前に注意を一つ：

> **約束** 本来ならば $\forall x(\exists y P(x,y))$ というように括弧をつけるべきだが，いくつも括弧が重なるとみにくいので，これを $\forall x \exists y P(x,y)$ のように略記することにする．同様に，$\neg(\forall x \exists y P(x,y))$ は $\neg \forall x \exists y P(x,y)$ と略する．その他にも意味にまぎれが生じるおそれがない限り，括弧は省略する．

例 1.2 変数の領域を自然数の全体 $N = \{0, 1, 2, \cdots\}$ とする．

(1) 「a は b より大きくはない」は $\exists x(a+x=b)$ と表せる．このことを普通 $a \leq b$ と記している．$a < b$ は $(a \leq b) \land \neg(a=b)$ である．なお $\neg(a=b)$ は $a \neq b$ と記される．

(2) 「a は b の約数である」は $\exists x(b=ax)$ と表現される．この定義に従えば，すべての自然数は 0 の約数である．「a は b の約数である」という主張を $a|b$ と記すことにする．この記号はなじみがないかもしれないが，整数論の世界では常用される記号である．定義に従えば，任意の a はいつでも 1 と a を約数としてもつことがわかる．

(3) 「p は素数である」という命題は

$$(1<p) \land \forall x[(x|p) \to (x=1) \lor (x=p)]$$

と表せる．これを
$$1 < p \land \forall x(x|p \rightarrow x=1 \lor x=p)$$
と略して書いてもよいだろう．

(4) 「素数は無数に存在する」という命題は
$$\forall x \exists y[(x<y) \land \forall z(z|y \rightarrow z=1 \lor z=y)]$$
と表せる．

(5) 「自然数に最大値は存在しない」という命題は $\forall x \exists y(x<y)$ と表せる．あるいは $\neg \exists x \forall y(y<x)$ とも表せる．

0を自然数に含めるのは，馴れない人には違和感があるかもしれないが，ラッセルによれば，「教養のある人は0を自然数に含める」そうで，われわれも教養人として0を自然数と考えることにしよう．

例1.2(4)に関してちょっと補足しておこう．無数という概念は，簡単なようで難しい．「有限個でない」というのが定義だが，有限個とはどういうことかと問えば，自然数で数え終わるということになり，さらに数えるとはどういうことかと問われることになって，なかなかやっかいなのである．われわれの立場はひとまず，自然数については既知という前提に立って，「素数は無数に存在する」というのを「任意の与えられた自然数よりも大きい素数が常に存在する」と言い換えたのである．これは，エウクレイデス『ストイケイア（原論）』でも「素数の個数はいかなる定められた素数の個数よりも多い」と表現されているのを思い出させる．しかし「個数」というような（数えるという概念と対になった）概念を厳密に表現するのは容易ではない．したがって，エウクレイデスの表現は似てはいるが，われわれの表現と同じではないのである．「個数」や「数える」という概念について反省してみると，フレーゲが算術といえども使われている言葉が厳密ではないと指摘した意味が，よく理解できるだろう．自然言語なら簡単に表現できることを述語論理ではもって回った言い回しにすることについて，フレーゲは次のように述べている．

> 私の表意文字と普通の言語との関係は，顕微鏡と肉眼の関係に喩えるのがわかりよいだろう．肉眼は，広くどんな状況にでも適用できる多様性を備えているという意味で，顕微鏡にはるかに勝っている．……しかし，科学上の目標が分析の鋭さを要求するとなると，肉眼はたちまち不十分さを

暴露する．これに対し，顕微鏡の方は完全にそうした目的に適うのであるが，その故にこそ他の目的には何の役にも立たないのである．(『概念文字』より)

自然言語が厳密性を欠いているということは，われわれの思考が厳密性を欠く傾向をもつということでもある．次の例は以前書いた本に載せた例だが，評判がよかったし，その本は絶版になったので，再録しよう．

【例題 1.1】 x は女性を表す変数，y は男性を表す変数とする．$R(x,y)$ でもって「x は y が好きである」という命題とする．このとき，次の各々をできるだけ正確に，そしてできるだけ自然な日本語で表現せよ．

(1) $\forall x \exists y R(x,y)$
(2) $\exists x \forall y R(x,y)$
(3) $\forall y \exists x R(x,y)$
(4) $\exists y \forall x R(x,y)$
(5) $\forall x \forall y R(x,y)$
(6) $\exists x \exists y R(x,y)$

[解答例] (1)「女性ならだれでもだれか好きな男性がいるものである」
(2)「どんな男でも男でさえあれば好きという女がいる」
(3)「どんな男でも好いてくれる女が一人くらいいるものである」
(4)「どんな女からも好かれる男がいるものである」
(5)「女はどんな男でも男でさえあれば好きに決まっている」
(6)「好きな男がいるという女が一人くらいはいるものだ」

かなり言葉を補わないと意味がとりにくいということ(自然言語の不完全性)，および微妙なニュアンスは記号論理では表現しきれないということ(記号論理の不向きな表現の存在)がわかるだろう．なお，$\forall y \forall x R(x,y)$ は $\forall x \forall y R(x,y)$ と同じ意味であり，$\exists y \exists x R(x,y)$ は $\exists x \exists y R(x,y)$ と同じ意味であることを確認すること．

さらには，(1)～(6)の否定命題をつくってみるのもよい練習になるだろう．たとえば，(1)の否定命題 $\neg \forall x \exists y R(x,y)$ は (後述の定理 1.5 (3)：p.27 とそれに続く記述を参照すると) $\exists x \forall y \neg R(x,y)$ と同値になって，「どんな男も嫌い(好

きではない)という女がいるものだ」となる.

【例題 1.2】 ド・モルガンの例「馬は動物である. ゆえに馬の首は動物の首である」という命題を記号論理で表現せよ.

[解答] $P(x)$ でもって「x は馬である」, $Q(x)$ でもって「x は動物である」を表す. また $R(x,y)$ でもって「x の頭は y の頭である」を表すことにする. このとき「x の頭は馬の頭である」は, やや苦しいが, $\exists y(P(y) \wedge R(x,y))$ と表せる. 同様に「x の頭は動物の頭である」は $\exists y(Q(y) \wedge R(x,y))$ と表せる. 示したい結論は「x の頭が馬の頭であるならば, x の頭は動物の頭である」と表せる. 結局,

1. $\forall x(P(x) \to Q(x))$

を前提として,

2. $\forall x[\exists y(P(y) \wedge R(x,y)) \to \exists y(Q(y) \wedge R(x,y))]$

を結論づけたいということになる. 仮定 1. から結論 2. が証明できることは読者の自習に任せる. 本章を読み終えてから挑戦するとよい.

以上のような種々の推論を分析して, いくつかの基本的な推論規則を抽出し, 証明とは仮定命題にそうした推論規則を繰り返し適用した命題の列であるという定義を与え, 命題論理の場合のように, 恒真なる命題が必ず証明できるものかどうかといった問題を調べるのが述語論理の研究内容なのだが, それを公式的に述べるには項を改める方がよいだろう.

1.2.2 述語論理と証明

$x=y$ とか $x \in y$ のように, 変数に具体的な対象を入れると命題になる式を**述語** (predicate) というのだが, 命題論理のときと同様, 具体的な数学理論を念頭においていない, 純粋に論理的な構造を考察する述語論理では, 基本となる述語は $P(x), Q(x,y)$ などの記号で表しておく. これらを**述語変数**とか**述語記号**と呼んでいる. 純粋の**述語論理** (predicate calculus) はまず次のような記号を準備することから始まる.

1. 述語記号　$P, Q, R, P_1, P_2, Q_1, Q_2, \cdots$ など
2. 自由変数　$a, b, c, \cdots, a_1, a_2, \cdots$ など
3. 束縛変数　$x, y, z, \cdots, x_1, x_2, \cdots$ など

4. 論理記号 ¬, ∨, ∧, →, ∀, ∃

このほかに，括弧 ( ) やコンマ","が命題論理のときと同じ趣旨で使われる．これら以外の記号は，これから定義する述語論理の記号ではない．

束縛変数というのは，$\forall x P(x)$ や $\exists x P(x)$ のように**量化記号** (quantifier) $\forall$, $\exists$ とともに使われる変数のことである．たとえば，定積分

$$\int_a^b f(x)dx$$

において，変数 x は y であっても t であっても関係ない．こういうのが数学における束縛変数の例である．一方，2次方程式

$$ax^2+bx+c=0$$

において，a, b, c はパラメータという名前で呼ばれていて，任意の数を代表している．このパラメータが**自由変数**である．束縛変数と自由変数を同じ文字で表す流儀もあるが，本書ではできるだけ別のカテゴリーの文字を使うことにする．

述語論理の記号に関数記号や定数記号を含める場合が多いが，われわれの述語論理にこのような記号を追加して体系を拡張するのに本質的な困難を伴うわけではないから，単純性を優先することにして，こうした記号は準備しないでおく．

▶**定義 1.5**(述語論理における命題の定義)◀ 1. P が n 変数の述語記号であるとき，各変数に自由変数，束縛変数を任意に代入したものは命題である．たとえば，2変数なら $P(a, x)$ は命題である．

2. A, B が命題ならば，$\neg A$, $A \vee B$, $A \wedge B$, $A \rightarrow B$ のそれぞれも命題である．

3. $A(a)$ が自由変数 a をもつ命題で，x は $A(a)$ の中に現れないとするとき，$\forall x A(x)$, $\exists x A(x)$ もそれぞれ命題である．

4. このようにして定義されたものだけが述語論理における命題である．

述語論理における証明という概念を導入する前に，命題論理のときと同じように恒真性の定義を与える．それは，証明が真なる命題から真なる命題を導き出す推論の連鎖であるように定義されるからであるとともに，具体的な対象を代入することによって真偽が判断できるという方が，証明されるという概念より理解しやすいと考えるからである．具体的な集合，たとえば自然数の全体 N というようなモデルを使って変数にこれらを代入するなどして真偽を論じるからには，恒

真性，さらには充足可能性というような概念は直観に訴える世界の概念である．そもそも真偽とは何か．命題に割り当てた2値のある種の関数値であるとしたところで，関数とは何かがすぐ追求の的になるだろう．とにかく，知性を備えた人間が自然に理解している論理と直観に訴える世界を**意味論的** (semantic) であるという．意味論の世界では集合とは何かなどは知らないでよい．意味論では集合とはただのものの集まりだと理解しておくのだが，実際に出てくる集合はごく単純なものばかりだから問題にはならない．これに対して，形式的な命題を並べ立てて証明と定義するようなゴリゴリの形式化された記号の列の世界は，**構文論的** (syntactic) であるという．構文論的な世界の方は当然厳密だが，意味論的な世界の方が理解しやすいという特徴を備えているから，こちらを先に論じることにするのである．

空でない集合 D を一つ固定する．各自由変数 a に D の要素を一つずつ対応させ，各述語記号 P に変域 D の具体的な述語を一つずつ対応させる写像 Φ を考える．P が n 変数なら，対応する述語 $\Phi(P)$ も n 変数でなければならないことはいうまでもない．たとえば，$D=N$ なら $P(x,y)$ に述語 $x<y$ を対応させるなどである．このとき $P(a,b)$ には，D における命題 $\Phi(P)(\Phi(a),\Phi(b))$ を対応させる（何変数でも同じ）．

また，$\forall xP(x)$ に対しては「任意の $d\in D$ に対して $\Phi(P)(d)$ が成り立つ」という D における命題を対応させる．$\exists xP(x)$ には「$\Phi(P)(d)$ を満たす $d\in D$ が少なくとも一つ存在する」を対応させる．

このようにして基本的な命題に対する真偽が定義されれば，複合的な命題に対する真偽は，たとえば $\vee$ を「あるいは」，$\forall x$ を「任意の x に対して」というように自然な解釈を与えることによって（手間がかかるので書かないことにするが）容易に定義される．これによって命題 A が解釈 Φ のもとで真という意味が確定する．すなわち，対応する命題が真ということである．

次に領域 D が固定されているとして，どんな解釈 Φ をとってきても，命題 A が真であるとき，A は領域 D で真（あるいは妥当）であるという．さらにどんな領域 D でも真であるとき，A は**恒真**（あるいは**トートロジー**，あるいは**妥当**）であるといって

$$\vDash A$$

と記す．記号論理の教科書では，恒真は命題論理の場合に使う言葉で，述語論理

の場合は妥当 (valid) と言い換えるのが普通のようだが，本書ではどちらも恒真（トートロジー）ということにする．

命題論理の場合と同じように，といっても今度は無限集合まで考えなければいけないが，意味を考えれば，次の恒真式が成り立つことは容易にわかる．

▌定理1.5(基本的な恒真式)▐ $A(a)$ を，a を自由変数として含む命題とすると，次が成り立つ．

(1) $\models \forall x A(x) \to A(a)$,
    $\models A(a) \to \exists x A(x)$

(2) $\models A(a)$ ならば $\models \forall x A(x)$,
    $\models A(a)$ ならば $\models \exists x A(x)$

(3) $\models \neg \forall x A(x) \rightleftharpoons \exists x \neg A(x)$,
    $\models \neg \exists x A(x) \rightleftharpoons \forall x \neg A(x)$

(3) からたとえば
$$\models \neg \forall x \exists y R(x,y) \rightleftharpoons \exists x \neg \exists y R(x,y)$$
$$\rightleftharpoons \exists x \forall y \neg R(x,y)$$

が得られて，例題 1.1 の各命題の否定命題の機械的なつくり方がわかる．

命題論理のときと同じく
$$A_1, \cdots, A_n \models B$$

を $A_1, \cdots, A_n$ が同時に真になるような領域 D と解釈 Φ では，B も必ず真になることと定義し，簡単に「$A_1, \cdots, A_n$ が真なら B も真である」ということにする．

定理 1.5(2) は成り立つけれども
$$A(a) \models \forall x A(x)$$

は必ずしも成り立たないことを定義に照らして確認してほしい．

次に述語論理における証明という概念を定義しよう．命題論理の推論規則 (定義 1.4-II.) はすべて使えるものとする．

さらに次を追加する．

II. 推論規則：

$(10)_a$ **(∀ の導入)** $A(a)$ から $\forall x A(x)$ が結論できる．ただし，$A(a)$ に先行するどの仮定にも a は含まれていてはいけない．

$(10)_b$ **(∀ の除去)** $\forall x A(x)$ から $A(a)$ が結論できる．

(11)ₐ (∃ の導入) $A(a)$ から $\exists x A(x)$ が結論できる．

(11)ᵦ (∃ の除去) $\exists x A(x), A(a), C$ がこの順序であるとする．$A(a)$ より前の命題には a が含まれていず，また C にも a が含まれていないならば，$A(a)$ は仮定から取り除くことができる．

注意 (1) ∀ の導入(推論規則 II. (10)ₐ)において，先行する命題に a が含まれていないという条件は必要である．そうでないとたとえば，
$$A(a) \vdash A(a) \quad ならば \quad A(a) \vdash \forall x A(x)$$
となる．先述のように後の式で $\vdash$ を $\vDash$ に置き換えた式は成立しないから，これは具合が悪い．

また，**$A(a)$ 自身が仮定であるならば，∀ の導入は行えない**ものとする．その訳は上に述べたのと同じである．

(2) ∃ の除去(推論規則(11)ᵦ)は次のような推論を公式化したものである．

$A(x)$ となるような x が存在するとして，そういう元を一つとって a とする．すなわち $A(a)$ と仮定すれば，……，ゆえに C である．この C は a を含まないから，a の選び方に関係なく C が成り立ったことになる．

これによって ∃ の除去と呼ばれる理由がわかるだろう．

証明の定義がとてもわずらわしくみえるに違いないが，論より証拠，実際に証明を行ってみれば，理解が容易になるであろう．次の定理は定理1.5(3)でみたとおり意味論的には(つまり $\vdash$ を $\vDash$ に置き換えたものは)明らかである．形式的体系における証明の様子を示すのが目的だから，これをわずらわしいと思う読者は証明をとばしてもよい．実際，微積分学などの通常の数学では，当然成立するものとして利用するのが普通である．

定理1.6(ド・モルガンの法則) 次が成り立つ．

(1) $\vdash \neg \forall x A(x) \rightleftarrows \exists x \neg A(x)$

(2) $\vdash \neg \exists x A(x) \rightleftarrows \forall x \neg A(x)$

証明 (1)を示そう．(2)は読者の演習とする．( )内は理解のために補ったものである．また [ ] 内はコメントである．

1. (まず) $\neg \forall x A(x)$ (と仮定する.) [仮定]
2. $\neg \exists x \neg A(x)$ (とすると矛盾することを証明しよう.) [仮定]
3. (さて a を任意として) $\neg A(a)$ (と仮定すれば,) [仮定]
4. ($\exists$ の導入ができて) $\exists x \neg A(x)$ (となり,)
5. (これは 2. と矛盾する. ゆえに, 背理法によって) $\neg \neg A(a)$ (である.) [仮定 3. は取り除く]
6. (二重否定の除去によって) $A(a)$ (である.)
7. (a は任意でよかったから, $\forall$ の導入ができて) $\forall A(x)$ (だが,)
8. (これは仮定 1. と矛盾するので, 背理法によって) $\neg \neg \exists x \neg A(x)$ (を得る.) [仮定 2. は取り除く]
9. (二重否定の除去によって) $\exists x \neg A(x)$ (を得る.)
10. (1. と 9. に演繹定理を使って) $\neg \forall x A(x) \rightarrow \exists x \neg A(x)$ (を得る.) [仮定 1. は取り除く]
11. (逆に) $\exists x \neg A(x)$ (と仮定しよう.) [仮定]
12. (そこで) $\neg A(b)$ (となる任意の b をとる.) [仮定]
13. (さて,) $\forall x A(x)$ (と仮定すれば,) [仮定]
14. ($\forall$ の除去によって) $A(b)$ (を得るが,)
15. (これは 12. と矛盾するので, 背理法によって) $\neg \forall x A(x)$ (を得る.) [仮定 13. は取り除く. また仮定 12. も取り除く]
16. (ゆえに, 11. から 15. が得られたので, 演繹定理により) $\exists x \neg A(x) \rightarrow \neg \forall x A(x)$ (を得る.) [$\exists$ の除去: 仮定 11. は取り除く]
17. (10. と 16. によって) $\neg \forall x A(x) \rightleftharpoons \exists x \neg A(x)$ (が証明された.) □

さて, $\vdash A$ ならば $\vDash A$ は推論規則の一つ一つで成り立っているから常に正しい. ゆえに命題論理同様, 次が成り立つ.

定理 1.7 (述語論理の無矛盾性) 述語論理は無矛盾である. すなわち, 偽命題 ∧ は証明されえない.

モデルを使うのが気になる場合は, 次のような証明もある (詳しくは前原昭二『記号論理入門』(日本評論社, 1967) 参照).

定理 1.8 命題論理の命題であって述語論理の範囲で証明できるものは,

実は命題論理の範囲内で証明できる．

証明 命題論理の命題 A に至る述語論理内での証明があったとする．その証明に現れる $P(a,b)$, $\forall x P(x)$, $\exists x P(x)$ といった形の式をすべてただの P に置き換える．そうするとたとえば
$$\forall x[(B(x,a)\vee \neg C) \to \exists z B(z,x)\wedge D(z)]$$
という式は
$$(B\vee C) \to (C\wedge D)$$
となる．こうした変形をすると，個々の推論規則がすべて命題論理の推論規則になっていることが容易に確認できるので，最後の結論 A に至る命題論理内の証明が得られる． □

もしも $\wedge$ が述語論理で証明できるなら，$\wedge$ は命題論理でも証明できることになって定理 1.8 に矛盾する．

$\vdash A$ ならば $\vDash A$ の逆も成り立つ．

定理 1.9（ゲーデルの完全性定理：1930 年） 述語論理は完全である．すなわち，述語論理においては恒真命題は証明可能である．

この定理は，述語論理の体系が数学理論に共通に使われている推論のすべてを表現するのに十分であること，さらに付け加えるべき論理法則はもうないのだということを主張していると考えられる．たとえば，群という概念を後に定義するが，群公理から証明される命題の全体と具体的な群構造を有する集合のいずれにおいても成り立つ命題の全体とは一致しているということを完全性定理は意味しているからである．ただし，数学理論が数学的帰納法のような無限に関わる推論を含むようになるとこの限りではない．

完全性定理は対偶をとると，「$\vdash A$ ではない」（$\nvdash A$）ならば，「$\vDash A$ ではない」（$\nvDash A$）となる．$\nvdash A$ は「$\neg A$ からは矛盾が証明できない」（これを Con($\neg A$) と記す：consistent から）と言い換えられる．なぜなら，$\neg A \vdash \wedge$ と $\vdash A$ は同値だからである．実際，$\neg A \vdash \wedge$ とすると背理法（推論規則 (7)）によって $\neg\neg A$ が得られ，次に二重否定の除去によって A が得られる．すなわち $\vdash A$ である．逆に $\vdash A$ とする．$\neg A$ を仮定すると $\neg A \wedge A$，すなわち $\wedge$ が得られる．ゆえに $\neg A \vdash \wedge$ である．

一方 $\not\vdash A$ は，定義によって少なくとも一つは命題 A を偽とするような**モデル**，すなわち集合 D と解釈 $\varPhi$ の組 $M = \langle D, \varPhi \rangle$ が存在することと言い換えられる．これは，このモデル M では $\neg A$ が真であるということである．これを，$M \vDash \neg A$ と表す．

以上の考察によって，完全性定理は，「$\mathrm{Con}(\neg A)$ ならば $M \vDash \neg A$ なるモデル M が存在する」と言い換えられることがわかった．$\neg A$ を A と取り換えて次を得る．

▌定理 1.10 (ゲーデルの完全性定理)▌ $\mathrm{Con}(A)$ ならば $M \vDash A$ なるモデル $M = \langle D, \varPhi \rangle$ が存在する．

モデル M で A が成り立たない ($M \not\vDash A$) ということは，$\neg A$ が M で成り立つ ($M \vDash \neg A$) ということである．一方，A が証明できない ($\not\vdash A$) ということは，必ずしも $\neg A$ が証明できる ($\vdash \neg A$) ということを意味するわけではない．この違いをしっかり認識する必要がある．

完全性定理の証明は専門書に任せることにする．

Chapter 2

集合

2.1 素朴な集合論

2.1.1 基本的な考え方

　これまでは数学に使われる論理の話であったが，本項と次項で数学の基礎である集合の考え方を説明する．本節では，直観的な立場で話を展開する(厳密性を欠くと思われる箇所があれば2.2節を参照せよ)．まず，**命題**とは基本的述語記号として $=$ と $\in$ を採用し，そこから論理記号を使って組み立てられた述語とする．たとえば，2+1=1+3 は命題である．また $\exists x(x+1=y)$ は y を変数にもつ(あるいは変数 y に関する)命題である．

　数学の対象である点や数や図形などは，統一的にすべて**集合**(set) という名で呼ばれる．たとえば，1 という数そのものを集合という名で呼ぶのは，最初はとまどいがあるかもしれない．しかし統一性のためもあるが，また実際にも後述のように 1 も集合と考えられるので，こうした考え方に早く馴れることが肝要である．ただし，すべての集合の集まり V をも集合と考えると $V \in V$ となっていささか居心地の悪いことになる．しかしこういうものを考えてはならないというわけではない．そこで，全数学の対象(集合)の集まり V を**宇宙**(universe) とか**普遍領域**(universal domain) という名で呼ぶことにする．V は集合ではないことを覚えておこう．

集合 S の構成要素を**要素**とか**元**などという (英語では element). 先述のように元も集合なのだが，いまのところそのことは忘れていてもよい．x が集合 S の要素であるという主張 (命題) を $x \in S$ と表す．その否定命題 $\neg(x \in S)$ は通常 $x \notin S$ と略記される．

集合はその構成要素を定めれば決定するから，要素の数が少ないときはそれらを列記することによって表すことができる．たとえば，

$$\{1\}, \quad \{2\}, \quad \{1,2\}, \quad \{2,1\}, \quad \{1,2,\{1,2\}\}, \quad \{\{1\}\}$$

というような具合である．このように集合を要素の列記によって示すときは，$\{,\}$ を使う．$(1,2)$ などは別の意味で使うから，集合を意味するときは混同を避けて使わないようにすべきである．集合は構成要素だけで決まるのであって，要素が書かれる順序は問題ではない．たとえば，$\{1,2\}=\{2,1\}$ である．

上の例の中で，最後の集合 $\{\{1\}\}$ の要素は集合 $\{1\}$ である．これは 1 のことではない．つまり $\{\{1\}\}$ は $\{1\}$ ではない．この違いをはっきりと認識すべきである．

集合 S, T が**等しい**（**相等**）というのは構成要素が一致するということだから，

$$\forall x (x \in S \rightleftarrows x \in T)$$

が成り立つ．あるいは，これを集合が等しいということの定義であると考える方がよい．というのは，「等しい」という概念は先験的 (アプリオリ) に定まっているわけではないからである．

▶**集合の相等の定義**◀　　$S = T \iff \forall x(x \in S \rightleftarrows x \in T)$

次に S が T の**部分集合** (subset) である (記号では $S \subseteq T$) とは，常識的に考えれば，「$x \in S$ ならば $x \in T$」が任意の x に対して成り立つことである．そこでこれを定義に採用する．

▶**部分集合の定義**◀　　$S \subseteq T \iff \forall x(x \in S \to x \in T)$

$S \subseteq T$ を $T \supseteq S$ と記すこともある．

$S = T$ でも $S \subseteq T$ であることに注意せねばならない．$S = T$ ではないことを強調したい場合は $S \subsetneq T$ と記す．このとき S は T の**真部分集合**であるという．

部分集合であることと集合の相等の間には明らかに

$$S = T \iff (S \subseteq T) \land (T \subseteq S)$$

という同値関係が成り立つ．

したがって，集合 S, T の相等を証明するには，
1. 任意の $x \in S$ に対して $x \in T$ である．ゆえに $S \subseteq T$ が成り立つ．
2. 任意の $x \in T$ に対して $x \in S$ である．ゆえに $T \subseteq S$ が成り立つ．
3. ゆえに，$S = T$ である．

という形式を踏むのが（受験参考書的にいえば）鉄則である．ただし，たいして複雑でない，定義から簡単に証明できるような命題の場合は
$$x \in S \rightleftarrows \cdots \rightleftarrows x \in T$$
と同値変形をしていって $S = T$ を証明することができる場合も多い．

さて，$P(x)$ を変数 x に関する命題とする．ここで，命題というのはすでに存在が確定している集合や変数と，$=$，$\in$ という述語記号をもとにして組み立てられた論理式であるということを再確認しておこう．
$$\{x | P(x)\}$$
という記号でもって，$P(x)$ が成り立っているようなすべての対象 x の集まりを表すことにする．$V = \{x | x = x\}$ と書けるので，$\{x | P(x)\}$ が常に集合をなすというわけではない．集合論の創始者カントルは，「一つの完結したものとして把握することのできない多者もある．たとえば，いっさいの思考可能なものの全体はそのような多者の例である．これに反して，多者を一つのものにまとめて捉えることが可能なとき，その全体を集合と名づける」とデデキントに宛てて書いている (1899 年)．現在では集合 Ω に対して，
$$\{x \in \Omega | P(x)\} \quad \text{すなわち} \quad \{x | (x \in \Omega) \wedge P(x)\}$$
と表せる場合には，どんな $P(x)$ に対しても集合をなす（したがって Ω の部分集合となる）としても矛盾は生じないと信じられている．しかし本項では話をわかりやすくするために，$\{x | P(x)\}$ が集合をなすかどうかについての詮索はしないことにする．

さて，上のように考えると，$\{x | x \neq x\}$ も集合ということになる．これは要素を一つももたない集合であるから，**空集合** (empty set) といい，$\emptyset$ と記す．
$$\emptyset = \{x | x \neq x\}$$
空集合など集合とみなしたくないという人がいるかもしれない．それでもいけないことはないが，これからの理論をそのようにして実行してみると，定義をするとき，命題を述べるとき，証明をするとき，などあらゆる場面でいろいろな制約が現れてたいへんなことになる．だから，空集合も集合としておくに限るので

ある．0 を数とみなすことができる人なら，空集合も集合とみなせるはずである．
　もしも空集合を集合と認めないなら，「ただし $P(x)$ を満たす x が少なくとも一つあるものとする」などと余分なことをいつも断らねばならなくなるだろう．また，すぐ後に述べる共通部分集合なども共通部分が空の場合もありうるから，空集合を集合と考えないとわずらわしいことになる．
　ここにごねる人，あるいはきわめて綿密にものを考える人がいるとしよう．$\{x|x\neq x\}$ は要素をもたないだろうが，ほかにも $P(x)$ を満たす x が存在しないような $P(x)$ などいくらでもあるだろう．たとえば，自然数論が研究対象になっているとき，$\{x|x^2+1=0\}$ だって構成要素をもたない．構成要素が一致するとき，集合は相等と定義したはずだが，要素がないとき，これらはどうして相等といえるのか．こういう人に対しては，きわめて formal に，つまり正式に応答するのがいちばんであろう．

主張：要素をもたない集合はすべて等しい．
証明：そういう集合が二つあるとして，S, T としよう．まず，任意の x に対して $x\notin S$ であるから，
$$(x\notin S)\vee(x\in T)$$
が成り立つ．すなわち，
$$x\in S \longrightarrow x\in T$$
である（「ならば」の定義を思い出そう）．x は任意だったから，
$$\forall x(x\in S \longrightarrow x\in T)$$
である．ゆえに，$S\subseteq T$ である．逆の包含関係も同様に証明できるから，集合の相等の定義によって $S=T$ である．　　□

　ある性質 P をもつ対象が存在するとすれば「唯一である」こと（数学者は好んで「ユニークである」というが）を示すには，
　　性質 P をもつ対象を a, b として $a=b$ を証明する
のが鉄則である．上の空集合の uniquness を示す証明でもこのテクニックが使われている．今後もしばしばこの手が登場するので記憶しておくとよい．
$$S^c=\{x|x\notin S\}$$
と定義し，これを S の**補集合**と呼ぶ．ただし，普通 x はもともと（たとえば実数全体のなす集合のように）ある集合 Ω に属している場合を考えているから，

正確には $S^c = \{x \in \Omega | x \notin S\}$ の意味である．

種々の論理記号に応じて，次のように集合の集まりから新しい集合をつくり出すことができる．

▶**定義2.1**◀ S, T を集合とする．

(1) $S \cup T = \{x | (x \in S) \vee (x \in T)\}$ と定義し，S と T の**合併**（**集合**），あるいは**和**（**集合**）と呼ぶ．

(2) $S \cap T = \{x | (x \in S) \wedge (x \in T)\}$ と定義し，S と T の**共通部分**（**集合**）と呼ぶ．

(3) $S - T = \{x | (x \in S) \wedge (x \notin T)\}$ と定義し，S と T の**差**（**集合**）と呼ぶ．

問題 2.1 次を示せ．
(1) $S \subseteq T \rightleftarrows S \cap T = S$
(2) $S \subseteq T \rightleftarrows S \cup T = T$
(3) $S \cap T = \emptyset \rightleftarrows S - T = S$

定理2.1（ド・モルガンの法則）
(1) $(S \cup T)^c = S^c \cap T^c$
(2) $(S \cap T)^c = S^c \cup T^c$

証明 (1)を示す．(2)は読者の演習とする．

$$\begin{aligned}
x \in (S \cup T)^c &\rightleftarrows \neg(x \in S \cup T) \\
&\rightleftarrows \neg((x \in S) \vee (x \in T)) \quad (\text{定義 2.1 (1) による}) \\
&\rightleftarrows \neg(x \in S) \wedge \neg(x \in T) \quad (\text{問題 1.1 (4) による}) \\
&\rightleftarrows (x \in S^c) \wedge (x \in T^c) \\
&\rightleftarrows x \in S^c \cap T^c
\end{aligned}$$
□

論理における $\vee, \wedge$ を $\cup, \cap$ と書く人がいるが，これは集合の $\cup, \cap$ とまぎらわしい．関係が近いだけにはっきり区別するくせをつけること．

次の定義には**集合族**（family of sets）という用語が登場するが，ここではこれは集合の集合（set of sets）という重複した表現を避けるために使うとしておく．たとえば，N でもってすべての自然数の集合を表すとすれば，$S_n, n \in N$ は $\{S_n | n \in N\} = \{S_0, S_1, \cdots, S_n, \cdots\}$ という集合を意味する．

▶**定義2.2**◀ $S_\lambda, \lambda\in\Lambda$ を集合族とする．

(1) $\displaystyle\bigcup_{\lambda\in\Lambda} S_\lambda = \{x \mid \exists \lambda\in\Lambda (x\in S_\lambda)\}$

と定義し，$S_\lambda, \lambda\in\Lambda$ の**和**（**集合**）とか，**合併**（**集合**）(union) と呼ぶ．

(2) $\displaystyle\bigcap_{\lambda\in\Lambda} S_\lambda = \{x \mid \forall \lambda\in\Lambda (x\in S_\lambda)\}$

と定義し，$S_\lambda, \lambda\in\Lambda$ の**共通部分**（**集合**）(intersection) と呼ぶ．

定義式の中の $\exists \lambda\in\Lambda (x\in S_\lambda)$ は，正式には
$$\exists \lambda [(\lambda\in\Lambda) \wedge (x\in S_\lambda)]$$
である．講義の板書では
$$x\in S_\lambda \quad \text{for some } \lambda\in\Lambda$$
あるいは
$$\exists \lambda\in\Lambda \quad \text{s.t. } x\in S_\lambda$$
と書かれることが多い．s.t. は such that（〜であるような）の略記であるが，代わりにセミコロン (;) を使う人もいる．

また $\forall \lambda\in\Lambda (x\in S_\lambda)$ は，正式には
$$\forall \lambda [(\lambda\in\Lambda) \rightarrow (x\in S_\lambda)]$$
のことだが，教室では
$$x\in S_\lambda \quad \text{for } \forall \lambda\in\Lambda$$
あるいは
$$x\in S_\lambda \quad (\forall \lambda\in\Lambda)$$
と書かれることが多い．for… は「…に対して」の意である．

定理2.2（ド・モルガンの法則）

(1) $\displaystyle\left(\bigcup_{\lambda\in\Lambda} S_\lambda\right)^c = \bigcap_{\lambda\in\Lambda} S_\lambda^c$

(2) $\displaystyle\left(\bigcap_{\lambda\in\Lambda} S_\lambda\right)^c = \bigcup_{\lambda\in\Lambda} S_\lambda^c$

証明の前に，次を示しておく．

補題2.3

(1) $\neg \exists x\in S\ P(x) \rightleftarrows \forall x\in S \neg P(x)$

(2) $\neg \forall x\in S\ P(x) \rightleftarrows \exists x\in S \neg P(x)$

証明 (1) を示す．(2) は読者の自習とする．

$$\begin{aligned}
\neg \exists x \in S\, P(x) &\rightleftharpoons \neg \exists x[(x \in S) \wedge P(x)] \\
&\rightleftharpoons \forall x \neg[(x \in S) \wedge P(x)] \quad (\because 定理 1.6\,(2)) \\
&\rightleftharpoons \forall x[\neg(x \in S) \vee \neg P(x)] \\
&\rightleftharpoons \forall x[(x \in S) \rightarrow \neg P(x)] \\
&\rightleftharpoons \forall x \in S\, \neg P(x) \qquad \square
\end{aligned}$$

定理 2.2 の証明 (1) を証明して，(2) は読者の自習としよう．

$$\begin{aligned}
x \in \Big(\bigcup_{\lambda \in \Lambda} S_\lambda\Big)^c &\rightleftharpoons \neg\Big(x \in \bigcup_{\lambda \in \Lambda} S_\lambda\Big) \\
&\rightleftharpoons \neg \exists \lambda \in \Lambda\,(x \in S_\lambda) \qquad (定義 2.2\,(1) による) \\
&\rightleftharpoons \forall \lambda \in \Lambda\, \neg(x \in S_\lambda) \qquad (補題 2.3\,(1) による) \\
&\rightleftharpoons x \in \bigcap_{\lambda \in \Lambda} S_\lambda^c \qquad \square
\end{aligned}$$

微積分学では数列 $\{a_n\}_{n \in N}$ が 0 に収束するということを

$$\forall \varepsilon > 0\, \exists N \in \mathbf{N}\, \forall n \in \mathbf{N}\, (n \geq N \rightarrow |a_n| < \varepsilon) \tag{2.1}$$

によって定義する（ただし，$\mathbf{N}$ はすべての自然数のなす集合を表し，ε, a_n などはすべて実数を表すものとする）．この意味は自然言語では「任意に正実数 ε を与えると，$n \geq N$ ならば $|a_n| < \varepsilon$ が成り立つような自然数 N が存在する」と解釈される．

練習に (2.1) の否定命題をつくってみよう．

$$\begin{aligned}
\neg \forall \varepsilon > 0\, &\exists N \in \mathbf{N}\, \forall n \in \mathbf{N}\, (n \geq N \rightarrow |a_n| < \varepsilon) \\
&\rightleftharpoons \exists \varepsilon > 0\, \neg \exists N \in \mathbf{N}\, \forall n \in \mathbf{N}\, (n \geq N \rightarrow |a_n| < \varepsilon) \\
&\rightleftharpoons \exists \varepsilon > 0\, \forall N \in \mathbf{N}\, \neg \forall n \in \mathbf{N}\, (n \geq N \rightarrow |a_n| < \varepsilon) \\
&\rightleftharpoons \exists \varepsilon > 0\, \forall N \in \mathbf{N}\, \exists n \in \mathbf{N}\, \neg(n \geq N \rightarrow |a_n| < \varepsilon) \\
&\rightleftharpoons \exists \varepsilon > 0\, \forall N \in \mathbf{N}\, \exists n \in \mathbf{N}\, (n \geq N \wedge |a_n| \geq \varepsilon)
\end{aligned}$$

すなわち，「適当な正数 ε をとって，どんなに自然数 N が大きくとも，それより大きい自然数 n であって $|a_n| \geq \varepsilon$ を満たすものが存在するようにできる」と解釈される．言い換えれば，「適当な正実数 ε をとれば，無数の n に対して $|a_n| \geq \varepsilon$ が成り立つ」である．先の日本語で与えた収束の定義の否定を，意味を考えながらつくってみれば，論理記号を使う威力が実感できるだろう．と同時に，自然言

語で正確に意図を伝える難しさもわかっていただけたと思う．

ところで，集合族 $S_\lambda, \lambda \in \Lambda$ というのは，本当は $\{S_\lambda | \lambda \in \Lambda\}$ が集合をなすという意味だと述べた（その構成要素が S_λ である集合）．この集合を S とすれば，$S_\lambda, \lambda \in \Lambda$ の合併集合は

$$\{x | \exists y ; x \in y \in S\}$$

と表すことができる．

逆に考えれば，任意に集合 S が与えられたとき，$\exists y ; x \in y \in S$ なる（x に関する）命題，正式に書けば，$\exists y(y \in S \land x \in y)$ なる（x に関する）命題を $P(x)$ とするとき，$\{x | P(x)\}$ という集合が定まる．これを集合論の世界では

$$\bigcup S$$

という記号で表し，S の合併集合と呼ぶ．

こうした考察がチンプンカンプンだという読者は，きっと，たとえば $\{N\}$ という集合（N だけを要素とする集合）と N という集合の区別がついていないに違いない．前者はたった一つの構成要素 N をもつ集合であり，後者は $0, 1, 2, \ldots$ からなる無限集合である．

日本語で「a は S に含まれている」といえば，$a \in S$ という意味であることもあり，また $a \subseteq S$ という意味であることもあって，ambiguous である．これはどこの民族の言語でも似たような事情にあるらしい．数学史の本によく「$\{S\}$ と S との違いを最初に明確に指摘したのはフレーゲである」と事々しく書かれているゆえんであろう．数学をやるからには速やかにこの違いを当然のことと認識できるようにならなくてはならない．初心のうちは，できる限り「a は S の元（要素）である」とか，「a は S の部分集合である」とはっきり述べるようにして，自分の意識の中で明確に区別をつける訓練をしておくとよい．前にもいったが，その概念を表す言葉がないということは，それについて考えられないということとほとんど同値だからである．

2.1.2 関数と写像

関数とか写像という概念は，数学の死命を制する重要な概念である．集合という概念が重要なのは，実は関数とか数列，あるいはグラフといった，要するに数学における基本概念がすべて集合として表現できるからである．

まず実数列 $\{a_n\}_{n\in N}$ とは何であったかを思い出そう．多くの人は実数列とは各 a_n が実数であるような数の列 $a_0, a_1, \cdots, a_n, \cdots$ という認識をもっているかもしれない．これを正確にいえば，自然数 n が与えられると実数 a_n が定まる規則が与えられているということである．言い換えれば，実数列とは，N を定義域とし，値が実数であるような関数 $a(n)$ のことである．a_n というように n が添え字になっているのは，単に歴史的な由来にすぎない．

さらに一般的に，X と Y を集合として**写像** $T:X\to Y$ という概念を考えてみよう．各 $x\in X$ が与えられるたびに $y\in Y$ を対応させる規則が与えられたということを，T は X から Y への写像であるといい，$T:X\to Y$ と書き，x に対応する値 y を $T(x)$ と記すのである．(1変数)関数というのは，定義域と値域が実数の全体のなす集合 R の部分集合であるような写像のことである．

次に**置換**という概念を考えてみよう．n 文字 $N=\{1,2,\cdots,n\}$ の置換とは，N から N への写像 $T:N\to N$ であって，$i\neq j$ ならば $T(i)\neq T(j)$ という条件を満たすもののことである．置換を

$$\begin{pmatrix} 1 & 2 & 3 & 4 \\ 3 & 1 & 4 & 2 \end{pmatrix}$$

というふうに書くのは，単に定義域が有限集合なので値を全部書ききれるからという理由による．

このように，写像というのは数学における最も重要な概念である．ところで「対応させる規則」とはいったい何なのだろうか？ さいころを振っては a_n の値を決めるというのではいけなかろう．

関数，さらには写像を集合という概念装置の中でより正確に捉えるには，次のように考える．

定義域，値域が実数全体の集合 R の関数は図形的にはグラフであり，グラフ

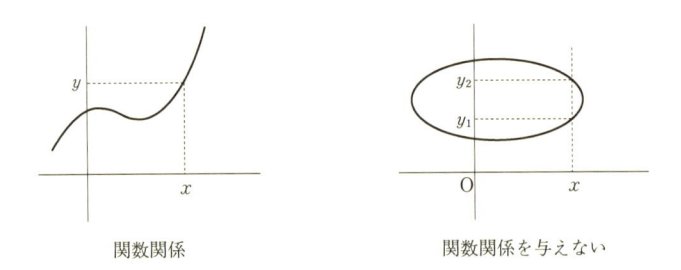

関数関係　　　　　　　　　　　関数関係を与えない

は平面 $\mathbb{R}^2$ の部分集合である．逆に平面 $\mathbb{R}^2$ の部分集合 C はどんな条件を満たせば関数のグラフとみなせるだろうか．それは各 $x\in\mathbb{R}$ に一つだけ $y\in\mathbb{R}$ が対応しているという条件である．言い換えれば，$(x,y)\in C$ かつ $(x,y')\in C$ ならば $y=y'$ ということである (図参照).

これで写像という概念を集合で表現する準備ができた．あとは平面という概念を写像の場合のために一般化しておかねばならない．

▶**定義2.3**◀ X, Y を集合とする．$x\in X$ と $y\in Y$ の対 (x,y) の集合を X と Y の**直積**といって，$X\times Y$ と記す．
$$X\times Y=\{(x,y)\mid (x\in X)\wedge(y\in Y)\}$$

対 (x,y) と対 (x',y') が等しいのは $x=x'$ で，しかも $y=y'$ のときであるが，これも先験的に決まっていることではなく，定義だということに注意を喚起しておきたい．
$$(x,y)=(x',y') \rightleftharpoons (x=x')\wedge(y=y')$$

▶**定義2.4**◀ X, Y を集合とする．$X\times Y$ の部分集合 F が X から Y への**写像**であるとは，次の条件が満たされることをいう．
1. $(x,y)\in F \wedge (x,y')\in F \Rightarrow y=y'$
2. $\forall x\in X \exists y\in Y((x,y)\in F)$

このとき X を写像 F の**定義域** (domain) という．また $(x,y)\in F$ のとき $y=F(x)$ と記す．集合 $\{F(x)\mid x\in X\}=\{y\mid \exists x\in X((x,y)\in F)\}$ を F の**値域** (range)，あるいは**像**という．写像 F が X から Y への写像であることを $F:X\to Y$ と記す．また $F(x)=y$ であることを $x\mapsto y$ と記す．

条件2. は，定義域 X のどの元 x に対しても写像が定義されているということを要請している．しかし，F の像が Y となること，つまり各 $y\in Y$ に対して $F(x)=y$ となる $x\in X$ が存在するとは要求していない．そういう特別な性質をもった写像は，次に定義として述べるように，全射と呼ばれる．

それから，1. は各 x に対してただ一つの y が定まることを要求しているが，異なる x に異なる y が定まることまで要求しているわけではない．そういう特別な性質をもつ写像は，これも次に定義を与えるが，単射であるという．

▶**定義2.5**◀ (1) 写像 $F: X \to Y$ に対して
$$\forall y \in Y \exists x \in X[y = F(x)]$$
が成り立つとき，F は**全射**(surjection)であるといわれる．**上へ**(onto)の写像であるということもある．

(2) 写像 $F: X \to Y$ に対して
$$f(x) = f(x') \Rightarrow x = x'$$
が成り立つとき，**単射**(injection)であるといわれる．**1対1**(one-to-one)の写像であるということもある．

単射であるというのは，定義式の対偶をとった
$$x \neq x' \Rightarrow F(x) \neq F(x')$$
と同じことである．初心者はこちらの方がわかりやすいようだが，こちらは等号ではないので，やや使いにくい．そういうわけで，どちらかといえば，等号になっている定義式の方が好まれる．

例2.1 $F: R \to R$ を $F(x) = x^2$ と定義する．F の像は負でない実数のなす集合 $R^+ = \{x \in R \mid x \geq 0\}$ である．だから F は全射ではない．また $F(-1) = F(1)$ だから単射でもない．そこで，F の定義域を制限して，$F_1: R^+ \to R$ を $F_1(x) = x^2$ と定義すれば F_1 は単射となるが，全射ではない．さらに，$F_2: R^+ \to R^+$ を $F_2(x) = x^2$ と定義すれば F_2 は**全単射**(bijection)，すなわち全射で，かつ単射となる．

二つの写像 $F: X \to Y$, $G: Y \to Z$ が与えられたとき，その**合成写像** $G \circ F: X \to Z$ を
$$(G \circ F)(x) = G(F(x)) \quad \text{for} \quad \forall x \in X$$
によって定義する．これが写像になっていることは，正式に
$$(x, z) \in G \circ F \rightleftharpoons \exists y[(x, y) \in F \land (y, z) \in G]$$
と表してみればわかることである．

▮**定理2.4**▮ $F: X \to Y$ が全単射であるためには
$$F \circ G = \mathrm{idt}_Y, \quad G \circ F = \mathrm{idt}_X$$
を満たす写像 $G: Y \to X$ が存在することが必要十分である．この G を F の**逆写像**といい F^{-1} と記す．ここに，A を集合とするとき $\mathrm{idt}_A: A \to A$ は $\mathrm{idt}_A(x)$

$=x$ で定義される写像で，A 上の**恒等写像** (identity map) と呼ばれる．

証明 $F: X \to Y$ に対して逆写像 $G: Y \to X$ が存在するとせよ．これは
$$(y, x) \in G \rightleftarrows (x, y) \in F \tag{2.2}$$
言い換えれば
$$x = G(y) \rightleftarrows y = F(x) \tag{2.3}$$
を意味する．このとき，まず F は単射である．なぜなら，$y = F(x) = F(x')$ とすると，(2.3) 式によって $x = G(y)$，$x' = G(y)$ を得て，$x = x'$ が従うからである．

次に F は全射である．なぜなら，Y の任意の元 y に対して $x = G(y)$ とおくと，(2.3) 式によって $F(x) = y$ を得るからである．

逆に，$F: X \to Y$ が全単射であるとせよ．$Y \times X$ の部分集合 G を (2.2) 式によって定義する．すなわち，$G = \{(y, x) | (x, y) \in F\}$ である．F の全単射性によって G が X から Y への写像であること，および F の逆写像であることが容易に確認できる． □

注意 V を宇宙とする．$x \in V$ に対して $F(x) = \{x\}$ と定義すれば，V から V への写像が定義される．また直積 $V \times V$ も考えられる．このように集合でない集まりに対しても写像や直積が定義できるが，本書では必要がないので，直積や写像は集合に限ることにする．

▶**定義2.6**◀ 集合 X から集合 Y への全単射が存在するとき，X は Y に（集合として）**対等**であるといい，$X \sim Y$ と表す．

問題 2.2 任意の集合 X, Y, Z に対して次が成り立つことを示せ．
(1) (反射性) $X \sim X$
(2) (対称性) $X \sim Y \Rightarrow Y \sim X$
(3) (推移性) $X \sim Y, Y \sim Z \Rightarrow X \sim Z$

問題 2.3 自然数の全体のなす集合を N，実数の全体のなす集合を R と記す．またたとえば $(0, 1)$ は $0 < x < 1$ なる実数 x の集合（区間）を表す．このとき次を示せ．
(1) $N \sim \{2x | x \in N\}$
(2) $N \sim \{x^2 | x \in N\}$
(3) $Z \sim N$
(4) $(0, 1] \sim (0, 1)$
(5) $(a, b) \sim (0, 1) \sim R$

自然数の集合 N と対等な集合は**可算(無限)**であるといわれる．問題2.3によれば，偶数の全体や平方数の全体のなす集合は可算無限である．7.5節で示すように，実数のなす集合 R は**非可算**である．すなわち可算無限ではない．R と対等な集合は**連続体濃度**をもつといわれる．問題2.3(4),(5)によれば，区間はいずれも連続体濃度をもつ．

最後に，集合や写像という概念が適用される例として，自然数とそれから派生する有限という概念を論じる．自然数のもつ大小関係や加法・乗法などの性質については，第3章で詳述する．本項では，自然数のいまから述べる定義だけに従っていくつかの命題を証明するのだから，自然数に関する既知の性質は当面すべて忘れなくてはならない．

▶**定義2.7**(**自然数の定義**)◀　1.　空集合 $\emptyset$ を 0 とする．
　2.　自然数 $0, 1, 2, \cdots, n$ が定義されたとき，n の**次の自然数** $n+1$ を
$$n+1 = \{0, 1, 2, \cdots, n\}$$
によって定義する．
　3.　こうして定義されたものだけが自然数である．

すべての自然数のなす集合 $\{0, 1, 2, \cdots, n, \cdots\}$ を N，あるいは ω と記す．ω は基礎論の関係者が使う記号で，普通の数学者は N を使う場合が多い．本書では恣意的に使い分ける．

この定義によって，
$$1 = \{0\}, \quad 2 = \{0, 1\}, \quad 3 = \{0, 1, 2\}, \quad 4 = \{0, 1, 2, 3\}, \quad \cdots$$
である．定義2.7の2.の中で，$\cdots$ という，集合とも述語論理とも無関係な記号が現れているのが気になるが，これは直観を重んじてそう書いたまでで，正式には次のように書くべきところである．

　2.　自然数 n が定義されたとき，n の次の自然数 $n+1$ を
$$n+1 = n \cup \{n\}$$
によって定義する．

このように定義すると，n は先行するちょうど n 個の自然数が元として含まれる集合であることになり都合がよい．ただし，個数の定義はこれから与える．

注意 $N = \{0, 1, 2, \cdots, n, \cdots\}$ と定義したが，ここでこの $\cdots$ を使わずにすますことは（いまの段階では）できない．したがって集合 N の定義は現段階ではあくまで読者の直観に訴えることで成り立っている．

▶**定義2.8**◀ 集合 X に対して自然数 n と全単射 $F : n \to X$ が存在するとき，X は**有限集合**であるという．そして，X の要素の**個数**は n であるという．記号では有限集合 X の個数を $|X|$ と記す．有限でない集合は**無限集合**であるといわれる．

この個数の定義を成り立たせるためには，X との間に全単射が存在する自然数が一つしかないことを確認しておかねばならない．X と自然数の間に 1 対 1 対応がつくということは，ある番号の振り方で X の要素を数え上げるということであるから，有限集合を勘定するとき，**どんな順序で勘定しても個数は常に一定である**ということを証明しておかねばならないのである．言い換えれば，次を証明しなければならない．

▮**定理2.5**▮ 自然数 m と自然数 n が対等ならば，$m = n$ である．

この定理は少しだけ一般化した次の形の方が証明しやすい．

▮**定理2.6**▮ 自然数はその真部分集合とは対等にならない．

証明 自然数 n に関する数学的帰納法によって証明する．$n = 0$ ならば真部分集合は存在しないので自動的に命題は正しい．

いま n に対して命題が正しいとする．

仮に $n+1 = \{0, 1, \cdots, n\}$ からその真部分集合 M への全単射が存在すると仮定し，それを $F : n+1 \to M$ とする．M は $0, 1, \cdots, n$ のうちのいくつかからなる集合である．

1. $F(n) = n$ の場合．M から n を取り去った集合 $M - \{n\}$ は n の真部分集合である．このとき，F を $n+1$ の部分集合である n に制限した写像 $F|n$ は n から $M - \{n\}$ への全単射となるが，これは帰納法の仮定に反する．

2. $F(n) \neq n$ の場合．$n \notin M (\subsetneq n+1)$ とせよ．このとき $M \subseteq n$ である．$M \subsetneq n$ とすると 1. の場合同様，F を n に制限した写像 $F|n$ によって n からその真部分集合 M への全単射が得られることになって矛盾する．ゆえに $M = n$ である．

仮に $F|n$ が M への全単射であるとすると，$F: n+1 \to M$ の全単射性に反するので，$F|n$ は単射ではあっても全射ではない．ゆえに $F|n$ は n からその真部分集合への全単射となって仮定に矛盾する．ゆえに $n \in M$ である．このときは $n=F(i)$ を満たす $i\,(0 \leq i < n)$ が存在する．そこで $G: n \to M-\{n\}$ を

$$G(j) = \begin{cases} F(j) & (j \neq i) \\ F(n) & (j = i) \end{cases}$$

によって定義する．G が全単射であることは明らかで，これは帰納法の仮定に反する．

以上で，$n+1$ はその真部分集合と対等にはならないことが示された． □

m と n が自然数ならば，$m \subseteq n$ または $n \subseteq m$ のいずれかが成り立つ (問題 3.1(2): p.75 と 3.2.2 項の定理 3.5 の 4. および定理 3.6: p.79, 80 を参照)．これにより定理 2.6 から定理 2.5 は明らかである．

定理 2.6 の証明で問題なのは，こんな基礎的なところで「数学的帰納法という高度な証明法が使えるか」である．証明という概念を第 1 章で定義したとおりとするなら，その中には数学的帰納法は含まれていない．数学的帰納法が集合論で成り立つことは次節で示す．とりあえず証明が正しいとすると，次の有益な定理が得られる．

▌定理 2.7 (有限集合の基本定理)▐ X を有限集合とする．$F: X \to X$ が単射であれば，F は全射でもある．また F が全射であれば，F は単射でもある．

この命題は，整数論をはじめとする離散数学では頻繁に使われる重要なものなので，本書では有限集合の基本定理と呼ぶことにした．

証明 F が単射であるとせよ．F の像を Y とすると $F: X \to Y$ は全単射であるから，$|X|=|Y|$ が成り立つ．n を X の個数とすると，X から n への全単射 φ が存在する．

一方 $Y \subseteq X$ であるが，仮に $Y \subsetneq X$ とせよ．すると $\varphi(Y)$ は n の真部分集合となる．しかるに $n \sim Y \sim \varphi(Y)$ だから，これは定理 2.6 に矛盾する (ここに $\varphi(Y)$ は Y の φ による像とする)．ゆえに $Y=X$，すなわち F は全射である．

F の全射性から単射性も同様にして証明されるから，読者自ら試みられよ． □

2.2 公理的集合論

2.2.1 集合論の公理系*

初心の読者は，本項はだいたいの内容を理解するだけでよい．

前節では，素朴・直観的な立場から集合論の基礎を展開した．本節では，集合論を公理主義の立場から厳密に構成することを考える．素朴な立場で何がいけないのかということを理解しないと，公理主義，さらには形式主義という堅苦しい立場に立って集合論を展開しなければならない不自由さと苦痛ばかりを覚えることになるだろう．そこで，公理主義的・形式主義的な方法の必然性を考えてみることにしよう．

まず，**公理主義**と**形式主義**の違いを述べておく．例としてユークリッド幾何学をあげよう．ユークリッド幾何学はヒルベルトによって公理化された．『幾何学の基礎』(ヒルベルト [Hilb]；初版 1899 年) では，まず

　　2 点 A, B に対し，A, B の双方と結合する一つの直線 a が必ずある．

から始まる公理群が述べられる．そして，エウクレイデスの『ストイケイア (原論)』では暗黙のまま使われていた数多くの仮定が explicit にすべて書き出され，図と直観に頼っていた推論が厳密に再構成されて，古代ギリシア人が目指した完全な論理体系としての幾何学が初めて実現したのである．

ヒルベルトが「点，直線，平面の代わりに机，椅子，コップと呼んだって構わないのだ」といったという話は有名だが，直観に合っていようがいなかろうが，対象が公理を満たしさえすればよいのだという公理主義の精神を明確に語っていて印象的である．しかし，数学的対象は無意味になったが，理論を展開する言語 (および論理) は自然言語 (および自然的論理) にとどまっている．この論証に使われる言語も記号化し，使用される論理も特定して，数学の理論を単なる記号の羅列としてみようというのが形式主義である．

そんなことをして何になるのかという疑問を抱く向きもあるかもしれない．そこで，単に対象を無意味な記号にしただけでは数学が完全無欠な論理体系になるわけではないことを知るために，前節の最後に触れた自然数の例を取り上げて説明することにしよう．

数学的帰納法の妥当性が前節の最後に問題となった．重要なのは，自然数の全体 ω が集合として確定しているかどうかである．実際，自然数の全体が集合として前もって確立していないならば，命題 $\forall x \in \omega (P(x) \to P(x+1))$ に現れる ω が使えなくなり，x がまったく任意ということになってしまう．同じことだが，「任意の自然数 k に対して」という記述において，「k が自然数である」という主張を論理式で表さねばならなくなる．ごく素朴な観点からは，$\{x | x \text{ は自然数}\}$ と書けば自然数全体のなす集合は定まっ

てしまうといえるのだが，集合を基本的述語 =, ∈ から合成した論理式で定義しようという立場に立つと，これでは集合を定義したことにはならない．

ところが自然数の定義 2.7 をみると，「n が自然数のとき $n \cup \{n\}$ も自然数である」とされていて，自然数の定義の中に自然数という言葉が現れているから，このままでは「x は自然数である」という命題を論理式として表現できない．つまり $A(x)$ を「x は自然数である」という命題とすると，これを集合論の基本的な述語である =, ∈ を使って表現することができていない．これは同時に，自然数の全体のなす集合を ω ないしは N と書いたが，論理式 $A(x)$ を使って $\omega = \{x | A(x)\}$ という形には（少なくとも簡単には）できないということでもある．

このようにして，自然言語に頼って数学を展開していると，思わぬ落とし穴にはまる可能性のあること，言い換えれば数学を形式化する必然性が理解されたであろう．

以上を前置きとして，集合論とその公理化と形式化を実行しよう．集合論の公理の記述に際しては理解しやすさを考えて言葉を補っているが，実際には述語論理の記号法でもってすべてを書ききることができることはいうまでもない．

集合論は次のものから成り立つ．

1. 基本的述語記号としては =, ∈ をもつ．
2. 変数は $a, b, c, \cdots, a_1, a_2, \cdots, x, y, z, \cdots, x_1, x_2, \cdots$ などを使う（主として $x, y, \cdots$ などは束縛変数，$a, b, \cdots$ などは自由変数として使うが，こだわらない）．これらはすべて集合である．
3. 論理は述語論理を使う．論理記号は $\vee, \wedge, \neg, \rightarrow, \forall, \exists$ を使う．

   注意 自由変数といい，束縛変数といっても，すべての文字は集合を表す．何かの集合の要素とはなるが，それ自身は集合ではないようなものを考えると，集合論の対象が二本立てで単純性を欠くことになるので，すべては集合であるとするのである．ただし，集合とは何かを問うことはしない．単に記号と思っていてさしつかえない．

念のため命題の定義を繰り返しておこう．

▶**定義2.9**（集合論における命題の定義）◀ 1. 2変数述語 $* = *, * \in *$ に変数や，（集合論の中で展開されて得られる $0, 1, \{0, 1\}$ といった具体的な）対象 t を代入したものは命題である．たとえば，$a = x, 1 \in y, t \in 0$ などは命題である．

2. A, B が命題ならば，
$$\neg A, \quad A \vee B, \quad A \wedge B, \quad A \rightarrow B$$
のそれぞれも命題である．

3. $A(a)$ を変数 a に関する命題で，x が $A(a)$ の中に現れないとき，
$$\forall x A(x), \quad \exists x A(x)$$

のそれぞれも命題である．

　4．このようにして定義されたものだけが集合論における命題である．

　命題を**論理式** (formula) ということも多い．とりわけ，形式化された（自然数論や集合論などの）理論においては，命題より論理式という術語が好まれる．対象領域が定まっていて意味論的に真偽が論じられる場合には，命題という術語を使うことが多い．

　以下が集合論の公理である．いくつかの公理の意味や使い方は次節に回すことにして，とりあえず集合論の公理を並べてみよう．

外延性公理　$a=b \rightleftharpoons \forall x(x \in a \rightleftharpoons x \in b)$

　集合はその構成要素だけで定まるということである．

分出公理　集合 a が与えられているとする．$A(x)$ を x に関する命題とするとき，
$$x \in b \rightleftharpoons (x \in a) \wedge A(x)$$
を満たす集合 b が存在する．

　この b を $\{x \in a | A(x)\}$ と記す．a と b の共通部分 $a \cap b$ は
$$a \cap b = \{x \in a | x \in b\}$$
と表せるから，たしかに集合である．さらに一般的に，集合 $a \neq \emptyset$ に対して
$$\{x | \forall y \in a(x \in y)\} = \{x | x \in y \text{ for } \forall y \in a\}$$
は集合をなす．これを a の**共通部分集合**といい，
$$\bigcap a$$
と記す．なぜ集合をなすといえるかというと，$b \in a$ なる b を一つとれば
$$\{x | \forall y \in a(x \in y)\} = \{x \in b | \forall y \in a(x \in y)\}$$
と書けるからである．

空集合の公理　$\forall x(x \notin a)$ を満たす集合 a が存在する．

　空集合を $\emptyset$ と記すが，自然数論などでは 0 と書くことも多い．

対集合の公理　与えられた集合 a, b に対して
$$x \in c \rightleftharpoons (x \in a) \vee (x \in b)$$
を満たす集合 c が存在する．

　a, b に対して，その対集合を
$$\{a, b\}$$
と記す．特に $a=b$ のときは $\{a\}$ と記す．これは a だけを要素とする集合で，こういう形の集合を**単集合**という．これより単集合 $\{\emptyset\}$ の存在が保証される．

　問題 2.4　$c = \{a, b\}$ の場合，$\bigcap c = a \cap b$ であることを示せ．

和集合の公理　与えられた集合 a に対して

$$x \in b \rightleftarrows \exists y(x \in y \in a) \rightleftarrows \exists y(x \in y \wedge y \in a)$$
を満たす集合 b が存在する．この b を
$$\bigcup a$$
と記す．

問題 2.5 $c=\{a, b\}$ の場合 $\bigcup c = a \cup b$ であることを示せ．

$\{a, b\} \cup \{c\}$ を $\{a, b, c\}$ と記すことにする．

問題 2.6 $\{a\} \cup \{b, c\} = \{a, b, c\}$ を示せ．

次の公理から，後述のように自然数の全体が集合をなすことが導かれる．ただし，x^+ とは $x \cup \{x\}$ を表す記号である．

無限公理 少なくとも一つ，次の性質をもつ集合 a が存在する．
1. $0 \in a$
2. $\forall x[x \in a \rightarrow x^+ \in a]$

自然数論（したがって通常の数学では）x^+ は $x+1$ と記されることになる．x^+ を x' と書く本が多いが，数学書である本書ではプライム（'）は別の意味で使うので避けることにする．なお，肩の ' をダッシュと読むのが慣わしだが，これはイギリスの流儀であるらしい．しかし現在ではイギリスでもアメリカ風にプライムと読むそうだから，海外で講演する場合に余計な神経を使わなくてすむように，プライムと読むくせをつけておいた方がよいかもしれない．

冪集合の公理 集合 a に対して
$$x \in b \rightleftarrows x \subseteq a$$
を満たす集合 b が存在する．

この b は unique であることが容易に示せるから，これを
$$\wp(a)$$
と記す．$\wp(a)$ は，集合 a のすべての部分集合のなす集合である．$\wp(\emptyset) = \{\emptyset\}$ であることを確認せよ．

選出公理 空でない集合 a に対し $\emptyset \notin a$ であれば，
$$\forall x \in a \exists_1 y(y \in b \cap x)$$
を満たす集合 b が存在する．

ここに，$\exists_1 x P(x)$ は $P(x)$ を満たす x がただ一つ存在するという意味を表す記号である．正式に述語論理で表せば，
$$\exists x P(x) \wedge \forall x \forall y[P(x) \wedge P(y) \rightarrow x=y]$$
である．

選出公理（**選択公理**とも呼ばれる）は空でない集合の空でない族 $S_\lambda (\lambda \in \Lambda)$ があったとき，各 S_λ から代表を一つずつ選んで集合にすることができるということを主張している．実際，$S=\{S_\lambda | \lambda \in \Lambda\}$ を選出公理の a とし，そこで保証された b をとる．$x \in S$ とは $x=S_\lambda$ ということであるから，$b \cap S_\lambda = \{t_\lambda\}$ と書ける．$t_\lambda \in S_\lambda$ である．そこで
$$T=\{y | \exists \lambda \in \Lambda ; \{y\} = b \cap S_\lambda\}$$
とおけば，T はちょうど $t_\lambda (\lambda \in \Lambda)$ の集合となっているからである．

集合の有限個の集まりに対しては，それらを原理的には並べることができると考えて，代表元の選出の可能性は当然のこととみなす．無限個の集合族を対象にするときには，代表が選び出せるのは自明というわけにはいかない．選び出す操作はいつまでも続くからである．それぞれの集合が順序集合になっていて，最小の要素が存在するということがわかっているというような場合なら問題はないが，いつでもそういう集合を扱っているというわけではないので，代表を選び出せるというのは公理として認めるより方法がないのである．

数学というのはもともと理想化された世界を扱う学問である．だから全団体から一人ずつ代表を選ぶことができないなどという不自由な事態など考えもつかないので，われわれは選出公理を特別視せず，他の公理同様，当然の公理として受け入れる立場をとろうと思う．実際，本書には選出公理と同値な命題であるツォルンの補題を使って証明される命題が勘定しきれないほど含まれている．つまり選出公理を認めないとなると，無限を扱うことの比較的少ない代数学ですらまったく根拠を失うのである．

正則性公理（**基礎の公理**）　任意の論理式 $A(x)$ に対して
$$\exists x A(x) \to \exists x[A(x) \wedge \forall y \in x(\neg A(y))]$$
が成り立つ．

対偶をとって，A を $\neg A$ に換えれば
$$\forall x(\forall y \in x A(y) \to A(x)) \to \forall x A(x) \tag{2.4}$$
を公理としたのと同じである．変数を自然数 n に限定すれば，(2.4) は（後に定理 3.6 : p.80 で示すように，自然数に対しては $m \in n$ は $m < n$ と同値であるから）
$$\forall n(\forall m < n A(m) \to A(n)) \to \forall n A(n)$$
となる．これすなわち累積帰納法で，結局は数学的帰納法を意味している．つまり，正則性公理を公理として採用すれば，数学的帰納法はその一部として認めたことになるのである．

集合 a が $a=\{x | A(x)\}$ と表せる場合を考えれば，正則性公理は
$$a \neq \emptyset \to \exists x \in a ; x \cap a = \emptyset$$
と表せる．正則性公理をこの形で使うことも多い．

なお，正則性公理を採用しなくても普通の数学は展開できる．しかし，たとえば後に自然数 n に対して $n \notin n$ であることを証明しなければならなくなるのだが，これが

ちょっと手間がかかる．正則性公理を認めておくと，任意の集合 x に対して $x\notin x$ が簡単に証明できる．実際，正則性公理によって $y\cap\{x\}=\emptyset$ なる $y\in\{x\}$ がとれる．$y\in\{x\}$ から $y=x$ を得る．したがって $x\cap\{x\}=\emptyset$ となり，$x\notin x$ が成り立つ．自然数ばかりではなく，任意の集合 x に対して $x\notin x$ を公理として認めておくのも気分のよいことではある．こうしたことを考えて，かなりの逡巡の後，正則性公理を採用することにした．

正則性公理は，本書では証明しないけれども，空集合から始めて集合論の公理で認められた（対集合，和集合，冪集合などの）新しく集合をつくる手段を繰り返し使って得られる集合が，集合のすべてであるということを主張している．本当に集合とはこうしたもので尽きると考えてよいのかどうかは議論の余地はあるが，整然とした集合論を展開するためにはこうであると都合がよい．正則性公理とはそうした内容をもった公理である．

置換公理 $A(x,y)$ を 2 変数 x,y の命題とし，a を集合とする．$\forall x\in a$ に対して $A(x,y)$ を満たす y が必ず存在するとしよう．このとき
$$\forall x\in a\,\exists y\in b\,A(x,y)$$
を満たす集合 b が存在する．

写像という概念は本書では先に集合 X,Y が与えられ，その直積 $X\times Y$ の部分集合として定義される．この場合は，写像 $F:X\to Y$ が与えられれば，その像 $\{F(x)|x\in X\}$ は正式には $\{y\in Y|\exists x\in X;(x,y)\in F\}$ と書け，したがって分出公理によって必然的に集合となる．

しかし，単に（置換公理の仮定を満たす）$A(x,y)$ が与えられただけだとすると，そこからうまく集合 X,Y をみつけて写像 $F:X\to Y$ をつくり出すことができるかどうかはわからない．そういうことができるというのが，本公理の趣旨である．分出公理は置

ツェルメロ
(ERNST FRIEDRICH FERDINAND ZERMELO, 1871-1953)

2.2 公理的集合論   53

スコーレム
(Thoralf Albert
Skolem, 1887-1963)

フォン・ノイマン
(John von Neumann,
1903-1957)

換公理から (他の公理を合わせれば) 証明できるが，逆に分出公理から置換公理を証明することはできないことが知られている．

また，通常の数学のレベルではこの公理はなくてすませられる．実際，本書でも使う機会は一度もないのだが，一応書いておくことにした．

以上の公理系によって展開される集合論を**ツェルメロ=フレンケルの集合論**といい，**ZF** と略記する．たいていの集合論の教科書では，選出公理を除いた公理系による集合論を ZF とし，選出公理も含める場合は ZFC とするが，本書ではこうした区別はあまり気にしないことにする．

最後に，ごく簡単に集合論の公理化ならびに形式化の歴史を述べておこう．ツェルメロ (1871-1953) が整列原理の彼自身による証明の正当性を立証するために行ったのが，集合論の公理化の最初だとされる (整列原理については 2.3 節参照)．その不備を補ったのがフレンケル (1891-1965) およびスコーレム (1887-1963) で，置換公理は彼らによって導入された．フォン・ノイマン (1903-1957) は記号論理によって集合論を形式化した (なお正則性公理も実質的にはノイマンに負う)．さらにベルナイスとゲーデルはノイマンの形式化を簡略にし，**ベルナイス=ゲーデルの集合論 (BG)** を定義した．BG は，$\{x|x=x\}$ や $\{x|x\notin x\}$ といった大きなものも類 (class) という名前で認める．そして類の要素は集合だが，上のような大きすぎる類は集合とはなりえないとする．BG の方が簡潔な意味もあるが，実際には ZF と同値であることが証明されている．

2.2.2 集合論の展開

2.1 節において素朴な立場で集合論を展開したが，そのとき暗黙のうちに認めたいくつかの概念を ZF において正式に定義しよう．それらの概念の定義がすめば，素朴な立場で得られた結果はどれも厳密な集合論に裏づけられたものとして

使用することができることになる．

▶**自然数の定義**◀ a を無限公理を満たす一つの集合とし，$A(y)$ を
$$(0 \in y) \land \forall x(x \in y \to x^+ \in y)$$
とすれば，
$$\{x \in a \mid \forall y(A(y) \to x \in y)\}$$
は集合である．これは $A(y)$ を満たすような，つまり $0 \in y$ かつ $x \in y \to x^+ \in y$ を満たすようなすべての集合 y の共通部分である．したがって $0, 1, 2, \cdots$ を含むような最小の集合であるから，自然数全体のなす集合であると考えられる．この集合は，仲介にとった a とは無関係に定まることは明らかで，これを ω とか N で記すことにする．ω の元を**自然数**という．

次の性質は定義から明らかである．
1. 0 は自然数である：$0 \in \omega$
2. x が自然数なら x^+ も自然数である：$x \in \omega \to x^+ \in \omega$
3. n^+ は n までの（n も含めていう）自然数の集合である：$n^+ = n \cup \{n\}$

自然数の全体のなす集合の確立に思いのほか手間どるのに読者も驚かれただろうが，その理由は，自然数の全体という概念は人類の思考形式に依存した存在であって，（人間の存在と関係なく存在するという意味で）先験的に確定した実在ではないからだろう（と私は思う）．これについては異論のある人が多いかもしれない．

自然数の全体の集まりを集合として公理で認めるのも一つの考え方であろう．つまり，無限公理の 1．，2．にさらに
3. $\forall x[x \in a, x \neq 0 \to \exists y \in a ; x = y^+]$

という条件（言葉でいえば，0 でない $x \in a$ は $x = y^+$，$y \in a$ の形に表せる）を追加するのである．この場合，このような集合 a は unique であることを証明する必要があるが，その証明には正則性公理を必要とする（ヘンレ [Henl] 問題 7 参照）．

▮**定理2.8（数学的帰納法の原理）**▮ $A(x)$ を x に関する命題とする．このとき
1. $A(0)$
2. $\forall x \in \omega(A(x) \to A(x^+))$

ならば，

3. $\forall x \in \omega A(x)$

が成り立つ．

証明 $a=\{x\in\omega|A(x)\}$ とおき，$a=\omega$ を証明する．$a\subseteq\omega$ は a の定義により明らかなので，$\omega\subseteq a$ を証明すればよい．仮定 1. より $0\in a$ である．次に $x\in a$ とすれば $A(x)$ だから，仮定 2. より $A(x^+)$ であり，$x\in\omega$ によって $x^+\in\omega$ でもある．ゆえに $x^+\in a$ が成り立つ．これで $x\in a \longrightarrow x^+\in a$ が示された．このような性質をもつ最小の集合という ω の定義によって $\omega\subseteq a$ である． □

順序対 座標の表示などに使われる対 (a,b) が備えていてほしい性質は
$$(a,b)=(c,d) \Leftrightarrow (a=c)\wedge(b=d) \tag{2.5}$$
である．こういう性質をもつ集合をつくるのは (読者も自分なりの定義を試みてみればわかるように) 意外とやっかいである．現今流布しているのは次の定義である．

▶**定義 2.10**◀ $\{\{a\},\{a,b\}\}$ を (a,b) と記す．さらに $((a,b),c)$ を (a,b,c) と記す．

問題 2.7 (2.3) 式を示せ．

同様に，
$$(a,b,c)=(d,e,f) \rightleftarrows (a=d)\wedge(b=e)\wedge(c=f)$$
が証明できる．これらによって，われわれの定義が順序対という名前で呼ばれるのにふさわしいことがわかる．

直積 a,b が与えられたとき，集合 $\{z|\exists x\in a\exists y\in b[z=(x,y)]\}$ (少し簡略に記せば $\{(x,y)|(x\in a)\wedge(y\in b)\}$) を a と b の直積といい，$a\times b$ と記す．

証明 直積が集合であることを確認しよう．$x\in a$, $y\in b$ とする．
$$\{x\}\subseteq a\subseteq a\cup b, \quad \{x,y\}\subseteq a\cup b$$
$$\therefore \quad \{x\}\in\wp(a\cup b), \quad \{x,y\}\in\wp(a\cup b)$$
$$\therefore \quad (x,y)=\{x,\{x,y\}\}\subseteq\wp(a\cup b)$$
$$\therefore \quad (x,y)\in\wp(\wp(a\cup b))$$
である．冪集合の公理によって $\wp(\wp(a\cup b))$ は集合と認められているから，分出公理によって直積 $a\times b$ は集合である． □

写像 写像については 2.1.2 項で定義したとおりでよいが，一通り復習しておこう．集合 R に対して $R\subseteq a\times b$ を満たす集合 a, b が存在するとき，R は a から b への**対応**であるという．特に $a=b$ のときは**関係**であるということも多い．このときは $(x,y)\in R$ のことを xRy と記す．
$$xRy \rightleftharpoons (x,y)\in R$$
たとえば，$R=\{(x,y)\in\omega\times\omega|\exists z\in\omega ; x+z=y\}$ と定義すれば，R は ω における関係で，xRy とは $x\leq y$ ということにほかならない．

さて，$f\subseteq a\times b$，すなわち f を a から b への対応とする．f が a から b への**写像**であるとは
$$\forall x\in a\,\exists_1 y\in b[(x,y)\in f]$$
という条件が満たされていることをいう（$\exists_1 xA(x)$ は $A(x)$ を満たす x がただ一つ存在するという意味だったことを思い出そう）．このとき，$f:a\to b$ と記す．また $x\in a$ に対応する $y\in b$ のことを $f(x)$ と記す．すなわち
$$y=f(x) \rightleftharpoons (x,y)\in f \rightleftharpoons xfy$$

普通の数学ではいわゆる定義域や集合には大文字を使うので，これらを小文字で表すのは，なにかしら居心地が悪いものである．徐々に普通の習慣に近づけていくことにしよう．

┃定理 2.9┃ (1) 写像 $F:X\to Y$ が全射であるためには
$$F\circ G=\mathrm{idt}_Y$$
を満たす写像 $G:Y\to X$ の存在することが必要十分である．

(2) 写像 $F:X\to Y$ が単射であるためには
$$G\circ F=\mathrm{idt}_X$$
を満たす写像 $G:Y\to X$ の存在することが必要十分である．

証明 (1) 条件を満たすような $G:Y\to X$ が存在するとせよ．各 $y\in Y$ に対して $x=G(y)$ とおくと，$F(x)=F\circ G(y)=y$ を得るので，F は全射である．

逆に F が全射であるとする．このとき $F^{-1}(y)=\{x\in X|F(x)=y\}\neq\emptyset$ であり，しかも $\bigcup_{y\in Y}F^{-1}(y)=X$ である．集合族 $F^{-1}(y)$, $y\in Y$ に対して選出公理で保証される集合を b とする．$y\in Y$ に対して $b\cap F^{-1}(y)$ の唯一の元 x を対応させる写像 $G:Y\to X$ を考えると，$F\circ G=\mathrm{idt}_Y$ が満足される．

(2) はやさしいから読者に任せる． □

集合族 集合族 $S_\lambda, \lambda \in \Lambda$ というのは，素朴な観点では $\{S_\lambda | \lambda \in \Lambda\}$ が集合をなすということであった．しかし，S_λ とはいったい何かという点に曖昧性があるので，正確な定義をここで与えておこう．

集合族というのも（置換とか数列と同様）写像を言い表す一つの言い方にすぎず，λ に対応する値 $S(\lambda)$ を S_λ と表しているだけのことであると考えられる．つまり，集合族 $S_\lambda, \lambda \in \Lambda$ とは，ある写像 $S : \Lambda \to X$ の値域 $\mathrm{ran}\, S = \{S(\lambda) | \lambda \in \Lambda\}$ となっていることをいう．λ を**添え字** (index) といい，Λ を**添え字集合**という．このとき写像 S の値域 $Y = \mathrm{ran}\, S$ の合併集合 $\bigcup Y$，および共通部分集合 $\bigcap Y$ をそれぞれ

$$\bigcup_{\lambda \in \Lambda} S_\lambda, \quad \bigcap_{\lambda \in \Lambda} S_\lambda$$

と書く．

一般的な直積 $S_\lambda, \lambda \in \Lambda$ を集合族とする（ただし $\Lambda \neq \emptyset$）．写像 $s : \Lambda \to \bigcup_{\lambda \in \Lambda} S_\lambda$ であって，さらに任意の $\lambda \in \Lambda$ に対して $s(\lambda) \in S_\lambda$ を満たすもののなす集合を

$$\prod_{\lambda \in \Lambda} S_\lambda$$

と表し，$S_\lambda, \lambda \in \Lambda$ の**直積**という．その要素を

$$\{s_\lambda\}_{\lambda \in \Lambda}$$

と記すことが多い．ここに，$s_\lambda = s(\lambda)$ である．

なお $s \in \wp(\Lambda \times \bigcup_{\lambda \in \Lambda} S_\lambda)$ だから，直積はたしかに集合をなす．

┃定理2.10┃ $S_\lambda, \lambda \in \Lambda$ を集合族とする．$\Lambda \neq \emptyset$ かつ各 λ に対して $S_\lambda \neq \emptyset$ ならば，

$$\prod_{\lambda \in \Lambda} S_\lambda \neq \emptyset$$

である．

この定理は自明にみえる．S_λ の要素 a_λ をズラッと並べれば，それが直積の要素になるはずだからである．しかし，「ズラッと」というのは有限個のときの話で，Λ が無限集合のときはいつまで並べてもきりがない．たとえば各 λ に対して $0 \in S_\lambda$ であったりすれば，各成分が 0 にとれるわけだから，直積は空ではない．しかし，一般的な集合の場合はそういう選出の手段は与えられていない．このことからわかるように，この定理の証明には選出公理が必要である．

添え字集合が ω の場合は，直積を
$$\prod_{n=0}^{\infty} S_n \tag{2.6}$$
と記すこともある．この場合は，各 n に対して $S_n \neq \emptyset$ なら，選出公理を使うまでもなく，直積 (2.6) は空集合ではないと思っている人がいるようだが，それは間違いである．$S_1 \neq \emptyset$ は仮定だから，確かである．$S_1 \times S_2 \times \cdots \times S_n \neq \emptyset$ ならば，$S_1 \times S_2 \times \cdots \times S_n \times S_{n+1} \neq \emptyset$ も確かである．だからといって，**数学的帰納法が使えて (2.6) が $\emptyset$ ではない，ということにはならない！** 任意の n 個の直積が空でないということを示しただけである．

定理2.10の証明 前節に述べた選出公理は，$a \neq \emptyset$ で，しかも $\emptyset \notin a$ ならば，
$$f : a \to \bigcup a, \quad \text{ただし } f(x) \in x \text{ for } \forall x \in a$$
なる写像 f が存在することを主張している．いまの場合に引き直せば，a を集合族 $S_\lambda, \lambda \in \Lambda$ として，$f(S_\lambda) \in S_\lambda$ を満たす写像 $f : a \to \bigcup a$ が存在するということになる．$s_\lambda = f(S_\lambda)$ とおくと，$\lambda \mapsto s_\lambda$ なる写像 $s : \Lambda \to \bigcup a$ は直積 $\prod_{\lambda \in \Lambda} S_\lambda$ の要素である． □

▶**定義2.11**◀ X が空でない集合で，$\emptyset \notin X$ とする．このとき
$$\varphi : X \to \bigcup X, \quad \text{ただし } \varphi(x) \in x \text{ for } \forall x \in X$$
を満たす写像 φ を X の**選出関数**という．

上の証明から一目瞭然であるように次が成り立つ．

∥**定理2.11**∥ 選出公理は，$\Lambda \neq \emptyset$ かつ各 λ に対して $S_\lambda \neq \emptyset$ ならば直積 $\prod_{\lambda \in \Lambda} S_\lambda$ が空集合ではないという命題と同値である．

選出公理を使っているとは意識しないでいる例は，次のようなタイプの「証明」をする場合にみられる．

> **証明** A を集合とし，$<$ を A における一つの関係 (たとえば順序関係) とする．$a_0 \in A$ を選ぶと $a_0 < a_1$ なる $a_1 \in A$ がとれる．一般に，a_n が得られると $a_n < a_{n+1}$ なる $a_{n+1} \in A$ が存在する．したがって，**数学的帰納法により無限列**

$$a_0 < a_1 < \cdots < a_n < \cdots$$

が得られる．

結果はもちろん正しいのだが，「数学的帰納法によって」ではない．数学的帰納法によっては単にいつまでたっても有限の列が得られるだけである．この操作を正しい証明にするには選出公理を使えばよいのだが，こうした形式の論法にいちいち選出公理をもち出して工夫するのもわずらわしいので，一度定式化しておけば便利である．

▌定理2.12(従属選出の原理：Principle of Dependent Choices)▌ R を集合 A の関係(すなわち $R \subseteq A \times A$) とする．$\forall x \in A$ に対して xRy なる $y \in A$ が存在するならば，各 $n \in \mathbb{N}$ に対して $a_n R a_{n+1}$ を満たすような無限列

$$a_0, a_1, \cdots, a_n, \cdots \quad (a_n \in A)$$

が存在する．

証明 各 $x \in A$ に対して $A_x = \{y \in A \mid xRy\}$ とおく．A_x は仮定により A の空でない部分集合である．$x \mapsto A_x$ で定義される写像を $\psi : A \to \wp(A) - \{\emptyset\}$ と記す．選出関数 $\varphi : \wp(A) - \{\emptyset\} \to A$ をとり合成写像 $\varphi \circ \psi$ を f と書くと，$f : A \to A$ である．$a_0 \in A$ を任意に選び，各自然数 n に対して $a_{n+1} = f(a_n)$ と定義すれば，$\{a_n\}_{n \in \mathbb{N}}$ は求める性質をもつ数列である． □

▼反省 これで万事オーケーのようなものだが，数列 $\{a_n\}_{n \in \mathbb{N}}$ とは $\mathbb{N}$ から集合 A への写像のことだという定義(2.1.2項参照)に従えば，a_n から a_{n+1} を構成する方法が与えられただけでは十分ではない．数学的帰納法によって写像が定義されることを保証するのが，後に述べる回帰定理(定理3.2：p.77)である．この定理を適用するなら，証明の最後の箇所は「**回帰定理によって**

$$a(0) = a_0$$

かつ

$$a(n+1) = f(a(n)) \quad \text{for} \quad \forall n \in \mathbb{N}$$

を満たす写像 $a : \mathbb{N} \to A$ が存在する．そこで $a_n = a(n)$ と書けば，$\{a_n\}_{n \in \mathbb{N}}$ は求める性質をもつ数列である」と述べることになる．

命題の強さとしては

$$AC \Rightarrow PDC \Rightarrow CAC$$

であって，逆はいずれも証明できないことが知られている．ここに AC は選出公理 (Axiom of Choice) を，PDC は従属選出の原理を，CAC は可算集合に対する選出公理 (Countable Axiom of Choice) を意味する．

従属選出の原理の適用例として，次を示そう．

▌定理2.13▐ 集合 X が無限集合であるためには，(X が) 可算無限部分集合を含むことが必要十分である．

証明 X を無限集合とし，$\mathscr{X}$ を X の空でない有限部分集合の全体のなす集合とする．YRY' を $Y \subseteq Y'$ で $x \in Y'$，$x \notin Y$ なる元 x がただ一つ存在することと定義する．$Y' - Y$ が単集合ということである．$Y \in \mathscr{X}$ とすれば，X の無限性によって YRY' なる $Y' \in \mathscr{X}$ が存在する．ゆえに従属選出の原理によって

$$Y_0 \subsetneq Y_1 \subsetneq \cdots \subsetneq Y_n \subsetneq \cdots$$

なる有限集合の列 $\{Y_n\}_{n \in N}$ がとれる．そこで

$$Y = \bigcup_{n \in N} Y_n$$

とおけば，Y は X の可算無限部分集合である． □

▌系2.14▐ 集合 X が無限集合であるためには，X と対等な (X の) 真部分集合が存在することが必要十分である．

証明 X を無限集合とすると，可算無限部分集合 Y が存在する．可算無限の定義によって

$$Y = \{y_n | n \in N\} = \{y_0, y_1, \cdots, y_n, \cdots\}$$

と表すことができる．$f : X \to X$ を

$$f(x) = \begin{cases} x & (x \in X - Y) \\ y_{n+1} & (x = y_n) \end{cases}$$

でもって定義すれば，f は X から $X - \{y_0\}$ の上への全単射である．

逆は定理2.6から明らかである． □

平方数の全体と自然数の全体との間に全単射が存在することを最初に明示したのは，ガリレオの『新科学対話』だとされている．ガリレオは，これは実に不思議な現象であり，無限の算術には有限の算術が適用できないので，解明には将来を待たねばならないとした．系2.14によれば，対等な真部分集合を有すること

が正に無限の定義であるというのがその回答だったのである．

われわれは，自然数と対等な集合を有限集合，有限でないとき無限集合と定義した．一方，デデキントは(先駆者ボルツァーノもだが)対等な真部分集合をもつ集合を無限集合と定義し，無限でないとき有限集合と定義した．系2.14によれば，これらは同値な定義なのだが，選出公理が仲をとりもっていることに注意しなければならない．選出公理を仮定しないなら，対等な真部分集合をもたないような(有限でないという意味での)無限集合の存在が知られている．

2.3 整列原理・ツォルンの補題*

本節は，初心の読者はツォルンの補題(定理2.17：p.65)の結果を認めて，証明の理解は次の機会に回してもよい．

選出公理と同値な命題として空でない集合族の直積が空にならないことをあげたが，ほかにも同値な命題がいくつかある．それは整列原理とツォルンの補題である．なかでもツォルンの補題は，代数学では必要欠くべからざる道具である．この重要な定理が補題 (lemma) と呼ばれるのは，おそらくは種々の基本的定理を証明するのにいつも使えるという事実が認識されるようになったからだろう．

選出公理と同値な命題の中で最初に登場したのは，すべての集合には整列順序を入れることができるということを主張する**整列定理**(本書では**整列原理**と呼ぶ)であった．この命題を言い出したカントル(1883年)は，この定理は「思考の法則」であるとしたが，同時代人からは定理そのものが問題にされなかった．しばらくして集合論の重要性が認識されるようになり，ツェルメロは選出公理を定式化することによって，懸案の整列原理の証明に成功した(1904年)．このようにして，それまでは無意識に使われてき

ツォルン
(MAX A. ZORN,
1906-1993)

シュヴァレー
(CLAUDE CHEVALLEY,
1909-1984)

た選出原理が表舞台に登場したのである．ここから引き起こされた選出公理の意義をめぐる4人の数学者(ボレル，アダマール，ベール，ルベーグ)の熱い論争は「フランス数学の伝統ではすでに古典の中に入っている」(ブルバキ [Bour])そうで，G. H. Moore の本 ("*Zermelo's Axiom of Choice*", Springer-Verlag, 1982) には英訳が，そして田中尚夫『選択公理と数学』(遊星社，1999) には邦訳が収められている．こうした論争が契機となって，ツェルメロは集合論の公理化を提案し，自分が与えた整列原理の証明の正しさを主張したのだった．数学の諸定理の証明において選出公理が必要なのかどうかの検証が進む中で，徐々にその本質的な不可欠性が認められていった．

後年 (1935年)，ツォルン (1906-1993) は代数閉包の存在を証明するために，彼の名前を冠して呼ばれるようになる極大原理を導入した．代数閉包の存在 (定理 8.5：p. 182) は，元来シュタイニツが整列原理を使って証明したものである．しかし，整列原理がいかに重要な概念であろうとも，代数学者には超越的な手法としてどことなく煙たがられていたに違いない．たとえば，極大イデアルの存在証明 (定理 6.7：p. 134) に整列原理を使うなどというのは，代数屋にとっては苦痛以外のなにものでもなかったことは想像に難くない．ツォルンの方法は超越的な臭気が薄く，使い勝手がよいため代数関係，さらにはトポロジー関係で，整列原理に代替する手段として急速に注目を浴びるようになっていった．ツォルンの友人であったシュヴァレー (1909-1984) がブルバキに紹介したのがきっかけで，ツォルンの極大原理は数学の世界一般に普及した．ブルバキ『数学原論』の初版 (1939年) では，「ツォルンの定理」という名で呼ばれていたらしいが，あるトポロジストが「ツォルンの補題」と呼んで (1940年) 以来，これが定着して現在に至っている (選出公理に関する歴史は精緻を極めた上記 Moore の本を参照せよ)．

▶**定義2.12**◀ X を集合とする．X の元の間の関係 $\leq$ が**順序**であるとは，次の条件が満たされることをいう (みやすさのために $\forall x \forall y \in X$ などを省いてある)．

1. (対称性) $x \leq x$
2. (反射性) $x \leq y, y \leq x \Rightarrow x = y$
3. (推移性) $x \leq y, y \leq z \Rightarrow x \leq z$

さらに

4. (比較可能性) $x \leq y \lor y \leq x$

も成り立つときは**全順序集合** (**線形順序集合**，あるいは**チェーン**) であるという．

空でない部分集合が常に最小元をもつような順序集合を**整列集合**という．整列集合は必然的に全順序集合である．

例 2.2 (1) 実数の大小関係 $\leq$ は全順序であるが，整列順序ではない．

(2) 1以上の自然数の間の「a が b を割り切る」という関係を $a|b$ と記せば，$*|*$ は $\omega - \{0\}$ における順序ではあるが，全順序ではない．

(3) X を集合とするとき，$\wp(X)$ は包含関係 $\subseteq$ に関して順序をなすが，かならずし

も全順序ではない．

　自然数の全体のなす集合 ω が，通常の大小関係 $\leq$ で整列集合をなすことは後に示す（定理 3.7：p. 81）．

　次のような言葉を準備しておくのも自然なことだろう．

▶**定義2.13**◀　X_i $(i=1,2)$ を順序 $\leq_i$ に関する順序集合とする．X_1 が X_2 に**順序同型**であるとは
$$x \leq_1 y \to f(x) \leq_2 f(y)$$
を満たすような全単射 $f: X_1 \to X_2$ が存在することをいう．このとき $X_1 \simeq X_2$ と記す．

　整列集合は，自然数の集合 ω とよく似た都合のよい性質を備えている．そのことを調べていこう．

▌**定理2.15（超限帰納法）**▌　X を $\leq$ に関する整列集合とする．$A(x)$ が x に関する命題のとき，任意の $x \in X$ に対して
　1. $\forall y \in X(y < x \to A(y)) \to A(x)$

が成り立つならば，
　2. $\forall x A(x)$

が成り立つ．

証明　結論 2. が成り立たないと仮定する．
$$Y = \{x \in X | \neg A(x)\}$$
とおくと，仮定により $\emptyset \neq Y \subseteq X$ である．X は整列集合だから Y には最小元 a が存在する．つまり $\neg A(a)$ であって，しかも $y < a$ ならば $A(y)$ が成り立つ．これは前提 1. が成り立たないことを意味している．　□

　この超限帰納法は，自然数の集合 ω の場合は**累積帰納法**と呼ばれる数学的帰納法の一形である．

　超限帰納法は，任意の集合に整列順序を入れることができるという命題（整列原理）を前提するとき，とりわけ威力を発揮する．整列原理は純粋な「存在定理」であって，具体的な整列順序の存在を保証してくれるわけではない．実際には，ZF では実数体（実数全体のなす集合）に整列順序を具体的に与えることはできないことが知られている．これは数学のもつ一面をよく表していると思う．

▶**定義2.14**◀　X を整列集合とし，$a \in X$ とする．
$$X_a = \{x \in X | x < a\}$$
で定義される集合 X_a を X の **a 切片**という．a を特定しないときにはただ切片という．切片には X 自身も含めておくことにする．

┃定理2.16(整列集合の比較定理)┃ X, Y を整列集合とすると，次のいずれか一つ，かつ一つだけが成り立つ．

(1) $X \simeq Y$
(2) $\exists b \in Y ; X \simeq Y_b$
(3) $\exists a \in X ; X_a \simeq Y$

証明 X, Y を (1), (2), (3) のいずれも成り立たない整列集合の組と仮定して矛盾を導く．X, Y はどちらも空集合ではないとしてよい．

G を X のある切片から Y のある切片へのすべての順序同型のなす集合とする．X, Y の最小元をそれぞれ a, b とすれば $X_a \simeq Y_b$ となるので，$G \neq \phi$ である．また定義域が X であるか，値域が Y であるかすれば (1), (2), (3) のいずれかが成り立つことになるので，G の元はすべてある X_a からある Y_b への同型写像である．

G を自然な包含関係で順序集合とする．すなわち二つの順序同型写像 $f: X_a \to Y_b$, $f': X_{a'} \to Y_{b'}$ に対して
$$f \leq f' \rightleftarrows X_a \subseteq X_{a'} \ (\rightleftarrows a \leq a')$$
と定義する．$f \leq f'$ ならば必然的に $Y_b \subseteq Y_{b'}$ であることに注意する．なぜなら $f' \circ f^{-1}: Y_b \to Y_{b'}$ は順序関係を維持するので，下の問題 2.8 (2) によって $b \leq b'$ が従うからである．

$a \leq a'$ あるいは $a' \leq a$ が成り立つので，G は全順序集合である．したがって $g = \bigcup_{f \in G} f$ 自身が G の元でなければならない．つまり，g は G の最大元である．$g \in G$ によって $g: X_a \to X_b$ が同型写像となるような a, b が存在することになる．しかしそうすると $g \cup \{(a, b)\} \in G$ となって g の最大性に反する．これで矛盾が導かれた．

一つだけが成り立つという主張は問題 2.8 (4) である． □

問題 2.8 (1) X を順序関係 $\leq$ に関する整列集合とし，$f: X \to X$ を順序関係を維持する写像，すなわち
$$x < y \to f(x) < f(y)$$
が成り立つ写像とする．このときすべての $x \in X$ に対して $x \leq f(x)$ が成り立つ．

(2) X を整列集合とすると，X は切片 X_a とは同型になりえない．

(3) 整列集合は恒等写像以外の自己順序同型をもたない．

(4) X, Y が整列集合であるとき，定理 2.16 の三つのうちたかだか一つだけが起こりうる．しかもその同型写像は一意的に定まる．

(ヒント) (1) $f(x) < x$ なる x が存在するとして，そういう中で最小の元 $x = a$ をとり矛盾を導く．

(2) $f: X \simeq X_a$ とすると，$f(a) < a$ である．これは (1) の結果と矛盾する．

(3) f を自己同型写像とすると，f^{-1} もそうである．そこで (1) を適用する．

(4) (2), (3) による．

2.3 整列原理・ツォルンの補題   65

Y を順序集合 X の部分集合とする.
$$y \leq a \quad \text{for} \quad \forall y \in Y$$
なる $a \in X$ が存在するとき, Y は X において上に**有界**であるという (本書では $Y \leq a$ と記す). そして a を Y の**上界**という. X 内の任意のチェーン (全順序部分集合) が必ず X の中に上界をもつとき, X は順序 $\leq$ に関して**帰納的順序集合**であるという.

ついでに定義しておく. Y の上界の最小値が存在するとき, それを Y の**上限**という. 言葉をつづめていえば, 「上限＝最小上界」である.

また順序集合 X の元 m が**極大**であるとは
$$\forall x \in X [m \leq x \rightarrow m = x]$$
が成り立つことをいう.

次が眼目の定理である.

定理2.17(ツォルンの補題) 空でない帰納的順序集合には極大元が存在する.

証明 X は空でない帰納的順序集合ではあるが, 極大元は存在しない集合と仮定して矛盾を導く. $\mathfrak{Y}$ (ドイツ文字の Y) を X 内のすべてのチェーンのなす集合とする (とくに $\emptyset \in \mathfrak{Y}$ である). $Y \in \mathfrak{Y}$ に対して
$$Y < f(Y) \tag{2.7}$$
が成り立つような $f : \mathfrak{Y} \to X$, すなわち Y の上界 (ただし Y の最大元ではないもの) を取り出す役割を果たす関数の存在を示そう.

$\varphi : \wp(X) - \{\emptyset\} \to X$ を選出関数とする. $Y \in \mathfrak{Y}$ の上界の集合を Y^* と記すと, 仮定によって $Y^* \neq \emptyset$ である. ゆえに $\varphi(Y^*) \in Y^*$ である (特に $Y = \emptyset$ のときは $Y^* = X$ である). X には極大元が存在しないから, 任意の $x \in X$ に対して $x < g(x)$ が成り立つ写像 $g : X \to X$ の存在がやはり選出公理から保証される. そこで, Y に $g \circ \varphi(Y^*)$ を対応させる写像を f とおくと, (2.5) が成り立つ. 実際,
$$Y \leq \varphi(Y^*) < g(\varphi(Y^*)) = f(Y)$$
だからである. 以下このような f を一つ固定する.

次に $\mathfrak{U}$ (ドイツ文字の U) を X の整列部分集合 U であって
$$f(U_x) = x \quad \text{for} \quad \forall x \in U \tag{2.8}$$
を満たすようなものの全体のなす集合とする (ここに $U_x = \{y \in U | y < x\}$ である). $\mathfrak{U} \neq \emptyset$ であるが, 以下の証明をみればわかるようにこれを示す必要はない.

そこで $U, V \in \mathfrak{U}$ とすると $U \subseteq V$, あるいは $V \subseteq U$ のいずれかが成り立つことを証明しよう. U, V は整列集合だから, 比較定理によって $U \simeq V$, あるいはどちらかがもう一方の切片と同型になる. そこでたとえば $h : U \to V_b$ が順序同型写像であるとして, 実際には $U = V_b$ であること, すなわち $U \subseteq V$ であることを示す. 任意の $a \in U$ に対して
$$\forall x \in U [x < a \rightarrow h(x) = x] \tag{2.9}$$

が成り立っているという仮定から，$h(a)=a$ を論証すれば超限帰納法によって h は恒等写像であることが従う．仮定 (2.7) は
$$U_a = V_{h(a)} \tag{2.10}$$
を示している．実際，$x \in U_a$ とすれば $x < a$ であるから，(2.7) によって $x = h(x) < h(a)$ となり $x \in V_{h(a)}$ を得る．逆に $y \in V_{h(a)}$ とすれば $y < b$ でもあるので $y = h(x), x \in U$ と表せるが，$h(x) < h(a)$ より $x < a$, したがって (2.7) によって $y = h(x) = x \in U_a$ となるからである．

(2.8) に (2.6) を適用すれば，$h(a) = a$ が成り立つことがわかる．以上によって $\mathfrak{U}$ が包含関係 $\subseteq$ に関して全順序をなすことが証明された．

そこで $W = \bigcup \mathfrak{U}$ とおくと $W \in \mathfrak{U}$ である．実際，W は X の整列部分集合であることは明らかである．また $x \in W$ とすると $x \in U$ なる $U \in \mathfrak{U}$ が存在するので，$W_x = U_x$ となり $f(W_x) = x$ を得るからである．W は定義によって $\mathfrak{U}$ の最大元である．

$f(W) = c$ とおけば，(2.5) によって $W < c$ が成り立つ．$W' = W \cup \{c\}$ は整列集合であって，さらに $f(W'_c) = f(W) = c$ だから W は (2.6) を満たす．つまり $W \subsetneq W' \in \mathfrak{U}$ であるが，これは W の最大性に反する． □

定理 2.18 選出公理，ツォルンの補題，整列原理は ZF において同値である．

証明 「選出公理 → ツォルンの補題」は前定理である．

「ツォルンの補題 → 整列原理」を示す（細部は問題 2.9 として読者がつめよ）．空でない集合 X の部分集合 Y とその上の整列順序 $\leq_Y$ の組 $(Y, \leq_Y)$ の全体のなす集合 $\mathscr{X}$ を考えると，自然に定義された順序に関して $\mathscr{X}$ は帰納的な順序集合となる．ツォルンの補題を適用すると，極大元 $(M, \leq_M)$ が得られる．$M \neq X$ とすれば $(M, \leq_M)$ の極大性に矛盾をきたすので，$M = X$ でなければならない．

「整列原理 → 選出公理」は容易である．実際，X を空でない集合として，これを整列する．$\emptyset \neq Y \in \wp(X)$ に対して Y の最小元を $\varphi(Y)$ とすれば，$\varphi : \wp(X) - \{\emptyset\} \to X$ は一つの選出関数である． □

問題 2.9 ツォルンの補題から整列原理を証明せよ．

定理 2.17 の証明がやや難解だったかと思う．集合論の教科書では順序数論を先に展開するのでもう少し証明が自然である．普通の数学では順序数を使うことがないので，本書では直接的にツォルンの補題を証明してみた．これがややまわりくどい証明になった理由である．

Chapter 3

自 然 数

3.1 自然数をめぐるお話

　自然数の歴史は古い．自然数，すなわち $1, 2, 3, \cdots$ という数が，1匹，2人，3羽，… という具体的な数えられる対象としてではなく，「それによって数えるもの」(アリストテレス)として，事物とは独立に実在するとみられるようになったのが文明の始まりであると主張してもよいように私には思われる．

　しかし，(自然)数というものを，こうした単なる抽象的概念の原初とだけとらえる現在のわれわれのような見解を超えて，数を物事の始原として深刻にとらえ，至上の考察対象としたのは，歴史上古代ギリシア人だけであろう．

　われわれの属する中華文明圏の思想的源泉である春秋時代にも，数原子論とおぼしき思想の表明を拾い上げることはできる．たとえば，『老子』に「道一を生じ，一二を生じ，二三を生じ，三万物を生ず」とある．万有の始原は道，すなわち無であり，一は有であるとされ，無から有が生じたという主張が道教の真髄である．二とは陰陽の二気であると解釈されている．つまり，一といい，二というけれども，それは 1, 2 という数そのものではない．

　一方，ギリシアのピュタゴラス派の場合，1 が万物の生成の始原であったり，生成の原理であったりする．これが似ているようであるが，「1 の教説」がプラトン，アリストテレスをはじめとするギリシア世界の思想家に強い影響を及ぼし

て，数が思索の主たる対象となったとなると，大きな違いであったことになる．

さて，そのピュタゴラス派が「万物は数である」と主張したことはよく知られているが，この標語はいったい何を意味しようとしているのだろうか．ピュタゴラス派の言葉を採取したアリストテレスの『形而上学』には，これは「数は万物の原理である」とも，「万物は数をもつ」とも，「万物は数を模倣する」とも言い換えられている．「万物は数をもつ」というのは（たとえば，2は女性を，3は男性を，そしてその積である6は家庭を表すといったふうに），事物の本質を数で表現できるという意味であろう．「万物は数を模倣する」というのは，数たちのなす美しく調和した世界が実在して，混沌としたこの世はその数世界の模倣にすぎないという意味だと思われる．「数は万物の原理である」というのは，数の法則が万物の間の関係を支配しているという意味であろうか．このように分析した場合，最初の「万物は数である」というのは物質界自体が数からつくられている，という一種の「数原子論」を主張しているということになろう．こうしたピュタゴラス派の矛盾した主張は，時代による変化なのか，説く人による相違なのか，という問題はここでは置くことにして，こういう思想が与えたギリシア世界，ひいては後世への影響の甚大さに注意を促すにとどめよう．

これ以上，ギリシア世界の数論について触れることはしないが，1は生成の始原で，1から2や3が生じるので，1自身は偶数でも奇数でもなく，さらには数ですらなく，数は2から始まると考えられていたということを指摘しておこう．実際，ギリシア数学の集大成ともいえるエウクレイデスの『ストイケイア』には，「数とは単位からなる多である」と定義されている．

中世以降のヨーロッパは，ギリシア時代とは様子がたいへん異なる．キリスト教神学は古代末期に栄えた新プラトン主義の枠組みの中で基礎づけられたとはいえ，「神＝1」という新プラトン主義の教義を受け継ぐことはありえなかった．ユダヤ教を母胎とするキリスト教の信仰対象は唯一神であり，創造神であり，人格神でもあったから，1が万有の始原であるなどということはありえなかったのである．したがって，自然数は主たる考察の対象ではなくなり，数学の礎という存在へと落ち着いていく．そしてむしろギリシアにおいては軽視された計算術の方が発達し，自然科学の勃興とともに，数とは何かといった問題はあまり学問の重要課題とはみなされなくなったようである．

長い時間の経過を一括りにすれば，最終的には「測量したい対象の集まりの中で，一つを単位として選ぶ．しかる後，与えられた対象のこの単位に対する比を決定せよ．この比が数である．つまり，数とはある大きさの，単位としてとられたもう一つの大きさに対する比以外のなにものでもない」というオイラー (1707-1783) の簡潔な言葉によって，近世・近代における数学者を含めた科学者一般の，数に対する見解を要約することができるだろう．

実用上ないし応用上はこれですませられるのだが，数学の独立性と諸科学に対する地位とを考えれば，オイラーのような見方はやはりちょっと安直にすぎるだろう．「比」とはいったい何か，またその比が数の基本法則を満たすことはどうやって確認できるのか．たとえば，α と β を実数として $\alpha\beta$ が $\beta\alpha$ と一致するのはどうしてか．さらに，数学は諸科学の基本的道具であるという見解からすれば，数を説明するのに，数ではない外界の「対象の集まり」を想定するというのも変な話である．直線を持ち出してきても同じ問題が生じるだろう．空間概念を前提する直線より，数の方が原初的な概念である．そのことはすでに古代ギリシアで認識されていて，それゆえに数論の方が幾何学より上位の学問であるとされたのだった．

近代においては，数の満たす結合法則とか，分配法則といった基本法則がなぜ成り立つかに関して心理説，経験説などいくつかの説が唱えられた．経験説というのは，数理は外界の事物の間に成り立つ数理的関係を抽象したものだという説で，ジョン・ステュアート・ミル (1806-1873) がその主唱者である．こうした小学校の算数的見解はわれわれの知的要求を満たすにはほど遠いので，これ以上言及しない．

オイラー
(LEONHARD EULER, 1707-1783)

クロネッカー
(Leopold Kronecker, 1823–1891)

ライプニツは，算術の命題も証明を要すると考えた思想家の一人である．彼は $2=1+1, 3=2+1, 4=3+1, \cdots$ と定義した．すると
$$2+2=2+1+1=3+1=4$$
であるというのがライプニツの $2+2=4$ の証明である．

うまくできた説明ではあるが，やはり問題なしとはしない．たとえば $2+1$ のプラス記号 $+$ は何を意味するのか．これは，前の数 2 にさらに次の数 1 を並べるという意味に解釈することができるだろう．19 世紀，クロネッカー (1823–1891) はこれに類似した説を唱えている．彼によれば，$1, 2, 3, \cdots$ とは $|, ||, |||, \cdots$ のことにすぎない．次に，ライプニツは厳密にいえば，証明の中で
$$2+2=2+(1+1)=(2+1)+1$$
としなければならないのだが，結合法則
$$a+(b+c)=(a+b)+c$$
の必要性には気がついていないようにみえる．この問題は，クロネッカーのような縦棒を並べるナイーブな方法で数を定義するなら，数学的帰納法によって解決することができるだろう．

1.2.1 項で述べたように，フレーゲは算術の推論における曖昧さを指摘し，人工言語を開発したのだが，彼の目標は厳密な推論の達成にとどまっていたのではない．数学の真理性が心理説や経験説の主張するように外界の事物との関係に制約されるものではないと信じ，数学の基礎を完全に論理に還元することによって，普遍性と厳密性を確立しようと考えたのである．フレーゲのような考え方は**論理主義**と呼ばれる．フレーゲのほかにも，デデキントやラッセルが論理主義者に数えられている．

3.1 自然数をめぐるお話

イデアルという概念など整数論で有名なデデキントは，数学の基礎づけにおいても名を残している．イデアルというのは集合を使って定義される概念である（定義 6.11：p. 131 参照）．数学の世界に集合を意識的に導入したのはデデキントに始まると思われるが，彼は数学そのものの基礎づけにも集合と写像を利用しようと試みた．不朽の名著『数とは何であり，何であるべきか』(1887 年；デデキント [Dede] 所収) の序文にはこんなことが書いてある：

> 数学においては，証明できることは証明なしに信頼すべきではない．……最も単純な，数の理論を取り扱う論理学の部分を研究するに当たってさえも，この要請が満たされているとは現在でも言えない．私が**算術（代数学，解析学）は論理学の一部分である**と言うのは，数の概念は空間および時間の表象，または直観にはまったく依存しないものであって，これはむしろ純粋な思考法則から直接流れ出たものと私が考えていることを表している．……われわれが集合を数える際にどういうことをするかを精密に追求すれば，事物を事物に関連させ，一つの事物をもう一つの事物に対応させ，または一つの事物をもう一つの事物によって写像するというような精神の能力の考察に導かれる．この能力がなければ，一般にどんな思考も可能ではない．このただ一つの，しかも絶対的に欠かすことのできない基礎の上に数の科学全体が打ち立てられなければならないというのが私の意見である．……
>
> 幼児時代からの絶えざる練習と，またそれに伴って生じる推論の系列と判断の養成によって，われわれは数論的真理の豊富な蓄積を獲得している．後年になって，これらの真理をなにか単純なもの，自明なもの，内的直観によって与えられたものなどと考えるようになり，その結果本来ははなはだ複雑な，たとえば事物の個数のような概念を誤って単純なものと思い込むようになる．これを私はよく知られた格言にならって「**いつでも人間は算術する**」という言葉で示す．……
>
> 本書の目的に添うために，いわゆる自然数の系列の考察のみにとどめた．……しかし，遠く離れた代数学や高度な解析学のどの定理も，自然数に関する定理として述べられるのである．このことを私はディリクレの口から何度も繰り返して聞いたのであって，決して新奇な考えではないの

である．しかし，すべてを実際に自然数に還元して考えるとか，自然数だけしか認めないなどと主張することには何の益があるとも思えないし，それはディリクレの説とも無関係なのである．それどころか数学においても他の科学においても，偉大な進歩は新しい概念の創造と導入によって果たされてきたのである．

　本書の序文としてそのままそっくり借りてきたいような格調高い文章なので，仮にも数学を志そうという読者には（翻訳でよいから）原著を買って読んでいただくことを切望する．なお，「いつでも人間は算術する」はプラトンの言葉「いつでも神は幾何学する」のもじりである．また，最後の「自然数だけしか認めようとしない」というのはクロネッカーに対する当てこすりである．クロネッカーは整数論では大きな業績を上げたけれども，集合論の重要性がまったく理解できなかったばかりか，自分の偏狭な数学観によって集合論の発展を妨害したという事実を考えれば，数学史という大きなものさしでみるとき，デデキントのはるかに後塵を拝する学者であったと評価されても致し方ない，と私は思う．

　デデキントは集合という概念装置でもって数学を厳密に基礎づけようと考えたのだが，同じ論理主義者でもフレーゲはさらに論理そのものによって数学を基礎づけようと考えていたから，デデキントの方法では不満だった．Hao Wang（王浩）が "*From Mathematics to Philosophy*", Routledge & Kegan Paul, London (1974) の中で「現在の立場からいえば，算術はデデキントの意味では論理に還元されたが，フレーゲの意味ではそうではない」と述べている．適切な評というべきだろう．数学を純然たる論理として把握する可能性は（フレーゲ自らが晩年に認めたように）ないといってよかろう．

　集合という概念を使って自然数を定義するのに，二つの方法が考えられる．一つは，**類別**という手段である．これは，たとえば同じ言語を使っている人たちを一まとめにして一つの民族と定義するのと同様な方法である．この方法で自然数 1 を定義するとすれば，すべての 1 個の物を一まとめにして一つの集合と考え，それに 1 という名前をつけることになる．そうすると「月」や「私」は一つしかないから，1 の実例で，1 という集合に属していることになる．この個々の物（1 の例）とそれらにつけられた類の名称（数 1）とを区別する方法は，言語学的にみてもたいへん自然な思いつきであるから，歴史上これを 1 の定義としようと提唱し

たフレーゲのような学者もいたのだが，このアイデアの決定的な欠陥が指摘されるに至った．すなわち，すべての1個の物の集まりを一つの，1と書かれる集合と考えると具合が悪いのである．なぜなら，この1自身が1個の物であるから，それ自身1個の物全体のなす集合1の要素でなくてはならない：記号で書けば1∈1である！

こうしたわずらわしさを避けるもう一つの方法がある．それはたとえば，1なら1の，2なら2の例をあげて，それを基準として採用する方法である．1を|，2を||とするのもそうした方法の例である．これを集合論とどうマッチさせるか．それが次の課題であるが，現在のところ本書ですでに述べたフォン・ノイマンの方法(1923年)が普及している．

3.2 自然数論

3.2.1 自然数の演算

自然数を集合論で論じるにあたってさらに二つの方法が考えられる．一つは本書でやったように，集合論をもとにして自然数を構成する方法であり，もう一つは自然数論の基礎となる公理系(ペアノの公理系と呼ばれる)を定めてそこから出発する方法である．

▶**定義3.1**(ペアノの公理系)◀ 集合 N と写像 $S: N \to N$ の組が次の四つの条件を満たすとき，この組は自然数の体系と呼ばれ，また N の個々の元は**自然数**と呼ばれる．

P1. N は 0 と記される特別な元をもつ．
P2. 写像 S は単射である．
P3. 0 は S の像には属さない．
P4. N の部分集合 M が
   1. $0 \in M$
   2. $S(M) \subseteq M$

を満たせば，$M = N$ である (ここに，$S(M) = \{S(x) | x \in M\}$ とする)．

$S(n)$ を n^+ と書くことにすれば，これらは
P1. $0 \in N$

P2. $m^+ = n^+ \to m = n$

P3. $n^+ \neq 0$ for $\forall n \in N$

P4. $M \subseteq N$ が $0 \in M$ かつ $x \in M \to x^+ \in M$ を満たすならば $M = N$

と書ける．P4.は数学的帰納法の原理を表現している．n^+ は結局は $n+1$ と書くことになるのだが，そのように置き換えてみれば，ペアノの公理はそれぞれ実に単純な命題を表していることがわかる．全数学の基礎である算術がたったこれだけの性質に集約され，凝縮されるのだという事実は真に驚異的というべきである．人類もはるばるやってきたものだ！

『数とは何であり，何であるべきか』でデデキントはまず写像の概念を説明し，無限集合の存在を論じた後，続いて自然数の定義に入り，

> 写像 S によって順序付けられた無限集合 N の考察に当たって要素の持つ特殊な性質をまったく度外視して，それらの区別が付くことだけを堅持し，写像 S によって相互に付けられた関係だけを取り上げるとき，これらの要素を自然数と呼ぶ．要素から他のどんな内容も捨象したことを考えれば，**自然数は人間精神の自由な創造である**と言ってよい．上に述べた条件を満たす無限集合，あるいは同一の条件を満たす別の無限集合から導かれる諸性質，諸法則は，その要素がどんな名前で呼ばれようとも，算術の対象となるのである．

と述べている．これはクロネッカーの思想はもとより，また次の言葉から知られるカントルの思想とも違った立場の表明である：

> 整数の実在性とその根源的法則は，物質界の実在性とその法則よりもずっと強固なものに思われる．というのも，整数は，個々のものとしても実無限的全体としても，永遠のイデアとして，聖なる神の知性の中に最高度の形態で実在しているからである（カントルの書簡より）．

ガロア理論を講義した最初の人はデデキントであるという史実も考慮すれば，彼がヒルベルトに先駆けて現代の公理主義的数学思想を表明した元祖であると評価できるであろう．

さて，自然数を集合として（たとえば $0 = \emptyset$，$1 = \{\emptyset\}$ などと）定義したわれわれの立場に戻って考えよう．まずわれわれの定義した自然数のなす集合 ω と $S(n)$

$=n^+=n\cup\{n\}$ なる写像 $S:\omega\to\omega$ の組がペアノの公理系を満たすことを示そう．次いでペアノの公理系を満たすような N と S の組は，本質的にはただ一つであることを示そう．

ペアノの公理系の証明　N を 2.2.2 項で定義した集合とする．

P1. は N の定義から明らかである．また P4. はすでに証明されている (定理 2.8 とその証明：pp. 54-55 参照)．P3. は数学的帰納法によって証明が簡単にできるので読者の演習とする．

P2. は思いのほかやっかいである．いま $m^+=n^+$ が自然数 m,n に対して成り立っているとしよう．$m\in m^+=n^+=n\cup\{n\}$ だから $m\in n$ または $m=n$ を得る．同様に $n\in n^+=m^+$ より $n\in m$ または $n=m$ を得る．この両者から $m\ne n$ とすれば，$m\in n$ かつ $n\in m$ が成り立つことになる．下の問題 3.1(2) によって $n\in n$ が成り立つが，これは正則性公理に反するので $m=n$ である (以前にも述べたが，これは正則性公理を使わなくても証明できる)．　　　□

問題 3.1　x,y,z を任意の自然数として次を証明せよ．
(1)　$x\in y\ \to\ x\subseteq y$
(2)　$x\in y,\ y\in z\ \to\ x\in z$
(ヒント)　(1) $A(y)$ を $\forall x\in y(x\subseteq y)$ なる y に関する命題として，これを数学的帰納法で証明する．(2) は (1) から直ちに得られる．

われわれは $\emptyset$ を 0 とし，一般に n の次の数 n^+ を $n\cup\{n\}$ によって定義したのだが，別なふうに定義することももちろん可能である．たとえば，$n^+=\{n\}$ としてもよい (このときは $1=\{0\}$, $2=\{1\}=\{\{0\}\}$ などである)．要は使い勝手のよさにかかっている．上に引用した箇所でデデキントが触れていることだが，でき上がった自然数の体系の同等性 (同型性) は次の定理が保証してくれる．

定理 3.1 (自然数の体系の一意性)　ペアノの公理系 P1.～P4. を満たすようなもう一つの集合 N' と写像 $S':N'\to N'$ が与えられたとすると
$$\varphi(0)=0',\qquad S'\circ\varphi=\varphi\circ S \tag{3.1}$$
を満足する全単射 $\varphi:N\to N'$ がただ一つ存在する．

0 を $0'$ に写し，さらに n が n' に写るならば，$S(n)$ を $S'(n')$ に写すという写像を φ とすれば φ は求める性質をもつ．しかし，写像というものを直積集合の

部分集合として定義した建前からいえば，こうして得られたφがたしかに写像を定義していることは証明を要する．こういう目的のために回帰定理(定理3.2)が存在する．したがって定理3.1の厳密な証明は回帰定理の後に回そう．

さて，自然数の加法を定義しよう．自然数nに対して$n+0=n$，そして$n+1=n^+$とするのは当然だろう．そうすると$n+2$は$(n+1)+1=(n+1)^+$とすればよい．これを一般化して，次の定義を与える．

▶**定義3.2**(自然数の加法)◀　1.　$n\in N$に対して$n+0=n$とする．
2.　$m, n\in N$に対して$m+n$が定義されているならば，
$$m+n^+=(m+n)^+$$
と定義する．

これによれば実際
$$m+1=m+0^+=(m+0)^+=m^+$$
となっている．$m+1$という記号を使えば2. は
$$m+(n+1)=(m+n)+1$$
と言い換えられる．

▼**反省**　2. の「$m+n$がすでに定義されているならば……」という自己言及的表現を述語論理の命題として表現することはできない．これは自然数の定義の際にも述べたことである．

同じことを別の見方でみてみよう．上のようにして加法が定義できることは認めたとしよう(たしかにそのとおりである)．しかし，すべての数学的概念を集合に還元するというわれわれの立場から考えたとき，加法や乗法などの2項演算もやはり写像とみなさねばならない．いまの場合，自然数の加法 $+$ を $N^2=N\times N$ から N への写像とみなしたいのだが，はたして上のような定義で写像(すなわち，$N^2\times N$ のある種の部分集合)が与えられたといえるだろうか．

こうしたことはわずらわしい問題のようだが，数学的帰納法によって写像が定まることを保証する原理として一度確立しておけば，以後はその原理を適用するだけでよい．それが次に述べる回帰定理(あるいは帰納定理，再帰定理：recursion theorem)である．今後数列などを定義する際**回帰的に**(あるいは**帰納的に**)**定義する**と書けば，回帰定理を適用したという意味である．初心の読者はこの後

の諸定理は意味を理解するだけでよい．

定理3.2*(回帰定理) X を任意の集合とする．いま，$a\in X$ および写像 $f:X\to X$ が与えられたとすれば，

1. $T(0)=a$
2. $T(n+1)=f(T(n))$ for $\forall n\in N$

を満たす写像 $T:N\to X$ がただ一つ存在する．

証明 $\mathscr{X}$ を
$$\mathscr{X}=\{A\in\wp(N\times X)|(0,a)\in A,\ \text{かつ}\ (n,x)\in A\to(n^+,f(x))\in A\}$$
によって定義する．$N\times X\in\mathscr{X}$ であるから，$\mathscr{X}\neq\emptyset$ である．そこで
$$T=\bigcap\mathscr{X}$$
とおく．この T が求める写像であることを証明しよう．そのためには
$$S=\{n\in N|\exists_1 x\in X[(n,x)\in T]\}$$
として，$S=N$ を数学的帰納法で証明すればよい．

まず $0\in S$ を示す．$(0,a)\in T$ は T の定義から明らかである．$(0,b)\in T$ $(b\neq a)$ とすれば $T-\{(0,b)\}\in\mathscr{X}$ となって T の最小性に反するので $b=a$，すなわち $0\in S$ である．

いま $n\in S$ とせよ．これは $(n,x)\in T$ であって $(n^+,f(x))\in T$，およびこのような x はただ一つであることを意味する．$n^+\notin S$ と仮定すると矛盾を生じる．なぜなら $n^+\notin S$ なら $(n^+,y)\in T$ なる $y(\neq f(x))\in X$ が存在せねばならないが，$T-\{(n^+,y)\}\in\mathscr{X}$ が簡単に示せるので T の最小性に反するからである．ゆえに $n^+\in S$ である．

以上によって $S=N$ が証明された．一意性の証明は容易である． □

定理3.1の証明* 回帰定理において $X=N'$ とし，$a=0'$，$f=S'$ とすれば，得られる写像 $T:N\to N'$ はちょうど φ の満たすべき性質 (3.1) をもっている ($S(n)=n+1$ に注意しよう)．

φ の全単射性を示す．N と N' の役割を入れ替えて回帰定理を適用して得られる写像を $\psi:N'\to N$ とする．$\psi\circ\varphi$ が N 上の恒等写像 idt_N であることを示す．$f=\psi\circ\varphi$ とおくと
$$\begin{aligned}S\circ f&=S\circ(\psi\circ\varphi)=(S\circ\psi)\circ\varphi=(\psi\circ S')\circ\varphi\\&=\psi\circ(S'\circ\varphi)=\psi\circ(\varphi\circ S)=(\psi\circ\varphi)\circ S\\&=f\circ S\end{aligned}$$
ゆえに
$$f(0)=0,\qquad S\circ f=f\circ S$$
が成り立つ．回帰定理によれば，こうした写像 $f:N\to N$ はただ一つしか存在しないはずである．一方，idt_N も同じ性質を有するから $f=\mathrm{idt}_N$ でなければならない．

同様にして $\varphi\circ\psi=\mathrm{idt}_{N'}$ だから，定理2.4 (p.42) によって φ は全単射である． □

さて，自然数の加法がたしかに N^2 から N への写像を定めているということを確認する作業に戻ろう．

m を自然数とする．回帰定理によって
$$f_m(0)=m, \qquad f_m(n^+)=S(f_m(n))=f_m(n)^+$$
を満たす写像 $f_m: N \to N$ が存在する．そこで
$$f=\{(m, n, f_m(n)) | m, n \in N\}$$
とおけば，f は N^2 から N への写像で，$f(m, n)=f_m(n)$ が成り立っている．この値を $m+n$ と記すのである．

■定理3.3*■ (1) (加法の可換法則) 任意の自然数 m, n に対して
$$m+n=n+m$$
(2) (加法の結合法則) 任意の自然数 k, m, n に対して
$$k+(m+n)=(k+m)+n$$

証明 (1)は見た目ほど証明が簡単ではない．

まず $m+0=0+m$ は m に関する数学的帰納法によって容易に証明される．

次に，$m^+ + n = (m+n)^+$ を n に関する数学的帰納法で証明する．$n=0$ の場合は明らかである．そこで $n=k$ のときは $m^+ + k = (m+k)^+$ が成り立っていると仮定する．すると $n = k^+$ に対して
$$m^+ + n = m^+ + k^+ = (m^+ + k)^+ = ((m+k)^+)^+ = (m+k^+)^+ = (m+n)^+$$
となり，任意の n に対して $m^+ + n = (m+n)^+$ の成り立つことが証明された．

最後に，$m+n = n+m$ を示す．$n = 0$ のときはすでに示されている．そこで，$m+k = k+m$ がある k に対して成り立っていると仮定する．$n = k^+$ とすると
$$m+n = m+k^+ = (m+k)^+ = (k+m)^+ = k^+ + m = n+m$$
が得られる．数学的帰納法によって可換法則の証明が完結する．

(2)は読者の自習に任せよう．k に関する数学的帰納法を適用すればよい．□

話の順序として，次は当然自然数の乗法の定義に及ぶ．乗法も回帰的に定義される．

▶定義3.3*(自然数の乗法)◀ まず任意の自然数 m と 0 の積 $m \cdot 0$ は 0 であると定義する．
$$m \cdot 0 = 0$$
次に，m と n の積 $m \cdot n$ が定義されたとき，m と n^+ の積 $m \cdot n^+$ を
$$m \cdot n^+ = m \cdot n + m$$
によって定義する．

■定理3.4*■ (1) (乗法の可換法則) 任意の自然数 m, n に対して次が成り立つ．
$$m \cdot n = n \cdot m$$
(2) (乗法の結合法則) 任意の自然数 k, m, n に対して次が成り立つ．

$$k \cdot (m \cdot n) = (k \cdot m) \cdot n$$

(3) (**分配法則**) 任意の自然数 k, m, n に対して次が成り立つ．
$$k \cdot (m+n) = k \cdot m + k \cdot n$$

この定理の証明は読者の演習としよう．また自然数の冪乗 m^n も同様に定義され，しかも上の定理のような基本的な定理を満たすが，この定義と命題およびその証明は読者に任せることにしよう．これらすべての証明が数学的帰納法によることは明らかで，正に「数学的帰納法は有限から無限に架ける橋である」ことが読者も実感されただろう．

3.2.2 自然数の順序関係

自然数の間に大小関係を導入しよう．

▶定義 3.4◀ 自然数 m, n に対し
$$m + x = n$$
を満たす自然数 x が存在するとき
$$m \leq n$$
と記す．下の問題 3.2(2) によってこの x は一意に定まることに注意する．この自然数 x が 0 ではないとき，
$$m < n$$
と記す．すなわち
$$m < n \rightleftarrows m \leq n \wedge m \neq n$$
である．

定理 3.5 関係 $\leq$ は N における全順序である．すなわち，次が成り立つ．
1. (対称性) $n \leq n$
2. (反射性) $m \leq n, n \leq m \to m = n$
3. (推移性) $k \leq m, m \leq n \to k \leq n$
4. (比較可能性) $m \leq n \vee n \leq m$

証明 比較可能性以外はごく容易であるから，読者の自習に任せる（証明の中で使う簡単な命題を問題として下にまとめてある）．

m に関する数学的帰納法によって比較可能性を証明しよう．

$0 + n = n$ だから $0 \leq n$ を得るので，0 と n は比較可能である．

いま，$m = k$ のとき，任意の自然数 n に対して

$$k \leq n \vee n \leq k$$

が成り立っていると仮定する．

そこで $m=k^+$ とする．$k \leq n$ の場合は，$k<n$ あるいは $k=n$ である．$k<n$ ならば $m=k^+ \leq n$ である（問題3.3(1)参照）．$k=n$ ならば $n \leq n^+ = m$ である．$n \leq k$ の場合は，$k \leq k^+ = m$ だから推移性によって $n \leq m$ が成り立つ．

以上によって数学的帰納法が成立し，比較可能性が証明された． □

問題 3.2 N における次の命題を証明せよ．
(1) $m+n=m \rightarrow n=0$
(2) $m+k=n+k \rightarrow m=n$
(3) $m+n=0 \rightarrow m=0 \wedge n=0$
(4) $m \cdot n=0 \rightarrow m=0 \vee n=0$
(5) $m \cdot n=1 \rightarrow m=n=1$

問題 3.3 N における順序 $\leq$ に関する次の命題を証明せよ．
(1) $m<n \rightarrow m+1 \leq n$
(2) $m \leq n \rightarrow m+k \leq n+k$
(3) $m \leq n \rightarrow k \cdot m \leq k \cdot n$

┃定理3.6┃ 任意の自然数 m, n に対して
$$m<n \rightleftharpoons m \in n$$

証明 (→) $m<n$ とすると，$m+x=n$ となる $x \in N-\{0\}$ が存在する．$m \in m+k$ が任意の自然数 $k \neq 0$ に対して成り立つことを，k に関する数学的帰納法で証明する．$k=1$ のときは，$m \in m \cup \{m\} = m+1$ でたしかに成り立つ．$m \in m+k$ であると仮定しよう．$m+k \in (m+k)+1$ かつ $m \in m+k$ から $m \in m+(k+1)$ が成り立つ（問題3.1(2)参照）．ゆえに $m \in m+k$ が任意の $k \neq 0$ に対して成り立つことが示された．

(←) n に関する数学的帰納法によって証明する．$n=0$ のときは n は元をもたないので何も証明することがない．n のときには ← が成り立つとせよ．$m \in n+1 = n \cup \{n\}$ であれば，$m \in n$ あるいは $m=n$ が成り立つ．前者の場合は帰納法の仮定によって $m<n$ であるから，$m<n+1$ もいえる．$m=n$ の場合は，$m+1=n+1$ なので $m<n+1$ である．これで数学的帰納法が成立し，← の証明が完結する． □

▍定理 3.7▍ N は関係 $\leq$ に関して整列順序集合である．すなわち N の任意の空でない部分集合は最小元をもつ．

証明 $X(\neq\emptyset)\subseteq N$ とする．
$$Y=\{y\in N\,|\,y<X\}=\{y\in N\,|\,\forall x\in X(y<x)\}$$
とする．$Y=\emptyset$ ならば $0\in X$ となり 0 が X の最小元である．

$Y\neq\emptyset$ とする．$X\neq\emptyset$ により $Y\neq N$ である．ゆえに $y\in Y$ かつ $y+1\notin Y$ なる $y\in Y$ が存在する．$y+1\notin Y$ より $x\leq y+1$ なる $x\in X$ が存在する．ゆえに $y<x\leq y+1$ を得る．したがって $x=y+1\in X$ である．$y<X$ と合わせると x が X の最小元であることがわかる． □

3.3 純粋算術*

われわれは集合論を基礎にして自然数を構成した．さらに整数，有理数，実数と構成していって，最後に複素数に至る予定である．ところが実は集合論が無矛盾な体系であることはいまだ証明できていない．それどころか，(問題のとらえ方がまったく変わるという革命的変化がない限り) 永久に証明できないであろう．

どうしてそう大胆にいいきることができるのかを理解するには，数学基礎論の知識を少しだけ必要とする．本書は数学基礎論の教科書ではないが，数学を専攻する学生は最低限度こうした素養をわきまえていなければならないと思うので，特に一節を設けて簡単に解説する (証明はいっさいしない)．

純粋算術 (あるいは形式的自然数論) **N** というのは自然数の理論を公理化した体系だが，3.2.1項のペアノの公理系をもとにした自然数論 N と違うのは，集合論を使わないという点である．自然数の理論を集合が登場しないいくつかの公理をもとにして展開していったら，集合論を認めた自然数論 N にどこまで迫ることができるのか，は無矛盾性の問題を離れてもおもしろい問題である．たとえば，フェルマーの大定理は解析学を使って証明されるのだけれども，純粋算術の範囲でも証明できるのだろうか (これは例としてあげただけで，たいへん難しい問題である)．

純粋算術とは，1.2.2項に述べた述語論理に，**N** に固有な数学的公理 (以下の A1.～A8.) を加えた体系である．改めて全体を述べるなら，

1. 変数記号 $x, y, z, \cdots$ など
2. 論理記号 $\lor, \land, \neg, \rightarrow, \forall, \exists$

という述語論理の記号に

3. 述語記号 $=$

4. 定数記号 0
5. 関数記号 $S(*), *+*, *\cdot*$

を準備する．内容的には，$S(n)$ は n の次の数 $n+1$ を表すことになる．

そして **N** における**対象**というものを次のように定義する．
(1) 変数記号および定数記号は対象である．
(2) t, t_1, t_2 を対象とするとき，$S(t)$，t_1+t_2，$t_1\cdot t_2$ は対象である．
(3) 以上で定義したものだけが対象である．

次に **N** における**論理式(命題)**を次のように定義する．
(1) s, t を対象とするとき，$s=t$ は論理式である．
(2) A, B が論理式ならば，
$$\neg A, \quad A\vee B, \quad A\wedge B, \quad A\rightarrow B, \quad \forall xA, \quad \exists xA$$
のそれぞれも論理式である．
(3) このようにして定義したものだけが論理式である．

さて，**N** に固有の数学的公理は次のとおりである(みやすさを考えて先頭につける $\forall x \forall y$ などは省略してある)．

A1. (1) $x=x$ (2) $x=y \rightarrow y=x$ (3) $x=y, y=z \rightarrow x=z$
A2. $x=y \rightleftarrows S(x)=S(y)$
A3. $\neg(S(x)=0)$
A4. $x+0=x$
A5. $x+S(y)=S(x+y)$
A6. $x\cdot 0=0$
A7. $x\cdot S(y)=x\cdot y+x$
A8. A を任意の論理式とするとき
$$A(0)\wedge \forall x(A(x)\rightarrow A(S(x))) \rightarrow \forall xA(x)$$

A1.は等号に関する公理，A2., A3.は次の数に関する公理，A4., A5.は加法に関する公理，A6., A7.は乗法に関する公理，A8.は数学的帰納法である．

以上の公理をもとに述語論理を適用して展開した体系が純粋算術 **N** である(注意：**N** は集合ではなくて体系の名称である)．**N** においては，順序関係も定義され，前節までに述べた算術的(非集合的)命題がすべて証明できることは時間がかかるかもしれないけれどもチェックできるので，**N** は実際には強力な体系である．それは数学的帰納法が含まれているからで，数学的帰納法を含まない算術はずっと弱いことが知られている．しかるにこの **N** の無矛盾性が証明されている．

定理3.8(ゲンツェン；1935年) 純粋算術 **N** は無矛盾である．

証明は超限帰納法が使われていて難解である．難解にならざるを得ないのには次のような訳がある．

ゲンツェン
(GERHARD GENTZEN, 1909–1945)

定理 3.9(ゲーデルの不完全性定理；1931 年) $\mathfrak{S}$ を，純粋算術を部分体系として含む実効的な形式的体系とする．$\mathfrak{S}$ が無矛盾ならば，$\mathfrak{S}$ の無矛盾性を意味する命題を $\mathfrak{S}$ 内で証明することはできない．

ここに $\mathfrak{S}$ が**実効的(recursive)な体系**であるというのは，任意に与えられた $\mathfrak{S}$ の命題が $\mathfrak{S}$ の公理であるかどうかを判定するアルゴリズムが存在することをいう．純粋算術，(本書では形式的体系としては公理化していないが)解析学，それに集合論 ZF などは実効的な体系である．

純粋算術の無矛盾性の証明は竹内外史『数学基礎論』(共立出版，1956)を参照されたい．不完全性定理の証明も専門書を参照せよ．廣瀬健・横田一正『ゲーデルの世界』(海鳴社，1985)にはゲーデルの完全性定理・不完全性定理の原論文が翻訳されている．不完全性定理の啓発的な解説としては，チューリングマシンを使った Kleene [Klee] が最良だと思う．

純粋算術の中には数学的帰納法が形式化されているから，数学的帰納法の範囲で純粋算術の無矛盾性は証明できないはずである．実際，(たとえば 1=0 は証明できないということが)数学的帰納法を使って証明できるとすると，その証明を純粋算術へ翻訳すれば純粋算術の無矛盾性が純粋算術内に存在することになり，不完全性定理に矛盾するからである．ここで，証明を純粋算術に翻訳するという意味は，たとえば前節の自然数論 N の命題を(集合論抜きで)証明してから，その証明を上に定義した形式的体系である純粋算術 **N** の中で書き直すことをいう．

純粋算術は強力な体系ではあるけれども，算術の定理でありながら集合論を使わなければ証明できない命題がないわけではない．その例はいろいろ知られているが，ここではグッドスタインの定理を紹介しておこう(以下はヘンレ [Henl] の受け売りである)．

たとえば，8 をとる．

0. $8 = 2^3 = 2^{2+1}$ (8 を指数までこめて 2 進展開する)

$3^{3+1} = 81$ (2 を 3 に換える)

ゲーデル
(KURT GÖDEL, 1906–1978)

1. $80 = 2\cdot 3^3 + 2\cdot 3^2 + 2\cdot 3 + 2$ （1を引いて指数までこめて3進展開する）
  $2\cdot 4^4 + 2\cdot 4^2 + 2\cdot 4 + 2 = 554$ （3を4に換える）
2. $553 = 2\cdot 4^4 + 2\cdot 4^2 + 2\cdot 4 + 1$ （1を引いて指数までこめて4進展開する）
  $2\cdot 5^5 + 2\cdot 5^2 + 2\cdot 5 + 1 = 6311$ （4を5に換える）
3. $6310 = 2\cdot 5^5 + 2\cdot 5^2 + 2\cdot 5$ （1を引いて指数までこめて5進展開する）
  $2\cdot 6^6 + 2\cdot 6^2 + 2\cdot 6 = 93396$ （5を6に換える）
4. $93395 = \cdots$ （以下同様に進む）

この後，

1647195, 33554571, 774841151, 20000000211, 570623341475, …

とどんどん大きくなっていき，記述不可能な回数の後になんと1に到達するというのである．ただし，指数までこめて展開するという意味を514を例にして書いておく．

$$514 = 2^9 + 2 = 2^{2^3+1} + 2 = 2^{2^{2^1+1}+1} + 2$$

こうした展開を2を超基底とする展開という．このとき一般に次が成り立つ（証明はヘンレ [Henl] 参照）．

▌定理3.10（グッドスタインの定理；1944年）▌ 任意の自然数（≥ 2）に，次に定める操作 S_k ($k = 0, 1, 2, \cdots$) を行っていくといつかは1に到達する．

S_k：$k+2$ を超基底として表された数から1を引いて，$k+2$ を超基底として展開し直す．次に $k+2$ を $k+3$ に置き換える．

この定理はとても信じがたいというだけではない．1981年に至ってカービーとパリスが「グッドスタインの定理 ⇒ 純粋算術の無矛盾性」を証明した．一方，不完全性定理によって純粋算術内ではその無矛盾性は証明できないはずだから，**純粋算術の範囲ではグッドスタインの定理は証明できない**ことになるのである．

Chapter 4

整　　数

4.1 整数をめぐるお話

　(正の)自然数に比べれば，その他の数，たとえば0や負の整数ははるかに後になって人類の共有財産となったものである．負の整数などヨーロッパでは虚数と同程度の歴史しかもたないといえば，驚く読者も多いに違いない．

　「負数」のもとになる概念はたしかに古い．明日を正とすれば，昨日は負である．前を正とすれば，後は負である．北3条は南3条に対応していて，0にあたる通りは大通りと呼ばれる．碁・将棋で「段」を正とすれば，「級」は負にあたる．この場合は0にあたるクラスを設けなかったために段級が対称になっておらず，たとえば5段の人と3級の人が対戦したとき(碁の場合)何目置くのかすぐにはわからない．同じことが地上5階と地下3階の場合にも起こる．何階上がることになるのか覚えている人は，いつも仕事で地下の階と地上の階を往復している人だろう(これを考えるとイギリスで地上の1階を ground floor と呼び，2階をfirst floor, 地下1階を first basement と呼ぶのは理にかなっている)．

　こうした状況は0の起源がかなり新しいということと，先述の諸概念が正と負の関係にあるということが長く意識されていなかったという史実を示しているだろう．

　一方，零下10度という言い方は寒暖計(温度の数量化)が0と負の数が普及し

てから発明されたという事実を示している．実際，ドイツ人ファーレンハイトが水，氷，食塩を混ぜて得られる温度を最低温度として0度とし，氷の融点を32度としたのが1717年頃のことであり，スウェーデン人セルシウスが氷の融点を0度，水の沸点を100度としたのが1742年頃のことである．この史実から，18世紀の初めには0が普及していたことがわかり，同時にマイナスの数はできたら使いたくないという心理が読み取れるだろう．

それより前の時代には，デカルト(1596-1650)さえ方程式の負の根を「偽の根」と呼んでいる．パスカル(1623-1662)は「私はゼロから4を引けばゼロであることを理解できない人がいるのを知っている」と『パンセ』の中で書いている．0は無であると理解されているから，無からは何も取り去れないのである．

パスカルのある友人は$(-1):1=1:(-1)$という比例式を問題にし，「一方では小さいものが大きいものと対応するのに，等号で結ばれた他方ではなぜ大きいものが小さいものに対応するのか」という疑問を呈したが，だれも適切には答えられなかった．この問題はその後数多くの学者によって論じられたということである．ウォリス(1616-1703)は負数を受け入れたけれども，それは0より小さいのではなく，無限大よりも大きいのだと考えた．

一方では，ボンベルリ(1530-?)やジラール(1595-1632)のように負数の明確な定義を与え，負の根も受け入れた人たちもいたが，負の数が無理数よりも理解しがたい概念であったという事実には変わりない．どうしてそんなに負数が受け入れられにくかったかについて，カジョリ(1895-1930)は「数学者が負数の視覚的，または幾何学的表示を思いつくまでは負数が不条理な数として人々の目に映じたのである」という考察を残している（カジョリ [Cajo]）．

デカルト
(RENÉ DESCARTES, 1596-1650)

パスカル
(BLAISE PASCAL, 1623-1662)

ウォリス
(JOHN WALLIS,
1616-1703)

フェルマー
(PIERRE DE FERMAT,
1601-1665)

　数直線のような視覚に訴える方法が負数の普及に大いに貢献したのはそのとおりだが，寒暖計と正負の両方向に広がる数直線とどちらが先に世に現れたのかははっきりしていないように思われる．

　寒暖計については先に述べたとおりだが，数学の文献で，原点からの距離によって(正負の)数を表す数直線の考え方，そして座標軸とグラフの導入，要するに解析幾何学の原理を明確に述べたのはオイラーの『無限小解析』第II巻(1748年)が最初であるとみられる(フェルマー(1601-1665)にその先駆的な思想があることは知られているが，解析幾何学と称するには遠い．デカルトは座標軸を描いたことすらない．ニュートンも曲線のグラフをたくさん残しているが，負の方は考えていない)．これからみる限り，数直線の影響を受けて寒暖計の目盛りが生まれたとは即断できないので，同時多発的に0を原点とする座標のアイデアが生まれたのだろうというのが現状での(筆者の)判断である．

　カジョリは「昔インド人が正数と負数の概念を直線上の反対方向に認めた」と書いているが，その根拠を筆者は知らない．たしかに古代インドでは財産を正数に，借財を負数にあてたということはよく知られている．しかし，ヨーロッパ文明の源泉をたどる過程でアラビア，次いでインドが注目されたため，0や負数の起源が最初はアラビア，次いでインドにあるとみられるようになったのだが，最近では研究が進んで，負数の導入とその加法・減法の法則の発見は古代中国の成し遂げた偉業であるという事実が知られるようになった．

　『九章算術』(この書物の書かれた正確な年代，著者などは未詳．前漢の時代に書かれたと推定されている)では，たとえば金額を未知数に選び，負数はその不足を表している．「負」という漢字の元来の意味は「借り(負債)」なのである．

古代中国では，計算に算籌(さんちゅう)(日本では算木(さんぎ)という)を用いた．赤の算籌で正数を，黒の算籌で負数を表したそうで，きわめて古くから正負の概念が発達していたと考えられる．

中国で発明された負数の概念と計算法則がインドに渡ったとみられる．インドにおいては負数はもっぱら負債という意味で考えられたらしい．7世紀のブラフマグプタは中国で見出された加減の法則に加えて，

$$+a+(-a)=0, \quad \pm a-0=\pm a$$

といった法則を述べている．中国では計算にながらく算籌が使われたせいか，0の導入が遅れた(なかったわけではない)．0が発明されたのはインドだったから，上式はたしかに古代インドの成果である．これをみても，負数の視覚化だけが普及の決め手であったわけではないことがわかるだろう．

0はそもそもインドにおいても空でも無でもなく，単なる筆算の都合で使われるようになったのである．そろばんだとその桁を空いたままにしておくが，筆算では間違いを防ぐために何か記号が必要となる．そのことから計算規則が発見されるのである．

西欧では，0(や負数)を計算手段とみることができず，無としての意味にばかりとらわれていたために，その存在意義の認識が遅れたのではなかろうか．

インドではさらに進んで負数の積まで扱われた．二つの負債の積は資産であり，資産と負債の積は負債であるという表現は，正負が元来の意味での資産と負債として理解されていたとすれば意味不明になるから，語源を離れて，負債という単語が単に負数という意味の術語になりきっていることがわかるのである．

現在誤ってアラビア数字と呼ばれている数記号 $0, 1, 2, \cdots, 9$ も，もとを正せば古代インドに発するが，たった10個の数記号であらゆる数を表すことを可能にする0という記号の発明こそは，インド人の数学に対する最大の貢献と評価される．しかし，古代インド人も0を数とみなしていたわけではない(9個の数ですべての数が表現できると述べた文献が残されている)．数を表示したり，計算したりするための補助記号と考えていたらしい．これを無理に数と考えて，「無匹の犬を飼う」(to keep zero dogs：複数形のところが滑稽である)ことはできないなどと意味不明の考察をしても始まらない．これも，過度の厳密性が発展を阻害する一例とみられるだろう．

インド生まれのアラビア数字や0の概念はアラビアを通じてヨーロッパに紹介

され，紆余曲折を経はしたものの，15世紀半ばには全ヨーロッパに普及していった．

中世には0や負数がなかったから，3次方程式一つにしても
$$x^3 = ax+b, \quad x^3+ax=b, \quad x^3+b=ax$$
(ここに a, b は正の数を表す) というように場合分けして扱わねばならなかった．これを
$$x^3+ax+b=0$$
と，たった一つの式に統一して表現できるという一事をみても，0の果たす役割の偉大さがわかるだろう．ちなみに，このように式が統一的に書けるという事実を指摘したのはデカルトが最初だということになっている．

4.2 類 別

これから説明する類別という概念は，本書を通じて繰り返し使われる数学上の最重要概念である．類別は初等数学といえどもなしにはすませられるような手法ではないのだが，20世紀までは意識して使われることがなかった．それほど根源的な概念だということだろう．類別という概念を明示するようになったのは，ラッセル (1903年) あたりからだと考えられる．

たとえば世界中の人間の集合を U とする．実際には，生まれたり，死んだり，勘定に入っていなかったり，雪男は実在かなどという問題があったりして，世界中の人間の集合なるものは確定しないが，話の都合上集合として確定していると考えるのである．U を分類する方法として，性別，母国語別，国籍別，身長別，学歴別，宗教別，収入別などいくらでも考えられる．これらの分類に共通する原理を説明しよう．

まず，U をいくつかの部分集合に分けるわけだから，それらの部分集合を U_1, $\cdots$, U_n とすると，

1. $U = \bigcup_{i=1}^{n} U_i = U_1 \cup U_2 \cup \cdots \cup U_n$

でなければならない．このほかに，U の要素 (人) はどれか一つだけの U_i に所属するのでなくてはならない．これは

2. $U_i \cap U_j = \emptyset \quad (i \neq j)$

あるいは同じことだが,

2′. $U_i \cap U_j \neq \emptyset \Rightarrow i=j$

と表現できる.

逆に，これら二つの条件が満たされるなら U を部分集合に分割でき，したがって分類ができることになる.

そこでいま一つのこうした分類(分割)が与えられたとしよう．たとえば，同じ母国語を話すという条件で分類がなされるとしよう．2人の人 a, b が同じ類に所属するということは，言い換えれば同じ母国語を話すということである．このとき $a \sim b$ と表すことにすると，次が成り立つ.

1. $a \sim a$ (4.1)
2. $a \sim b$ ならば $b \sim a$ (4.2)
3. $a \sim b, b \sim c$ ならば $a \sim c$ (4.3)

逆にこんどは，三つの条件(4.1), (4.2), (4.3)を満足するような U の関係 $\sim$ が与えられたとすると, U が U_a という形のいくつかの部分集合に分割される(定理4.1参照). ここに, $U_a = \{x \in U | x \sim a\}$ である.

分類するとは何かの特徴に着目して「同じである」とみなすことを意味するが，このある意味では「同じである」という概念の論理的分析と，分類が上のような同値律と呼ばれる三つの条件によって確定するという事実の認識は，数学と論理学の協力において初めてなされたことである.

数学的な例を一つあげよう．ベクトルという術語をご存知かと思うが，試みに小学館の『国語大辞典』を引いてみると, 「平面または空間の有向線分．向きと大きさの等しいものは等しいと考える」と説明されている. こうした，意味の鮮明でない抽象的な概念が類別という手法によって明快に説明できることがしばしばある.

簡単のため平面 X で考える. X におけるすべての有向線分(矢線) AB (A から B への向きをつける)の集合を $\mathscr{X}$ と記す. 有向線分 AB と CD は図形 $ABDC$ が平行四辺形をなすか, $AB = CD$ かのどちらかであるとき, $AB \sim CD$ と書くことにする. このとき(4.1), (4.2), (4.3)の3条件が満たされることは容易にわかる. したがって, $\mathscr{X}$ は関係 $\sim$ によって類別される. その類の一つ一つをベクトルというのである. したがって，一つのベクトルは無数の矢線の集合である. またベクトルの個数も有限ではない. 有向線分 AB が属するベクトルを

$\overrightarrow{AB}$ と記す．人類の分類，たとえば母国語のときと違って，個々のベクトルには名前がない．ただ単に，AB が属するベクトルというのである．$\overrightarrow{AB}=\overrightarrow{CD}$ となるのは $AB \sim CD$ のときで，またそのときに限る．

以上で，「類別」という概念，言い換えれば，ある性質に注目した場合における「等しい（同じ）」という概念について十分わかっていただけたと考え，その定義を改めて数学的に述べることにしよう．

▶**定義4.1**◀ 集合 X における2項関係~が**同値関係**(equivalence relation) であるとは，次の**同値律**が成り立つことをいう．

1. （反射律） $x \sim x$
2. （対称律） $x \sim y \rightharpoonup y \sim x$
3. （推移律） $x \sim y, \, y \sim z \rightharpoonup x \sim z$

$a \in X$ が与えられたとき，$x \sim a$ なる $x \in X$ のなす集合を a の属する**同値類**といって，$\bar{a}$ と記すことが多い．同値関係を表す記号に~ではなく R が使われている場合は，$[a]_R$ と記す．

$$\bar{a} = [a]_R = \{x \in X \mid x \sim a\}$$

また，$b \in \bar{a}$ のとき b を $\bar{a}$ の代表（元）という．a は明らかに $\bar{a}$ の代表である．人類の集合 U において国別で類別したとき，私 A は $\bar{A}$（すなわち日本）の代表である．同時にあなたも $\bar{A}$ の代表である．集合の無限族であっても代表を選出し，それらを一つの集合にできるというのが選出公理であった．

▶**定義4.2**◀ 集合 X がその部分集合の族 P（すなわち $P \subseteq \wp(X)$）に（**直和**）**分割**されているとは

$$X = \bigcup P$$

かつ任意の $u, v (\in P)$ に対して

$$u \cap v \neq \emptyset \rightleftharpoons u = v$$

が成り立つことをいう．これを

$$X = \bigsqcup P$$

という記号で表す．

∎**定理4.1**∎ ~を集合 X における同値関係とする．このとき

$$P=\{\bar{x}|x\in X\}$$

は集合をなし，しかも X の直和分割である．

証明 $P=\{x\in\wp(X)|\exists y\forall z(z\in x \rightleftarrows z\sim y)\}$ だから，**分出公理によって P はたしかに集合である**．また $x\in\bar{x}\subseteq X$ だから $X\subseteq\bigcup_{x\in X}\bar{x}=\bigcup P\subseteq X$ が成り立つ．ゆえに $X=\bigcup P$ である．

u,v を P の元とすると，$u=\bar{x}$, $v=\bar{y}$ と表せる．$u\cap v\neq\emptyset$ とすると，$z\sim x$, $z\sim y$ なる元 $z\in X$ が存在することになる．同値律の定義によって，これから $x\sim y$ が得られ，$\bar{x}=\bar{y}$ となる． □

▶**定義4.3**◀ $\sim$ を集合 X の同値関係とするとき，X の分割 $P=\{\bar{x}|x\in X\}$ を $\sim$ による X の**商**という．商を $X/\sim$ と記す．また $j(x)=\bar{x}$ で定義される写像 $j:X\to P$ を**標準写像**という．

さらに，$\varphi:P\to X(=\bigcup P)$ を一つの選出関数とするとき，像 $\varphi(P)$ を同値関係 $\sim$ に関する**代表系**という．詳しく書けば，$Y(\subseteq X)$ が類別（あるいは分割）の代表系であるとは

$$j(Y)=P \quad \text{かつ} \quad Y\cap u \text{ は任意の } u\in P \text{ に対して単集合}$$

が満たされることをいう（ここに，$j(Y)=\{\bar{y}|y\in Y\}$ である）．

4.3 整数の構成

N では加法は自由にできるが，その逆演算である減法は自由ではない．つまり x,y を自然数とするとき，$x=y+z$ となる自然数 z が常に存在するわけではない．そこで N をさらに大きな，減法が自由にできる集合の中に「はめ込む」(to embed) ことを考える．

たとえば負の数 -2 を定義する代わりに，$(1,3)$ という数の対を考えることにする．ただし，$(1,3)$ は $(0,2)$ とも $(2,4)$ とも $(3,5)$ とも「等しい」とせねばならない．ここで同値律が登場するのである．

厳密にいえば次のようである．直積 $N^2(=N\times N)$ を準備する．二つの順序対 $(x,y),(x',y')$ に対して

$$(x,y)\sim(x',y') \rightleftarrows x+y'=x'+y$$

と定義する．$\sim$ は N^2 の同値関係である（証明は簡単だから読者の自習に任せる）．

ゆえに〜による類別を考えることができる．商 $N^2/\sim$ を Z と記すことにする．
$$Z = N^2/\sim$$

Z は定理 4.1 によって**集合である**．今後しばしば類別が登場するが，商が集合をなすことはいちいち断らないことにする．

$z_1 = (x_1, y_1)^*$, $z_2 = (x_2, y_2)^*$ を Z の任意の 2 元として（肩の $*$ は類を表すバーの代わりである），その和 $z_1 + z_2$ を
$$z_1 + z_2 = (x_1 + x_2, y_1 + y_2)^*$$
によって定義する．この和の定義は**正しく定義されている**．つまり，z_1, z_2 の代表元がそれぞれ (x_1', y_1') および (x_2', y_2') であったとしても，和として同じ値を定義している．すなわち，
$$(x_1, y_1) \sim (x_1', y_1'), \quad (x_2, y_2) \sim (x_2', y_2')$$
ならば
$$(x_1 + x_2, y_1 + y_2) \sim (x_1' + x_2', y_1' + y_2')$$
が成り立つ．これは簡単に示せる事実である．

正しく定義されている（これを英語では well defined という）という意味は最初はわかりにくいかもしれない．人類の集合 U の国別の分類でいえば，国の代表の選び方によって協定が変わるのはやむを得ないことかもしれないが，代表の選出の仕方によって起こる結果が異なるのは，国家という言葉の抽象性（個人との独立性）からいっておかしなことである．せめて数学においては，演算が代表元のとり方に無関係に値が定まるようにしたいものである．なお，well defined というのは訳しにくい言葉で，いろいろいい方はあるがどうもしっくりこないので，訳語として考えず言葉を新しくつくるとすれば，という考え方に立って「正しく定義されている」ということにしたが，「適切に定義されている」でもよいかもしれない．

┃定理 4.2┃ Z では次が成り立つ（みやすさのため $(0,0)^*$ を 0 と記している．すぐ後でこの表記は正当化される）．

1. $z_1 + z_2 = z_2 + z_1$
2. $z_1 + (z_2 + z_3) = (z_1 + z_2) + z_3$
3. $z + 0 = 0 + z$
4. 任意の $z \in Z$ に対して $z + z' = z' + z = 0$ を満たす $z' \in Z$ が存在する．

証明 1.~3. は N の性質から簡単に証明できるから 4. だけ示そう．
$z=(x, y)^*$ とする．$z'=(y, x)^*$ とおく．すると
$$z+z'=(x, y)^*+(y, x)^*=(x+y, y+x)^*=(0, 0)^*=0$$
が成り立つ． □

▶**定義4.4**◀ Z の元を**整数**と呼ぶ．

自然数は整数とみなせることを説明する．N から Z への写像 $\Phi: N \to Z$ を $\Phi(x)=(x, 0)^*$ でもって定義する．特に 0 の像は $(0, 0)^*$ である．

まず Φ が単射であることを証明する．実際，$(x, 0)^*=(x', 0)^*$ とすると，〜の定義によって $x+0=x'+0$，すなわち $x=x'$ であるから Φ は単射である．

次に，自然数として $x_1+x_2=x_3$ ならば整数としてもその関係が保たれる，つまり $\Phi(x_1)+\Phi(x_2)=\Phi(x_3)$ が成り立つ．実際，
$$\Phi(x_1)+\Phi(x_2)=(x_1, 0)^*+(x_2, 0)^*=(x_1+x_2, 0)^*=\Phi(x_3)$$
である．

以上によって，N は（単なる集合としてではなく）その加法構造を含めて Z にはめ込まれていることがわかった．しかし，自然数には乗法もある．Z にも乗法の演算を定義して，N を，乗法までこめた Z の部分構造とみなせるようにしたい．

$z_1=(x_1, y_1)^*$，$z_2=(x_2, y_2)^*$ を Z の任意の2元として，その積 z_1, z_2 を
$$z_1 \cdot z_2=(x_1 x_2+y_1 y_2, x_1 y_2+x_2 y_1)^*$$
によって定義する．この積の定義は正しく定義されている．つまり，$z_1 \cdot z_2$ の代表元がそれぞれ (x_1', y_1') および (x_2', y_2') であったとしても，積として同じ値を定義している．すなわち，
$$(x_1, y_1) \sim (x_1', y_1'), \quad (x_2, y_2) \sim (x_2', y_2')$$
ならば
$$(x_1 x_2+y_1 y_2, x_1 y_2+x_2 y_1) \sim (x_1' x_2'+y_1' y_2', x_1' y_2'+x_2' y_1')$$
が成り立つ．

自然数として $x_1 \cdot x_2=x_3$ ならば，整数としてもその関係が保たれる，つまり $\Phi(x_1) \cdot \Phi(x_2)=\Phi(x_3)$ が成り立つ．実際，
$$\Phi(x_1) \cdot \Phi(x_2)=(x_1, 0)^* \cdot (x_2, 0)^*=(x_1 \cdot x_2, 0)^*=\Phi(x_3)$$
である．

以上によって，写像 $\Phi: N \to Z$ は単射であって，加法と乗法の演算を保つこと，すなわち
$$\Phi(x+y)=\Phi(x)+\Phi(y), \qquad \Phi(x\cdot y)=\Phi(x)\cdot\Phi(y)$$
を満たすことが証明された．これは加法や乗法という演算に着目する限り，自然数は整数と考えてよいことを示している．しかし，$x\in y$ のとき $x\subseteq y$ であるというような集合的性質は Z では失われる．われわれは今後，加法や乗法という演算を備えた代数的構造にしか関心をもたないから，整数 $(x,0)^*$ を x と記すことにしても何ら問題は生じないであろう．

負の整数および減法という概念を導入するために
$$-(x,y)^*=(y,x)^*$$
と定義する．明らかに
$$-(-(x,y)^*)=(x,y)^*$$
である．また $x\in N$ のときは
$$-x=-(x,0)^*=(0,x)^*$$
である．以上の記号のもとに $(x,y)^*$ を任意の整数とすると，
$$(x,y)^*=(x,0)^*+(0,y)^*=x+(-y)$$
と書けることになる．

▌定理4.3▐ Z は加法と乗法に関して次の諸性質をもつ．

 I. 加法に関する性質：
  I-1．$x,y\in Z \to x+y\in Z$
  I-2．$x+y=y+x$
  I-3．$x+(y+z)=(x+y)+z$
  I-4．$x+0=0+x=x$
  I-5．$x+(-x)=(-x)+x=0$
 II. 乗法に関する性質：
  II-1．$x,y\in Z \to x\cdot y\in Z$
  II-2．$x\cdot y=y\cdot x$
  II-3．$x\cdot(y\cdot z)=(x\cdot y)\cdot z$
  II-4．$x\cdot 1=1\cdot x=x$
 III. 加法と乗法に関する分配法則：

III-1. $x\cdot(y+z)=x\cdot y+x\cdot z$
III-2. $(x+y)\cdot z=x\cdot z+y\cdot z$

証明は退屈なだけで，一直線である．読者の自習に任せよう．定理に述べたような演算の性質を備えた集合は $\mathbb{Z}$ ばかりではなく，今後しばしば登場する．そこで次のような定義を準備しておく．

▶**定義4.5**◀ 空でない集合 R が二つの演算 $+,\cdot$ をもっていて，次の性質を満たすとき，R は**環**(ring)をなすという．

I. 加法に関する性質：

I-1. $x,y\in R \rightarrow x+y\in R$
I-2. （加法可換法則） $x+y=y+x$
I-3. （加法結合法則） $x+(y+z)=(x+y)+z$
I-4. （加法単位元の存在） $\exists 0\in R\,\forall x\in R[x+0=0+x=x]$
I-5. （加法逆元の存在） $\forall x\in R\,\exists y\in R[x+y=y+x=0]$

II. 乗法に関する性質：

II-1. $x,y\in R \rightarrow x\cdot y\in R$
II-2. （乗法可換法則） $x\cdot y=y\cdot x$
II-3. （乗法結合法則） $x\cdot(y\cdot z)=(x\cdot y)\cdot z$
II-4. （乗法単位元の存在） $\exists 1\in R\,\forall x\in R[x\cdot 1=1\cdot x=x]$

III. 加法と乗法に関する分配法則：

III-1. $x\cdot(y+z)=x\cdot y+x\cdot z$
III-2. $(x+y)\cdot z=x\cdot z+y\cdot z$

　　注意　(1) 他書で環というとき，乗法の可換性(II-2.)や乗法単位元の存在(II-4.)を要請しないことが少なくない．そういう場合は，われわれの環は「単位元をもつ可換環」と呼ばれることになる．しかし，本書では可換でない環や乗法単位元をもたない環はほとんど登場しないから，単位元をもつ可換環を簡単のためただ環と呼ぶことにする．

　　(2) 加法単位元を 0，また乗法単位元を 1 と書いているが，特定できるならどんな記号であってもよい．実際，乗法単位元を e と記すこともよくある．また $1=0$ であれば，$R=\{0\}$ が証明される（問題4.1(3)

参照)ので，つまらないことになる．そこで$1 \neq 0$を要請するのが普通である．したがって環は少なくとも2個の元をもつ．

例 4.1 (1) R上の連続関数全体のなす集合を$\mathfrak{C}$とする．連続関数の和・差・積は，いずれも連続関数であることは微積分学で証明されている．また可換法則，結合法則，分配法則も成り立つ．恒等的に0という値をとる定数関数を0とし，恒等的に1という値をとる定数関数を1と書けば，0は加法単位元，1は乗法単位元である．ゆえに$\mathfrak{C}$は環である．

(2) 成分が実数である2×2行列の全体を$M_2(R)$と記す．零行列をO，単位行列をIとすれば，環の条件が乗法可換法則を除いて成り立つ．他書でいう単位元をもつ環(非可換)をなしているわけである．次に，対角行列のなす部分集合を$A_2(R)$と書くことにすると，$A_2(R)$は乗法可換性を含めた環の条件をすべて満たす．したがって，本書でいう環である．

$\mathbb{Z}$を**有理整数環**と名づけて他の環と区別する．整数という用語は代数的整数論という分野で拡張された意味をもつので，普通の整数を有理整数と呼ぶのである．環において証明されることはすべて$\mathbb{Z}$でも通用する．たとえば，次がそうである．

|命題4.4| Rを環とする．このとき，

(1) (加法単位元の一意性) $x+a=a+x=x$が任意の$x \in R$に対して成り立つような特別な元(加法単位元)aはただ一つ0だけである．

(2) (乗法単位元の一意性) $x \cdot a=a \cdot x=x$が任意の$x \in R$に対して成り立つような特別な元(乗法単位元)aはただ一つ1だけである．

(3) (加法逆元の一意性) $x+y=y+x=0$を満たすようなyは各xに対して一つしか存在しない．

xの加法逆元を$-x$と記すことにする．また$x+(-y)$を$x-y$，$x \cdot y$をxyと略記することにする．

証明 (1) a,bが任意の$x \in R$に対して
$$x+a=a+x=x, \quad x+b=b+x=x$$
という性質をもつとせよ．xとしてaやbを入れてみれば

を得る. ゆえに $a=b$ である.

(2) もまったく同様である.

(3) $x+y=y+x=0$, $x+z=z+x=0$ とせよ.
$$y=y+0=y+(x+z)=(y+x)+z=0+z=z$$
ゆえに $y=z$ である. □

問題 4.1 環 R においては次が成り立つことを示せ.
(1) $-0=0$
(2) $-(-x)=x$
(3) $x\cdot 0=0\cdot x=0$
(4) $(-x)\cdot y=-(x\cdot y)$, $(-x)\cdot(-y)=x\cdot y$

┃命題 4.5┃ $-N=\{-x|x\in N\}$ と書けば,
$$Z=N\cup -N, \quad N\cap -N=\{0\}$$

そこで, 整数 $x(\neq 0)$ は $x\in N$ のとき**正**であるといい, $x\in -N$ のとき**負**であるという.

証明 整数 z は $z=x-y$, $x,y\in N$ と表せる. $y<x$ のときは $z\in N$ である. $x<y$ のときは $-z=y-x\in N$ である. ゆえに $z\in -N$ である. □

整数 x に対してその**絶対値** $|x|$ を次のように定義する.
$$|x|=\begin{cases} x & (x\in N) \\ -x & (x\in -N) \end{cases}$$

┃命題 4.6┃ 有理整数環 Z においては
$$xy=0 \;\rightarrow\; x=0\vee y=0$$
が成り立つ. したがって,
$$xy=xz, x\neq 0 \;\rightarrow\; y=z$$
が成り立つ.

証明 $xy=0$ なら $|x|\cdot|y|=0$ だから, $x\in N$, $y\in N$ とすることができる. そうするとこれは自然数に関する命題で, すでに問題 3.2 (4) として述べてあるように $|x|=0$ または $|y|=0$ が成り立つ.

後半は $xy=xz$ から $x(y-z)=0$ を得るので前半に帰着される. □

▶定義4.6◀　環 R において
$$xy=0 \;\to\; x=0 \vee y=0$$
が成り立つとき，R は **整域** であるといわれる．

例 4.1 (1) の環 $\mathfrak{C}$ は整域ではない．実際，
$$f(x)=\begin{cases}0 & (x\geq 0)\\ x & (x<0)\end{cases}$$
$$g(x)=\begin{cases}x & (x\geq 0)\\ 0 & (x<0)\end{cases}$$
と定義すれば，$f\in\mathfrak{C}$，$g\in\mathfrak{C}$ である．そして $f\cdot g=0$ だが $f\neq 0$ かつ $g\neq 0$ である．

例 4.1 (2) の環 $A_2(R)$ も整域ではない．実際，$(1,1)$ 成分が 1 で，他は 0 の行列を A とし，$(2,2)$ 成分が 1 で，他は 0 の行列を B とすれば，$AB=O$ だが，$A\neq O$ かつ $B\neq O$ である．

最後に，整数に順序を入れよう．

▶定義4.7◀　整数 x,y に対して，$x\leq y$ を $y-x\in N$ によって定義する．$y-x\in N-\{0\}$ のとき，つまり $x\leq y$ かつ $x\neq y$ のとき，$x<y$ と記す．

▌定理4.7▌　$\mathbb{Z}$ における関係 $\leq$ は全順序である．すなわち，$\mathbb{Z}$ の任意の元に対して次が成り立つ．
1. $x\leq x$
2. $x\leq y,\ y\leq x \;\Rightarrow\; x=y$
3. $x\leq y,\ y\leq z \;\Rightarrow\; x\leq z$
4. $x\leq y \vee y\leq x$

ほとんど自明なので証明は省略する．なお $\mathbb{Z}$ の順序は整列順序ではない．実際，$\mathbb{Z}$ には最小元が存在しないからである．しかし $X\subseteq \mathbb{Z}$ が下に有界な場合，すなわち $m\leq X$ なる $m\in\mathbb{Z}$ が存在する場合は，X には最小値が存在する．$X-m=\{x-m|x\in X\}$ という集合が N の部分集合になるからである．したがって $\mathbb{Z}$ には N の整列性という性質がいくらか残されていることがわかる．

4.4　初等整数論入門

本節では，初等整数論の基本定理として知られる素因数分解の一意可能性をはじめ，1次不定方程式，合同式の解法などを解説する．

有理整数環 $\mathbb{Z}$ には，その簡単な構造からは信じられないほど深い命題が豊富に眠っている．次の割り算の原理はそういう $\mathbb{Z}$ の内蔵する豊穣さの淵源の一つを表現している．

定理4.8(割り算の原理)　a, b を整数とし，$a > 0$ とすると，
$$b = qa + r, \quad 0 \leq r < a$$
を満たす整数 q, r がただ一組存在する．

証明　A を xa が b より大きいような整数 x の集合とする．
$$A = \{x \in \mathbb{Z} \mid b < xa\}$$
$b < (b+1)a$ なので，A は空ではない．しかも下に有界なので A には最小値が存在する．それを $q+1$ とすると
$$qa \leq b < (q+1)a$$
が成り立つ．そこで，$r = b - qa$ とおけば定理に述べた形が得られる．

一意性は，$b = qa + r = q'a + r'$ と表して差をとると $(q' - q)a = r - r'$ となることから直ちに得られる． $\square$

以下本節では，何も断らなければ小文字のアルファベットは整数を表すとする．

a, b に対して $b = ca$ を満たす整数 c が存在するとき，b は a の**倍数**であるといい，a は b の**約数**であるという．記号では $a|b$ と表す．

$a_1, \cdots, a_n$ の共通の約数を $a_1, \cdots, a_n$ の**公約数**という．また $a_1, \cdots, a_n$ の共通の倍数を $a_1, \cdots, a_n$ の**公倍数**という．

0 はすべての整数の公倍数である．また ± 1 はすべての整数の公約数である．

$a_1, \cdots, a_n$ のすべてが 0 の場合を除いて，$a_1, \cdots, a_n$ の公約数は 0 でない $|a_1|, \cdots, |a_n|$ を超えることができないから，最大の正の公約数が存在する．それを $a_1, \cdots, a_n$ の**最大公約数**といって，
$$(a_1, \cdots, a_n)$$
と記す．

$a_1, \cdots, a_n$ のいずれも 0 ではないとする．$a_1, \cdots, a_n$ の正の公倍数には最小値が存在するから，それを $a_1, \cdots, a_n$ の**最小公倍数**という．

┃定理4.9┃ 1次不定方程式
$$ax+by=c \tag{4.4}$$
は c が (a,b) を割り切るとき，かつそのときに限り整数解をもつ．

証明 a,b がともに 0 なら定理は明らかだから，少なくともどちらかは 0 でないとする．そこで A を
$$A=\{ax+by\,|\,x\in\mathbb{Z},\ y\in\mathbb{Z}\}$$
によって定義する．方程式 (4.4) の解を求めるために，逆に左辺のように表せる整数全体のなす集合の性質を調べるのである（逆転発想！）．

$A\neq\{0\}$ だから A には最小正の自然数が存在する（$z\in A \to -z\in A$ に注意）．それを d とする．この d は a,b の最大公約数であり，しかも $A=\mathbb{Z}d=\{xd\,|\,x\in\mathbb{Z}\}$ であることが証明できる．

まず $A=\mathbb{Z}d$ から示そう．A の元の倍数はふたたび A の元になる．これは A の定義から簡単にわかることである．ゆえに $\mathbb{Z}d\subseteq A$ である．

$z(\neq 0)\in A$ とせよ．割り算の原理によって $z=qd+r$，$0\leq r<d$ と表せる．$z\in A$，$qd\in A$ である．A の 2 元の和差はふたたび A の元であるから，$z-qd\in A$ である．ゆえに $r\in A$ である．しかるに $0\leq r<d$ であり，d は A の最小正の自然数だったから $r=0$ を得る．すなわち $A\subseteq\mathbb{Z}d$ である．以上によって $A=\mathbb{Z}d$ が示された．

次に $d=(a,b)$ を示そう．

$a=a\cdot 1+b\cdot 0$ だから $a\in A=\mathbb{Z}d$ である．同様に $b\in A$ である．ゆえに d は a,b の公約数である．

$d\in A$ だから $d=ax+by$ と表せる．ゆえに a,b の公約数は d の約数である．以上によって，d は a,b の最大公約数であることが証明された．

もとへ戻って，方程式 (4.4) が解をもつための条件は $c\in A$ である．$A=\mathbb{Z}d$ だったから，c が最大公約数 $d=(a,b)$ で割り切れることが解をもつ条件ということになる． □

┃系4.10┃ a,b が互いに素，すなわち $(a,b)=1$ であるためには，$ax+by=1$ が整数解 x,y をもつことが必要十分である．

この系は重要である．「a, b が互いに素」という声を聞いて「$ax+by=1$ なる x, y が存在する」と反応できるようになったら，高校数学のレベルを抜け出したといえるだろう．

　次の系は，左辺の形で表せる整数全体のなす集合を A として，定理 4.9 の証明をそっくりそのまま繰り返せばよい．

系4.11　1次不定方程式
$$a_1 x_1 + \cdots + a_n x_n = c \tag{4.5}$$
は c が $(a_1, \cdots, a_n)$ を割り切るとき，かつそのときに限り整数解をもつ．

▶**定義4.8**◀　$p \neq 0, \pm 1$ とする．
$$p|ab \Rightarrow p|a \vee p|b \tag{4.6}$$
が成り立つとき，p は**素数**であるといわれる．

　　注意　(1) 素数というのを自然数に限定する場合もあるが，より一般的な環論との関連でいえば，そうする必要性はない（一般的な環では正負の定義ができない場合が多い）．本書は初等整数論だけを目的とするわけではないので，素数は負の整数でもよいとする．
　　(2) 素数の定義は（$p>0$ の場合）$a|p \Rightarrow a=1 \vee a=p$ とするのが伝統的だが，これも一般論との関係上，定義 4.8 の方が自然なので，このようにしておく．伝統的な定義を満たす p は一般論では**既約**と呼ばれるのだが，有理整数環のもつ性質によって，下にみるように結局は両者は同値である．
　　(3) 多項式の場合は $g|f \Rightarrow g=$定数 $\vee g=$(定数)$\cdot f$ が成り立つとき既約と呼んでいるが，これは一般論と整合している．

定理4.12　$p \neq 0, \pm 1$ とする．p が素数であるためには既約であること，すなわち
$$a|p \Rightarrow a = \pm 1 \vee a = \pm p \tag{4.7}$$
の成り立つことが必要十分である．

証明　p が素数であるとする．$a|p$ ならば，$p=ab$ なる b が存在する．p は素数だから，$p|a$ あるいは $p|b$ である．前者から $a=pk$ と表される．これを $p=ab$ に代入して $p=kbp$ を得る．$p \neq 0$ なので，命題 4.6 を適用すれば，$kb=1$ を得

る．ゆえに問題 3.2 (5)(p. 80) から，$k=\pm 1$ である．ゆえに $a=\pm p$ を得る．また $p|b$ の方からは同様の方法で，$a=\pm 1$ が得られる．

逆に，p に対して (4.7) が成り立つとする．$p\nmid a$ かつ $p\nmid b$ を仮定して，$p\nmid ab$ を導けばよい．$p\nmid a$ であれば，$(p, a)=1$ が成り立つ．なぜなら，仮に $d|p$ かつ $d|a$ とすれば，p が (4.7) を満たすので，$d=\pm 1$ あるいは $d=\pm p$ を得る．後者は $p\nmid a$ に反する．ゆえに $d=\pm 1$ となって，$(p, a)=1$ が従う．同様に，$p\nmid b$ から $(p, b)=1$ が従う．

$(p, a)=1$ と $(p, b)=1$ から系 4.10 によって
$$px+ay=1, \qquad px'+by'=1$$
を満たす整数 x, y, x', y' が存在することがいえる．両辺を掛け合わせて整理すれば，
$$p(pxx'+ax'y+bxy')+ab(yy')=1$$
を得る．したがって，ふたたび系 4.10 が使えて $(p, ab)=1$ を得る．ゆえに $p\nmid ab$ である．これによって p は素数であることが示された．□

「素 → 既約」の証明は $\mathbb{Z}$ が整域であるということ以外には何ら特別なことは使わずにできているが，「既約 → 素」の証明には系 4.10 が使われていることに注意すべきである．

次の定理は，たとえば 12 は
$$12=3\cdot 2\cdot 2=2\cdot 3\cdot 2=(-2)\cdot 2\cdot(-3)$$
などといろいろな素数の積としての表現はあるが，いずれも本質的には 2 が 2 回と 3 が 1 回現れるだけだという点では同一であるということを主張している．これは自明なようにみえるけれども
$$12=1+11=2+10=3+9=4+8=5+7=6+6$$
と自然数に限ってみても，また因数を二つに限ってみても，いく通りもの本質的に異なった和としての表現があるということを考えれば，決してあたりまえのことではないのである．

そればかりか，素数という概念を定義 4.8，あるいは (4.7) 式に準じて定義しても，素因数分解が可能でなかったり，可能であっても一意的でなかったりする整域が存在するという事実を考えれば，整数が素因数分解でき，しかもそれが一意的であるというのは特筆に価するのである．この定理はガウスの『算術研究』

(1801年)(邦訳：高瀬正仁訳『ガウス整数論』朝倉書店, 1995)において初めて明示的にその証明の必要性が指摘され，厳密な証明が与えられた．

▎定理4.13(初等整数論の基本定理)▎ 0でも±1でもない整数は素数の積として表せる．その表し方は，素数の符号と順序を度外視すれば一意的である．

証明 必要なら符号を取り換えて自然数にできるから，自然数が正の素数の積に一意分解できることを証明する．

1. （分解の可能性の証明）aを0でも1でもない自然数とする．$a=2$ならば2は素数なので証明すべきことは何もない．

aより小さい自然数に対しては素因数分解ができると仮定する．aが素数なら証明すべきことは何もない．aが素数ではないとすると，定理4.12によって

$$b|a, \quad b \neq 1, \quad b \neq a$$

なる自然数bが存在する（$b|a \Rightarrow b=1 \lor b=a$を否定すると$b|a \land b \neq 1 \land b \neq a$を得る）．したがって

$$a = bc, \quad 1 < b < a, \quad 1 < c < a$$

と因数分解されるが，bとcはaより小さいから，仮定によって素因数分解できる．したがってa自身も素因数分解できる．これで累積帰納法が使えて2より大きい任意の自然数の素因数分解可能性が証明された．

2. （分解の一意性の証明）0でも1でもない最小の数は2で，これはたしかに1通りの素因数分解しかできない．

aより小さい自然数については素因数分解の一意性が成り立っているとせよ．aが2通りに素因数分解できたとする．

$$a = p_1 p_2 \cdots p_m = q_1 q_2 \cdots q_n \tag{4.8}$$

p_1は$q_1 q_2 \cdots q_n$を割り切るから，素数の定義によって$q_1, q_2, \cdots, q_m$のいずれかを割り切る．適当に番号をつけ換えて$p_1|q_1$としよう．q_1も素数だから，定理4.12によって$q_1 = p_1$である（$p_1 \neq 1$だから）．

(4.8)の両辺をp_1で割って（$\mathbb{Z}$は整域だからこれができる），

$$p_2 \cdots p_m = q_2 \cdots q_n$$

を得る．この数はaより小さいから，仮定によって素因数分解が一意的である．すなわち$m=n$であって，番号をつけ換えれば$p_i = q_i$とできる．したがってaの素因数分解も一意的である． □

注意 証明には自然数の大小という整列順序関係，ならびに素数の既約性が使われている．

ガウスは $a-b$ が m の倍数であるという主張を $a \equiv b \pmod{m}$ と表した．この主張を，m を法として a は b に**合同**であるということにする．法 m が明白な場合には $(\mathrm{mod}\, m)$ を省略することもある．この記号は $\equiv$ が同値律を満たすことが強く意識されていて，とても優れている．ガウスという人は記号法にはあまり関心がなかったと思われるが，合同の記号に関しては例外的で，現在でもこの記号はそのまま使われている（細かいことをいえば，ガウスは mod. とピリオドをつけている．これは尺度という意味の modulus というラテン語の変化形 modulo の省略であることを表したものである）．

▌**定理4.14**▐ $\ast \equiv \ast \pmod{m}$ は $\mathbb{Z}$ の同値関係である．すなわち次が成り立つ．
1. $x \equiv x \pmod{m}$
2. $x \equiv y \pmod{m} \longrightarrow y \equiv x \pmod{m}$
3. $x \equiv y \pmod{m},\ y \equiv z \pmod{m} \longrightarrow x \equiv z \pmod{m}$

$x \equiv y \pmod{m}$ とは $x-y = mk$ と表せることだから，いずれも簡単に示せるので証明は読者に任せる．

問題 4.2 m を法として
$$x \equiv x', \qquad y \equiv y'$$
とすると，
$$x \pm y \equiv x' \pm y', \qquad xy \equiv x'y'$$
が成り立つことを証明せよ．

▶**定義4.9**◀ $m(\neq 0)$ を整数とする．$\mathbb{Z}$ の法 m に関する商（類別）を $\mathbb{Z}/(m)$ あるいは $\mathbb{Z}/m\mathbb{Z}$ と記す．

類別について簡単に復習しておこう．$\{x \in \mathbb{Z} \mid x \equiv a \pmod{m}\}$ を a の属する（剰余）類といい，$\bar{a}$ とか $a \bmod m$ などの記号で表す．したがって
$$\bar{a} = \bar{b} \rightleftharpoons a \equiv b \pmod{m}$$
各整数を m で割れば剰余は $0, 1, \cdots, m-1$ の中に落ちるから，剰余類はちょう

ど m 個存在する．したがって
$$Z = \bigsqcup_{i=0}^{m-1} \bar{i}$$
である ($\bigsqcup$ の意味は定義 4.2 参照)．

▌定理 4.15▐ $m \neq 0, \pm 1$ とする．$Z/(m)$ において加法・乗法を
$$\bar{x} + \bar{y} = \overline{x+y}, \qquad \bar{x} \cdot \bar{y} = \overline{xy}$$
と定義すれば，これらの演算は正しく定義されており，これによって $Z/(m)$ は環をなす．これを，m を法とする**剰余類環**と名づける．

証明 問題 4.2 はちょうど $Z/(m)$ における和・積が正しく定義されていることを示している．環をなすことの証明は Z が環をなすことから簡単に証明できるので，読者の自習とする．加法単位元は $\bar{0}$ であり，乗法単位元は $\bar{1}$ である．また $\bar{x}$ の加法逆元は $\overline{-x}$ である． □

問題 4.3 $Z/(m)$ が整域をなすためには，m が素数であることが必要十分であることを示せ．

問題 4.4 1 次合同方程式
$$ax \equiv b \pmod{m}, \quad \text{言い換えれば} \quad \bar{a} \cdot \bar{x} = \bar{b}$$
が解 x (類でいえば解 $\bar{x}$) をもつためには，(a, m) が b を割り切ることが必要十分であることを示せ．

▌定理 4.16 (フェルマーの小定理)▐ p を素数とすると，p で割れない任意の x に対して
$$x^{p-1} \equiv 1 \pmod{p}$$
が成り立つ．同じことを p を法とする剰余類の言葉でいえば，$\bar{x} \neq \bar{0}$ のとき
$$\bar{x}^{p-1} = \bar{1}$$
が成り立つ．

証明 p を法とする $\bar{0}$ 以外の剰余類の集合 $S = Z/(p) - \{\bar{0}\}$ は
$$S = \{\bar{1}, \bar{2}, \cdots, \overline{p-1}\}$$
と書ける．そこで
$$T = \{\overline{x \cdot 1}, \overline{x \cdot 2}, \cdots, \overline{x \cdot (p-1)}\}$$
という集合を考える．

$(x, p) = (i, p) = 1$ から $(xi, p) = 1$ を得るので，$\overline{xi} \neq \bar{0}$ となり，$T \subseteq S$ は明らか

である．しかるに p が素数であるため，問題 4.3 によって $\mathbb{Z}/(p)$ は整域となり，
$$\overline{x \cdot i} = \overline{x \cdot j}, \quad 1 \leq i, j \leq p-1$$
から $i = j$ が従う．ゆえに $|T| = p-1 = |S|$ である．したがって有限集合の基本定理 (定理 2.7：p. 46) が適用できて $T = S$ がいえる．したがって，S の元をすべて掛け合わせたものは T の元をすべて掛け合わせたものと等しい．
$$\overline{x \cdot 1} \overline{x \cdot 2} \cdots \overline{x \cdot (p-1)} = \overline{1 \cdot 2 \cdots (p-1)}$$
これより
$$\overline{x^{p-1} \cdot (p-1)!} = \overline{(p-1)!}$$
$((p-1)!, p) = 1$ なので，
$$\overline{x^{p-1}} = \overline{1}$$
が従う． □

■定理 4.17 (孫子の剰余定理)■ $(m, n) = 1$ ならば，任意の a, b に対して連立 1 次合同式
$$x \equiv a \pmod{m}, \quad x \equiv b \pmod{n}$$
は mn を法としてただ一つの解をもつ．

証明 写像 $\Phi : \mathbb{Z}/(mn) \to \mathbb{Z}/(m) \times \mathbb{Z}/(n)$ を
$$\Phi(x \bmod mn) = (x \bmod m, x \bmod n)$$
で定義する．この写像は正しく定義されている．つまり，
$$x \equiv x' \pmod{mn} \to x \equiv x' \pmod{m} \text{ かつ } x \equiv x' \pmod{n}$$
である．そのうえ Φ は単射でもある．実際，$\Phi(x \bmod mn) = \Phi(x' \bmod mn)$ は
$$x \equiv x' \pmod{m} \land x \equiv x' \pmod{n}$$
を意味するが，$(m, n) = 1$ だから，これは
$$x \equiv x' \pmod{mn}$$
すなわち
$$x \bmod mn = x' \bmod mn$$
を意味するからである．

有限集合の基本定理を適用するために，個数を比較する．
$$|\Phi(\mathbb{Z}/(mn))| = |\mathbb{Z}/(mn)| = mn, \quad |\mathbb{Z}/(m) \times \mathbb{Z}/(n)| = mn$$
ここに $\Phi(\mathbb{Z}/(mn))$ は Φ の像である．第一の等式は Φ の単射性による．

$\varPhi(\mathbb{Z}/(mn))\subseteq\mathbb{Z}/(m)\times\mathbb{Z}/(n)$ で両辺の個数が等しいから，$\varPhi$ は全射である．以上で $\varPhi$ の全単射性が証明された．ゆえに $\varPhi(x \bmod mn)=(a \bmod m, b \bmod n)$ を満たす $x \bmod mn$ が一つだけ存在する．　　　　　　　　　　□

定理 4.17 は英語では Chinese Remainder Theorem と呼ばれている．訳語としては「中国の剰余定理」とされているが，「中国人の剰余定理」という意味かもしれない．

中国の古典に『孫子算経』(4 ないし 5 世紀) というのがあって，「いま物があり，その数はわからない．これを三つずつ数えると 2 余り，五つずつ数えると 3 余り，七つずつ数えると 2 余る．問う，物の数は如何．答えて曰く，23」とある．その解法は省略するが，当然のことながらオイラーやガウスの与えた解法と一致している (銭 宝琮 [Qian] による)．19 世紀中葉に至って，さるイギリス人宣教師が『孫子算経』とヨーロッパの整数論の命題との一致を指摘したことから，「中国の剰余定理」と呼ばれるようになったものらしい．われわれ日本人は，孫子といえば兵法の元祖としてその名を知らない者はないわけだから，「中国の剰余定理」などと曖昧な呼び方をしなくてもよいのではないかと考え，あえて「孫子の剰余定理」と名づけてみたのである (名前などどうでもいいなどと，君言い給うことなかれ).

次の系は定理 4.17 の形式的な一般化で，証明は同じである．

系 4.18 $m_1, m_2, \cdots, m_n$ を二つずつ互いに素な整数とする．このとき，任意の $a_1, a_2, \cdots, a_n$ に対して連立合同式

$$x \equiv a_1 \pmod{m_1}, \quad x \equiv a_2 \pmod{m_2}, \quad \cdots, \quad x \equiv a_n \pmod{m_n}$$

は積 $m_1 m_2 \cdots m_n$ を法としてただ一つの解をもつ．

情報通信技術用語辞典CD-ROM版
―用語検索システム―

日本電気・NECドキュメンテクス編著
本体12000円

◇日英西情報通信技術用語辞典のCD-ROM版！◇日本語，英語，英略語，スペイン語のいずれかで入力すれば，それぞれの対訳や解説を表示可能◇強力な再検索機能，絞り込み機能により，目的の用語に容易にたどり着ける◇ユーザ辞書への登録や変更が自由にできるため，各自の知識データベースとして活用できる◇ワープロで技術文書の作成や翻訳作業を行う場合，電子辞書中の用語や解説文を切り取り，所定の位置に貼り付けることができる

ISBN4-254-22213-0　　注文数　　冊

数理情報科学事典

大矢雅則・今井秀樹・小嶋 泉・
中村八束・廣田正義編
A5判　1200頁　本体35000円

「情報」とは何か？　どこまでわかっているのか？　その歴史・現在と未来を，基礎から応用まで解説する総合的な大項目事典。情報科学とその関連分野全体を，理学・工学から社会科学まで，学際的なつながりと数理的な基礎を重視して網羅する。〔項目例〕アナログ計算機／RNA／ALGOL／暗号理論／暗黙知／イジングモデル／位相エントロピー／一般相対性理論／遺伝情報学／陰関数／オペレーションズリサーチ／音声認識／回帰分析の理論／解析力学／科学哲学／境界要素法／他

ISBN4-254-12089-3　　注文数　　冊

光コンピューティングの事典

稲場文男・一岡芳樹編
A5判　552頁　本体18000円

より高速・高機能が求められ，そのブレークスルーとしての本技術も成熟しつつあり，その全容につき理論から実際までを詳説したもの〔内容〕概説／光コンピューティングのための光学的基礎／コンピュータアーキテクチャの基礎／ディジタル光コンピューティング／アナログ光コンピューティング／ハイブリッド光コンピューティング／光ニューロコンピューティング／多次元光信号処理／光インタコネクション／ネットワークの光処理技術／機能素子／非線形光技術／応用と将来展望

ISBN4-254-22140-1　　注文数　　冊

ソフトウェア工学大事典

片山卓也・土居範久・鳥居宏次監訳
B5判　1688頁　本体65000円

ソフトウェア工学に関連する約200の用語につき世界的権威の研究者が解説した全訳版〔主用語〕安全性／オブジェクト指向要求分析／CASE／検証／教育とカリキュラム／計測／構成管理／再利用／性能工学／設計／ソフトウェア信頼性工学／テスト／データ権／データ通信／データベース管理システム／データベースセキュリティ／文書化／認知工学／品質保証／フォルトトレラント／複雑さのメトリクス・解析／プライバシーとセキュリティ／プロジェクト管理／保守／リスク管理／他

ISBN4-254-12123-7　　注文数　　冊

＊本体価格は消費税別です (2002年3月1日現在)

▶お申込みはお近くの書店へ◀

朝倉書店

162-8707 東京都新宿区新小川町6-29
営業部　直通(03)3260-7631　FAX(03)3260-0180
http://www.asakura.co.jp　eigyo@asakura.co.jp

カオス全書

山口昌哉・合原一幸編集　　A5判

1. カオス入門
山口昌哉著　96頁　本体2000円
ISBN4-254-12671-9　　注文数　　冊

「法則でありながら予測しがたい結果をもたらす」カオス。その概念を第一人者がやさしく解説し、興味深い応用例で普遍性・創造性を提示する。〔内容〕いろいろの関数とカオス/カオスの理論/差分方程式/数理社会学/常微分方程式系の離散化

2. 力学系の基礎
国府寛司著　132頁　本体2400円
ISBN4-254-12672-7　　注文数　　冊

カオス/カオス的現象を理解するために不可欠な「力学系＝時間で変化する決定論的システム」の概念を基礎から解説。〔内容〕軌道/不変集合/位相共役と構造安定性/カオス/双曲型不動点・周期点/重要な力学系の例/双曲型力学系の性質/他

3. 生物モデルのカオス
森田善久著　144頁　本体2400円
ISBN4-254-12673-5　　注文数　　冊

「生物の数理モデル」に現れるカオスについて、数学的な面から入門的な解説を行う。モデルの非線形性とカオスの存在について、具体的なモデルを通じて議論。〔内容〕生物モデルとカオス/離散モデル/連続時間モデル/時間遅れのモデル/他

4. カオス制御
潮俊光著　112頁　本体2200円
ISBN4-254-12674-3　　注文数　　冊

システム理論の基本を説明し、この観点から「不安定を安定化する」カオス制御の可能性と適用法を概説。現象解析からシステム設計まで。〔内容〕制御システムのカオス/カオス制御/線形フィードバック制御/非線形フィードバック制御/他

5. カオス農学入門
酒井憲司著　136頁　本体2300円
ISBN4-254-12675-1　　注文数　　冊

農学はカオスの「宝庫」である。本書は農学の各分野で現れるカオスについて、豊富な具体例を用いて解説する。〔内容〕カオス概説/離散数学系/連続力学系/耕地の植物群落/生態力学系のモデリング/子豚価格の変動/耕地のフラクタル/他

6. 神経回路モデルのカオス
畑政義著　132頁　本体2300円
ISBN4-254-12676-X　　注文数　　冊

"未知なる小宇宙"脳の働きを体系化するモデルを数学的に解説し、関連するトピックスを集めた"不連続カオス"の世界。〔内容〕神経方程式と力学系(脳とは)/他)/周期アトラクタ/非周期アトラクタ/パラメータ空間/興奮率/位相共役性

複雑系双書

A5判

1. 複雑系のカオス的シナリオ
金子邦彦・津田一郎著　312頁　本体5500円
ISBN4-254-10514-2　　注文数　　冊

カオス，複雑現象の研究から到達した新しい自然認識を開示。〔内容〕複雑系科学の必然性/カオスとは何か/情報論的立場による観測問題/CML/カオス要素のネットワーク/カオス結合系の生物ネットワークへの意義/脳の情報処理とカオス

2. 複雑系の進化的シナリオ —生命の発展様式—
金子邦彦・池上高志著　336頁　本体5900円
ISBN4-254-10515-0　　注文数　　冊

複雑系としての生命とは何か。〔内容〕理論生物学の可能性/共生：多様な相互作用世界/ホメオカオス/繰り返しゲーム・コミュニケーションゲームにおける進化/マシンとテープの共進化システム/細胞社会に見る多様性，分化，再帰性など

02-031

Chapter 5

有　理　数

5.1 有理数をめぐるお話

　掛け算の歴史は古い．しかし，自然言語の中に溶け込んで見分けがつかないほど古くはない．自然な言葉になりきっているのは2倍とその逆演算の「半分」だけである．半分とは2で割ることである．諸橋轍次『廣漢和辞典』や白川 静『字通』によれば，「半」は「八」と「牛」とからなり，八が2等分を意味する．したがって全体として2等分した牛を表現する会意(あるいは象形)文字であって，古くは，半だけで「2等分する」という意味を表したという．

　「倍」の方は，倍数という意味としては，「倍にする」という表現から知られるように「2倍」が原義である．3倍，4倍となるともう人工的な匂いがする言葉である．もう少していねいにいうと，数の表現は古い時代では数える対象の形状によって違っていたことが言語学的に立証できるので，3倍，4倍というのは3，4という数詞が確立した後の言葉だということがわかるのである．こういうことはどの言語でも似たような事情にあるから，2による乗法と除法だけが数詞の確立，したがって算術の普及以前に日常生活に取り入れられていたことを痕跡として残しているのである．ということは，それ以外の乗法・除法は2による乗法・除法から発達したのではないかという推測を生むだろう．

　実際，パピルスに2倍法をもとにした掛け算が残されている．たとえば17を

13倍してみよう．

$$
\begin{array}{cc}
1 & 17 \\
2 & 34 \\
4 & 68 \\
8 & 136
\end{array}
$$

まず17を次々に2倍した数の表をつくる．$8\times2=16$で，これは13を超えているから表はここまででよい．$13-8=5, 5-4=1$だから

$$13=1+4+8$$

したがって

$$17\times13=17\times1+17\times4+17\times8=17+68+136=221$$

を得る．この方法を使って割り算も行われた．

　60進法による計算の名手バビロニア人は，こういうたくみではあるけれども，まどろっこしい方法は使わなかった．現代と同じく位どりによる（位ごとの）掛け算を行ったのである．60進法であるため，九九ではすまず59×59までの乗算表を補助として用いた．

　割り算はバビロニアでは逆数表を使って行われた．たとえば，$61\div12$は61に$1/12$の値を掛けたのである．60の素因数（すなわち，$2, 3, 5$）から合成される数で割れば有限小数となるが，それ以外の数で割れば割り切れず，循環小数となる．この場合はバビロニアではほとんで扱われなかったらしい．このように分数も使われたが，ヨーロッパ世界に影響を与えたのかどうかはわからない．

　いろいろあったことを端折って整理して述べると，乗法はまず2倍として登場し，次いで自然数の加法の繰返しとして認識され，それが土地の面積と結びついて一般的な乗法へと発展していった．一方，除法は乗法よりもずっと後になって現れた．2等分するという考え方は古くからあり，それをもとにして2の冪で分ける，すなわち次々に2等分するという概念が生まれた．その後，それ以外の数で割るという概念が割り切れる場合に考え出された．乗法と除法が互いに逆の演算になっているというような認識は，ずっと後代のものらしい．

　小数と分数について触れておこう．この二つは小数を10進分数とみる近代的立場ではたいした違いではないのだが，その起源においては異なる概念である．しかも分数は細かくいえば，起源をさらに二つに分けねばならない．

　中世ヨーロッパで使われた分数は，エジプトにまで起源をさかのぼることがで

きる．英語で分数を fraction（破片）というが，これがヨーロッパにおける分数の起源をうかがわせるに足るだろう．古代エジプトでは 1 を 2 等分したものをたとえば $\overline{2}$ と記し，1 を 3 等分したものを $\overline{3}$ と記す．一般にいまでいう $1/n$ を $\overline{n}$ で記し，**単位分数**と呼ぼう．この考え方では，たとえば 2/5 を表す記号がない．これを表すには単位分数，つまり $\overline{n}$ の和を使うのだが，不思議なことに $\overline{5}+\overline{5}$ とはしないで，$\overline{3}+\overline{15}$ と異なった単位分数の和に固執するのである．フィボナッチの有名な著書『算盤の書』(1202 年) でも分数が使われているが，この時代になってもエジプト以来の伝統にのっとって単位分数の和で表されている．

古代中国でも古くから分数が使われてきた．紀元前に成立していたと推定される『九章算術』は，分数の四則の説明から始まっている．計算の基礎は約分と通分で，これは斉同法と呼ばれている．たとえば，「3 人と 3 分の 1 人で 7 銭と 12 分の 1 銭を分けるとき，1 人当たりいくらもらえるか」という問題がある．計算法を現代式に書くと

$$7\frac{1}{12} \div 3\frac{1}{3} = \frac{85}{12} \div \frac{10}{3} = \frac{85 \times 3}{12 \times 3} \div \frac{10 \times 12}{3 \times 12} = \frac{85 \times 3}{10 \times 12} = \frac{17}{8} = 2\frac{1}{8}$$

で，答えは 2 銭と 8 分の 1 銭である（いかに文章上の虚構とはいえ 3 分の 1 人とはまた面妖な）．

古代中国では割り切れない場合は余りを分数で表した．たとえば 100 を 13 で割れば，7 余り 13 分の 7 と書くのである．四則演算には算木が使われ，分母と分子は上下に分けて書いて割り算を実行する．中国の分数はこういう形で始まり，普及していった．インドと中国における帯分数の表示の仕方の類似からみて，インドの分数は中国に影響を受けたものだというのが中国の歴史家の見解である．小学校の頃，分数というと「何かを分割して得た数」というように理解していたが，中国における分数の語源は「上下二つに分けて書いた数」という意味であるらしい．

なお 1983 年に『九章算術』より古い『算数書』(紀元前 3 世紀以前) が発見された．これにも分数計算が扱われており，分数はそれよりずっと古い成立であることをうかがわせるに足る内容を備えている．同時に「算数」という言葉が実に古い由来をもつ言葉であることを示していて興味深い．

1 より小さい数量を表すのに使われるもう一つの方法は小数である．

1 より大きい数を拾，百，千，万，… という位によって表すように，1 より小

さい数の位にも名をつけて測る方法が古代中国における小数の概念の基礎となった．すなわち，0.1 を分，0.01 を厘，0.001 を毛，… とする（後代になって割が0.1 に使われるようになって，ずれていった）．このとき 0.465 は 4 分 6 厘 5 毛と表現される．したがって，9 分 9 厘は 1 にたいへん近いということから，「ほとんど」という意味に使われるようになったのである．

このように，小数が使われるためには 10 進法が完全に普及していなければならない．いくつかの進法が混在していては小数にまで手が回らないからである．

中国の場合，すでに殷の時代から 10 進法が使われ，例外がない．度量衡は秦の始皇帝の国家統一に伴って統一された．

しかし中国でも小数の使用は分数に比べるとあまり早くなく，唐の時代から1000 年近くかけてゆっくり進化していった．小数という用語自身は 13 世紀の数学者朱世傑によって使われ始めた．分や厘は古くは長さを表す単位として登場し，それがしだいに小数の単位として使われるようになっていった．実用的には厘毛などの単位を書くことを省略して現行の計算法と同様に計算し，表記のときに単位をつけたものらしい．

一方，英語で小数は decimal fraction (10 進分数) で，これはいかにも後世になってつくられた学術用語らしい言葉である．

ヨーロッパでは度量衡に種々雑多な単位と進法が使われた．フランス革命の評価はいろいろだろうが，土地の面積の表し方がフランスだけでも 400 種ほどあったという事情を考えれば，革命後に施行されたメートル法と 10 進法による統一は重要な成果といえるだろう．

度量衡委員会の委員長として，数学者のラグランジュ (1736-1813) が活躍したことをここで思い出しておきたい．12 進法と 10 進法のどちらを採用するかで 12 進法派が譲らず議論が沸騰したとき，ラグランジュはそれならと 11 進法を提案して，その長所を延々と説き 12 進法派を黙らせたという．ラグランジュは寡黙な人であったが，同時にウィットに富んだ人でもあったことをうかがわせるに足る逸話である．

メートル法の制定も重要な業績である．その基本である 1 メートルを地球表面の極を通る周の計測によって決定するのが大きな事業で，大勢の学者が参加した．間違った測量もあったが，ばれるのを恐れて隠していたなどという事件もあったという．

ラグランジュ
(JOSEPH LOUIS LAGRANGE, 1736-1813)

それで思い出した話だが，江戸から緯度1度分の距離を真北に歩いて測量したのが伊能忠敬の最初の測量だったという．その値は28.2里(110.75キロメートル)だそうで，それを360倍すると3万9870キロメートルという値になる(井上ひさし『四千万歩の男』(講談社文庫)による)．すでにヨーロッパの測量器具が入っていたとはいえ，驚くべき精度である．フランスにおける測量とほぼ同時期に，しかも鎖国中の日本で，こうした偉業が達成されていたというのは実に驚天動地の史実というべきであろう．

閑話休題．

ヨーロッパではアラビアの影響を受けて16世紀末ステヴィン(1548-1620)が小数の概念を提唱した．彼の著した『小数論』(1585年)から実例を引くと，5.912は

$$5912\overset{0123}{} \quad \text{あるいは} \quad 5⓪9①1②2③$$

と表される．この書物において，ステヴィンは②と③の積は⑤であるなどと小数の演算規則を説明している．さらに10進法の奨励と度量衡の統一も提唱しているが，いまだにアメリカなどではそれが実現されないのは周知のとおりである．

小数法がヨーロッパ数学に与えた影響は甚大である．これによってすべての数が一直線上に並び，比較可能になったのであるから．ステヴィンがその意義を十分認識していたことは，「不合理な数，無理な数，不可解な数などというものはない．数には非常な整合性があるのだ」という彼の言葉がそれを証明している．

このように小数法は中国で生まれ，インド，アラビアを通じて遠くヨーロッパの数体系と計算法の改革に影響を及ぼしたのであった．

ステヴィン
(Simon Stevin, 1548-1620)

5.2 有理数の構成

$\mathbb{Z}$ から $\mathbb{Q}$ をつくるのは簡単である．すべての有理数は p/q という形に表せるから，これを順序対 (p,q) として表現すればよい．ただし，(p,q) が (p',q') と「等しい」ということを $pq'=p'q$ が成り立つこととせねばならないのは当然であろう．

これはいままで繰り返し使ってきた手法であるから難しいことは何もなく，しかも $\mathbb{Z}$ ばかりか任意の整域に対して使えるので，最初から整域を体にはめ込む問題としてとらえることにしよう．ここに**体**とは，0 でない任意の元 x に $xy=yx=1$ を満たす元 (乗法逆元) が存在するような環のことである．

定理5.1 R を整域とすると，R を体に埋蔵することができる．

証明
$$X=\{(x,y)|x,y\in R,\ y\neq 0\}$$
とおき，
$$(x,y)\sim(x',y') \rightleftarrows xy'=x'y$$
と定義すると容易に示せるように，$\sim$ は X の同値関係である．読者はどこで整域という条件が使われるのか自分でチェックすべきである．

商 $X/\sim$ を S と記す．(x,y) の属する類を $\dfrac{x}{y}$，あるいは x/y と記して，和・積を

$$\frac{x}{y}+\frac{x'}{y'}=\frac{xy'+x'y}{yy'}, \qquad \frac{x}{y}\cdot\frac{x'}{y'}=\frac{xx'}{yy'}$$

で定義する．この演算は正しく定義されており，この演算のもとに S は環をなす．加法単位元，乗法単位元はそれぞれ $0/1$, $1/1$ である．x/y の加法逆元は $-x/y$ である．また $\frac{x}{y}\neq\frac{0}{1}$ に対し $\frac{y}{x}\cdot\frac{x}{y}=\frac{1}{1}$ が成り立つので，S は体である．

次に，R を S に埋蔵する．$\Phi:R\to S$ を $\Phi(x)=x/1$ で定義すれば，Φ が環としての単射準同型であることはみやすい．そこで $x/1$ を x と同一視することにすれば，R が S に埋蔵される． □

整域 R を含む体では xy^{-1}, $x\in R$, $y\in R-\{0\}$ という形の元の全体は体をなす (y^{-1} は y の乗法逆元を表す)．これは R を含む最小の体であるから，R の**商体**と名づける．上でつくった体 S は R の商体である．

▶**定義 5.1**◀　有理整数環 $\mathbb{Z}$ の商体を有理数体といい，$\mathbb{Q}$ で表す．(x,y) の属する類を $\frac{x}{y}$，あるいは x/y と記す．

このほかにも次のような商体が本書で登場する．

例 5.1　(1) 体 K 上の 1 変数多項式環 $K[X]$ の商体は K 上の**有理関数体**と呼ばれ，$K(X)$ と記される．$K(X)$ の元は有理関数と呼ばれるが，それは
$$f/g, f,g\in K[X]$$
という形に表せる式である．

(2) 体 K 上の 1 変数整級数環 $K[[X]]$ の商体は $K((X))$ と記される．$K((X))$ の元は
$$\sum_{n>-\infty}^{\infty} a_n X^n = a_{-N}X^{-N}+\cdots+a_0+a_1X+\cdots, \qquad a_n\in K\ (n\geq -N) \qquad (5.1)$$
と表せる式の全体である．実際，(5.1) という形の級数全体が和・積で閉じていて，環をなすことは容易に示される．問題は逆元である．
$$f=X^M\sum_{n=0}^{\infty}a_n X^n \qquad (a_0\neq 0)$$
とする．$fg=1$ を満たす
$$g=X^N\sum_{n=0}^{\infty}b_n X^n \qquad (b_0\neq 0)$$

をみつけたい．まず $N=-M$ とする．このとき，

$$fg=\sum_{n=0}^{\infty}c_n X^n, \qquad c_n=\sum_{i=0}^{n}a_i b_{n-i}$$

だから，

$$b_0=1/a_0$$
$$b_n=-(a_1 b_{n-1}+\cdots+a_{n-1}b_0)/a_0$$

によって，回帰的に b_n が定められる．したがって $K((X))$ は体をなし，整級数環 $K[[X]]$ を含む最小の体だから（というのは少なくとも X^n の逆数 X^{-n} は含んでいなければならないからである），$K((X))$ は $K[[X]]$ の商体である．

▶**定義5.2**(有理数体における順序)◀ $a=x/y \in Q$ に対して
$$a>0 \rightleftharpoons xy>0$$
と定義する．$a>0$ を $0<a$ とも書く．

　これはもちろん代表 (x,y) のとり方によらずに定まる概念である．

　$a>b$ を $a-b>0$ と定義する．

▌**定理5.2**▐ 有理数体は順序体である．すなわち次の諸条件が満たされる．
1. $\leq$ は Q の全順序である．
2. $x\leq y \rightarrow x+z\leq y+z$
3. $x\leq y,\ z\geq 0 \rightarrow xz\leq yz$

　証明は容易なので読者に任せる．4.3節の末尾に述べたように，Z の順序は整列順序に近い性質を残していたが，Q の順序はもうまったく整列性をもたない．何か新しい性質を，この場合は乗法の逆演算ができるという性質を獲得すると，何か別の性質を失うものである．順序体については7.2節でさらに詳しく述べる．

Chapter 6

代 数 系

6.1 諸代数系の定義

本書に登場する代数系をここで一括して定義しておこう．

▶**定義6.1**◀ G を演算・をもつ空でない集合とする（厳密にいえば，写像 $\varphi: G \times G \to G$ が与えられていて，値 $\varphi(x, y)$ を $x \cdot y$ と記すのである）．G が演算・に関して**群**をなすとは，次の諸条件が満たされることをいう（すべての小文字のアルファベットは G の元を表す）．

1. （結合法則） $x \cdot (y \cdot z) = (x \cdot y) \cdot z$
2. （単位元の存在） $\exists e \forall x [x \cdot e = e \cdot x = x]$
3. （逆元の存在） $\forall x \exists y [x \cdot y = y \cdot x = e]$

x の逆元は次の問題に示すように一意的に定まるので，x^{-1} と記すことにする．

問題 6.1 G を群とする．
(1) 単位元 e はただ一つ存在することを示せ．
(2) 各 x に対して逆元はただ一つ存在することを示せ．
(3) $(x^{-1})^{-1} = x$ を示せ．

群 G がさらに

4．（可換法則）　$x \cdot y = y \cdot x$

を満たせば，G は**可換群**とか**アーベル群**と呼ばれる．アーベル群の演算が $+$ で記されている場合は，**加群** (module) と呼ばれることもある．このとき単位元は 0，また x の逆元は $-x$ と記す．

例6.1　(1)　n 次の実正則行列全体のなす集合 $GL_n(R)$ は，**一般線形群**と呼ばれる群をなす．これは可換群ではない．

(2)　$\mathbb{Z}$ は加法 $+$ にだけ注目すれば加法群をなす．乗法については群をなさない．

(3)　有理数全体の集合を $\mathbb{Q}$ とすれば，$\mathbb{Q}$ は $+$ に関して加法群をなす．また $\mathbb{Q}^\times = \mathbb{Q} - \{0\}$ とすれば，$\mathbb{Q}^\times$ は可換群をなす．

(4)　m を 0 ではない自然数とする．m と素な剰余類のなす集合 $R_m = (\mathbb{Z}/(m))^\times$ は乗法に関して群をなす．この群を m を法とする**既約剰余類群**という．$\overline{1}$ は単位元の性質を満たす．さらに $\overline{a} \in R_m$ ならば $(a, m) = 1$ なので，$ax + my = 1$ を満たす整数 x, y が存在する．このとき $ax \equiv 1 \pmod{m}$，すなわち $\overline{ax} = \overline{1}$ となって逆元の存在がいえる．

（可換）環の定義はすでにすんでいる（定義 4.5：p.96）のでここでは繰り返さない．ただし，環の条件 I. は $+$ に関して加群をなすと一言ですむということをつけ加えておく．

▶**定義6.2**◀　二つの演算 $+, \cdot$ をもった空でない集合 F が**体**（英語では field, ドイツ語では Körper）であるとは，次の条件が満たされるときである．

I.　　F は $+$ に関して加法群をなす．
II.　　$F^\times = F - \{0\}$ は $\cdot$ に関して可換群をなす．
III.　　（分配法則）
　　　　III-1.　$x \cdot (y + z) = x \cdot y + x \cdot z$
　　　　III-2.　$(x + y) \cdot z = x \cdot z + y \cdot z$

今後は環や体の場合，乗法の $\cdot$ は省略することにしよう．

定義を調べてみればわかるように，体ならば環でもある．環 R が体であるためには，0 でない元 x が乗法逆元をもつことが必要十分である．

ときおり，どうして 0 で割ることはできないのですかという質問にあう．$x/0$

$=y$ とは $x=0y$ ということで，$0y=0$ が常に成り立つので，$x=0$ の場合以外 $x/0$ は意味をもたない．x が 0 の場合も $0/0$ は値が確定しない．そこで乗法に関して群をなすかどうかを問題にするには，最初から 0 を取り除いておかねばならないのである．

たとえば，有理数全体のなす集合 Q は体である．これを**有理数体**という．実数全体のなす集合 R も体で，これを**実数体**という．さらに複素数全体のなす集合 C も体をなし，**複素数体**と呼ばれる．これらの体はこれから構成していく対象で，いまのところは読者の知識に頼って例としてあげているにすぎない．

問題 6.2 $Q(\sqrt{2})=\{x+y\sqrt{2}|x,y\in Q\}$ とすれば，$Q(\sqrt{2})$ は体をなす．これを示せ．

ここまで登場した体の例は
$$Q \subseteq Q(\sqrt{2}) \subseteq R \subseteq C$$
という（包含関係に関して）昇鎖をなしている．

次は上の例とは違う範疇に属する体である．

p を素数とする．このとき剰余類環 $Z/(p)$ は整域であるが，既約剰余類群 R_p はいまの場合は 0 が属する類以外のすべての類からなるわけであるから，$Z/(p)$ は体ということになる．これは p 個の元しかもたない体で，**p 元体**と呼ばれる．本書では F_p と記す．F_p はいわゆる**有限体**の一例である．F_p では乗法単位元を p 個加えると加法単位元になってしまう．このように，体 K において乗法単位元 1_K を n 個加えた元を $n \cdot 1_K$ と記すとき，$n \cdot 1_K = 0_K$ となる自然数 $n(\neq 0)$ が存在する場合，その最小値 p は必ず素数であることが容易に証明できる．この p を体 K の**標数**という．有理数体のように乗法単位元をいくら加えても 0 にならない場合は標数 0 であるという．

体の公理の中で乗法に関する可換性 $xy=yx$ は成り立たないが，それ以外の公理をすべて満たすときは**非可換体**，あるいは**斜体**と呼ばれる．なお本書でいう体のことを可換体といい，斜体と可換体を合わせて体と呼ぶ本もあるが，本書では可換体を体と呼ぶことにする．

例 6.2（ハミルトンの四元数体） R を実数体として
$$H(R)=\{x_1+x_2i+x_3j+x_4k|x_i\in R\ (i=1,\cdots,4)\}$$
を考える．$H(R)$ における和は多項式のように成分ごとに定める．積は，R の

元は i, j, k と可換とし，さらに多項式のように分配法則を使って計算する．ただし

$$i^2 = j^2 = k^2 = -1, \quad ij = -ji = k, \quad jk = -kj = i, \quad ki = -ik = j$$

とする．$H(R)$ は非可換環をなすことが証明できる．ただし，結合法則および分配法則の証明には多大の時間を要する．零元は $0 = 0 + 0i + 0j + 0k$ であり，乗法単位元は $1 = 1 + 0i + 0j + 0k$ である．さらに $x = x_1 + x_2 i + x_3 j + x_4 k$ に対して，

$$Nx = x_1^2 + x_2^2 + x_3^2 + x_4^2$$

と定義すると，$x \neq 0$ のとき $Nx \neq 0$ であって，$y = \dfrac{x_1}{N} - \dfrac{x_2}{N} i - \dfrac{x_3}{N} j - \dfrac{x_4}{N} k$ とおくとき

$$xy = yx = 1$$

が確認できる．したがって $H(R)$ は斜体をなす．これを（ハミルトンの）四元数体という．

▼反省　(1)　i, j, k っていったいなにもの？これらを集合論の枠内でとらえるには，順序対と考えるのがいちばん簡単だろう．すなわち

$$H(R) = R^4 = \{(x_1, x_2, x_3, x_4) | x_i \in R \ (i = 1, \cdots, 4)\}$$

とする．(x_1, x_2, x_3, x_4) と (y_1, y_2, y_3, y_4) の和は

$$(x_1, x_2, x_3, x_4) + (y_1, y_2, y_3, y_4) = (x_1 + y_1, x_2 + y_2, x_3 + y_3, x_4 + y_4)$$

で定義する．積は一気に

$$(x_1, x_2, x_3, x_4) \cdot (y_1, y_2, y_3, y_4) = (z_1, z_2, z_3, z_4)$$

ここに

$$z_1 = x_1 y_1 - x_2 y_2 - x_3 y_3 - x_4 y_4$$
$$z_2 = x_1 y_2 + x_2 y_1 + x_3 y_4 - x_4 y_3$$
$$z_3 = x_1 y_3 - x_2 y_4 + x_3 y_1 + x_4 y_2$$
$$z_4 = x_1 y_4 + x_2 y_3 - x_3 y_2 + x_4 y_1$$

と定義してもよいし，

$$1 = (1, 0, 0, 0), \quad i = (0, 1, 0, 0), \quad j = (0, 0, 1, 0), \quad k = (0, 0, 0, 1)$$

と定義してから，これらの間の積を一般の元に対して分配法則が成り立つように定義してもよい．

(2)　結合法則，分配法則の証明が単純とはいえ長々しい計算を要することを

考えれば，四元数体を行列としてとらえるのがよいかもしれない（ただし，行列論は既知として）．

$$\mathfrak{H} = \left\{ A = \begin{pmatrix} w & -z \\ \bar{z} & \bar{w} \end{pmatrix} \middle| w, z \in C \right\}$$

ここに，$z = x + yi \in C$ に対して $\bar{z}$ は z の複素共役数 $x - yi$ を表す．

このとき $\mathfrak{H}$ が結合法則，分配法則を満たすことは，C 上の2次正方行列全体 $M_2(C)$ が（非可換な）環をなすこと，したがって結合法則，分配法則を満たすことから自動的にわかる．さらに，$|z| = \sqrt{z\bar{z}}$ を複素数の絶対値とすると

$$\det A = |w|^2 + |z|^2 = 0 \rightleftarrows w = z = 0 \rightleftarrows A = O \quad （零行列）$$

なので，$A \neq O$ ならば A は逆行列 A^{-1} をもつこと，次いで $A^{-1} \in \mathfrak{H}$ がわかるので，$\mathfrak{H}$ は非可換体をなすことがわかる．この $\mathfrak{H}$ がどうして四元数体と同じと考えられるのかは次節でみることにしよう．

問題 6.3 (1) 実数体 R は既知として，複素数体 C を二つの R の直積 R^2 として定義せよ．

(2) 実数体 R は既知として，複素数体 C を 2 次の実正方行列全体 $M_2(R)$ のなす非可換環の部分環として定義せよ．

四元数体の歴史については，エビングハウス他 [Ebin] の第 7 章を参照せよ．ハミルトン (1805-1865) による四元数発見の苦労話や，イギリスでは四元数に誇大な夢が寄せられ，「国際四元数研究推進協会」なる信奉者の団体まであったというようなおもしろい話が載っている．なお日本では東京開成学校（東京大学の前身の一つ）で明治 7 年 (1874 年) に専門の授業が行われるようになったが，その折すでに微積分学と並んで四元数が教えられていたという話を公田 蔵氏（立教大学名誉教授）の講演で知った．前年に出た最新の原書を使って講義されたというから驚異である．

問題 6.4 $H(R)$ の部分集合 $G = \{\pm 1, \pm i, \pm j, \pm k\}$ は位数 8 の非可換乗法群をなすことを示せ．これを**四元数群**という．

▶**定義 6.3**◀ K を体とし，V を演算 + に関する加群とする．K の元を $\alpha, \beta,$ $\cdots$ で表し，V の元（ベクトルと呼ばれる）を $\boldsymbol{x}, \boldsymbol{y}, \cdots$，また零元（零ベクトル）を $\boldsymbol{0}$ で表す．さらに $\alpha \in K$，$\boldsymbol{x} \in V$ に対してスカラー乗法と呼ばれる演算 $\alpha \boldsymbol{x} \in V$

が与えられているとする．次の諸条件が満たされるとき，V は体 K 上の**ベクトル空間**，あるいは**線形空間**であるという．

1. $(\alpha+\beta)\boldsymbol{x}=\alpha\boldsymbol{x}+\beta\boldsymbol{x}$
2. $(\alpha\beta)\boldsymbol{x}=\alpha(\beta\boldsymbol{x})$
3. $1\boldsymbol{x}=\boldsymbol{x}$
4. $\alpha(\boldsymbol{x}+\boldsymbol{y})=\alpha\boldsymbol{x}+\alpha\boldsymbol{y}$

注意　（1）スカラー乗法が $\boldsymbol{x}\alpha$ と右から掛ける形で与えられている場合もある．このときは K 上の**右ベクトル空間**といい，定義6.3の左から掛ける形は**左ベクトル空間**といって区別する．

（2）基礎体 K が非可換体の場合も，まったく同様に，K 上のベクトル空間が定義できる．この場合は，右からの乗法を左からに書き換えるだけで，右ベクトル空間を左ベクトル空間とみなすというわけにはいかない．

例 6.3　（1）$\mathfrak{C}$ を実連続関数のなす加群とする．$\alpha\in R$, $f\in\mathfrak{C}$ に対して
$$(\alpha f)(x)=\alpha(f(x)), \quad \forall x\in R$$
と定義すれば，$(\alpha, f)\mapsto \alpha f$ はスカラー乗法 $R\times\mathfrak{C}\to\mathfrak{C}$ となって，$\mathfrak{C}$ は実数体 R 上のベクトル空間である．

（2）$R^2=R\times R$ を，R 上のベクトル空間とすることができる．実際，和は成分ごとに定義し，さらに $\boldsymbol{x}=(x_1, x_2)\in R^2$, $\alpha\in R$ に対してスカラー乗法を
$$\alpha\boldsymbol{x}=\alpha(x_1, x_2)=(\alpha x_1, \alpha x_2)$$
と定義すればよい．もちろん，さらに一般に K を体として K 上のベクトル空間 K^n を定義することができる．

問題 6.5　V を体 K 上のベクトル空間とするとき，次を示せ．
(1)　$0\boldsymbol{x}=\boldsymbol{0}$ 　for 　$\forall \boldsymbol{x}\in V$
(2)　$\alpha\boldsymbol{0}=\boldsymbol{0}$ 　for 　$\forall \alpha\in K$
(3)　$-\boldsymbol{x}=(-1)\boldsymbol{x}$ 　for 　$\forall \boldsymbol{x}\in V$

▶**定義6.4**◀　V を体 K 上のベクトル空間とする．V のベクトルの（有限，あるいは無限）集合 $\{v_\lambda\}_{\lambda\in\Lambda}$ が V の K 上の**基底**（basis）であるとは，次の2条件が満たされることをいう．

1. $\{v_\lambda\}_{\lambda\in\Lambda}$ は K 上 **1 次独立**である．すなわち
$$\sum_{\lambda\in\Lambda} a_\lambda v_\lambda = \mathbf{0}\ (a_\lambda\in K;\ 有限個の\ \lambda\ を除いて\ a_\lambda=0)\ \Rightarrow\ a_\lambda=0\ \text{for}\ \forall\lambda\in\Lambda$$

2. V は $\{v_\lambda\}_{\lambda\in\Lambda}$ を含む K 上の最小のベクトル空間である．すなわち，
$$V=\Big\{\sum_{\lambda\in\Lambda} a_\lambda x_\lambda \Big| a_\lambda\in K,\ ただし有限個の\ \lambda\ を除いて\ a_\lambda=0\Big\}$$

▌定理 6.1 ▐ 体 K 上のベクトル空間 V は基底をもつ．S,T を二つの基底とすれば，$S\sim T$（集合として対等）が成り立つ．この S が有限のとき $n=|S|$ を V の K 上の**次元** (dimension) といって，$n=\dim_K V$ と記す．S が無限集合のとき，V は K 上無限次元であるという．

証明は定理 8.8 の後の注意 (p. 185) を参照のこと．

例 6.3(1) のベクトル空間 $\mathfrak{C}$ は $\mathcal{R}$ 上無限次元である．実際，$f_n(x)=x^n$ という関数を考えると，$f_0,f_1,\cdots,f_n$ は任意の $n\in\mathcal{N}$ に対して $\mathcal{R}$ 上 1 次独立だからである．

例 6.3(2) のベクトル空間 $\mathcal{R}^2$ は $\mathcal{R}$ 上 2 次元である．実際，
$$e_1=(1,0),\qquad e_2=(0,1)$$
とすれば，e_1,e_2 は基底の条件を満たすことが容易に示せるからである．

同様に，体 K 上のベクトル空間 K^n は K 上 n 次元であることがわかる．

最後に，こうした演算を備えた集合，いわゆる**代数系**について要約しておこう．

$*$ が集合 A の (2 項) **演算**あるいは**算法**であるとは，$*$ が $A\times A$ から A への写像である ($*:A\times A\to A$) ということであるが，ベクトル空間のスカラー積などとの違いを強調するときは**内的演算**（あるいは**内的算法**）という．(x,y) の像 $*(x,y)$ は $x*y$ と記される．

A とは別に集合 Ω があって，写像 $\cdot:\Omega\times A\to A$ が与えられているとき，$\cdot$ は A の**外的演算**（あるいは**外的算法**）であるといい，Ω を**作用域**という．ベクトル空間のスカラー積は外的算法である．一般に，代数系とはいくつかの内的算法と外的算法を備えた集合のことで，普通は結合法則や可換法則などのいくつかの公理を満たしていることが要求される．その公理の違いに応じて，群とか環，リー環などと呼ばれる．

いま，A を一つの代数系とする．その公理の名称を HUVN としよう．A の

部分集合 B が A の (HUVN としての) 演算に関して, やはり HUVN をなしているとき, 部分 HUVN と呼ばれる. たとえば, **部分群, 部分環**などである. 部分ベクトル空間は**部分空間**と呼ばれるのが普通である.

B が A の部分 HUVN であるためには, A の HUVN としての内的算法を代表的に $*$ とすると
$$x * y \in B \quad \text{for} \quad \forall x \forall y \in B$$
ならびに外的算法を代表的に $\cdot$ とすると, 各 $a \in \Omega$ に対して
$$a \cdot x \in B \quad \text{for} \quad \forall y \in B$$
が満たされていなくてはならない.

しかし, たとえば結合法則などはもとの A がこれを満たしているので, B も当然これを満たしていることになる. そういうわけで, 部分集合が部分 HUVN になることを示すには, HUVN のすべての公理をチェックしなければならないというわけではない.

問題 6.6 体 K 上のベクトル空間 V の空でない部分集合 W が部分空間となるためには
$$\alpha \boldsymbol{x} + \beta \boldsymbol{y} \in W \quad (\forall \alpha \forall \beta \in K, \ \forall \boldsymbol{x} \forall \boldsymbol{y} \in W)$$
の成り立つことが必要十分である. これを示せ.

なお以上の記述において $\forall \alpha \forall \beta \in K$ などは $\forall \alpha \in K \forall \beta \in K$ などの略記である.

6.2 代数系の同型・準同型

われわれは群という概念を定義するとき, 一つの演算をもった集合であるとだけ前提したのであって, G がどういう空間内にあるかとか, 材質とか, また演算がどういうふうに実行されるかについてはいっさい問わなかった. したがって, 二つの群 G, G' が与えられていて, G と G' が集合として対等, つまり全単射 $T: G \to G'$ が存在するとしよう. さらに着目した演算に関し G において $c = a \cdot b$ が成り立っているならば, G' において $T(c) = T(a) \cdot T(b)$ が成り立っているという関係にあるなら, 抽象的な群という立場からは, G と G' の見分けがつかないということになる. こういう場合には, 群 G は群 G' と**同型**であるということにする. これを定義として改めて述べておこう.

▶**定義6.5**◀ G, G' を群とし，$T: G \to G'$ を全単射とする．T が任意の $x, y(\in G)$ に対して条件
$$T(x \cdot y) = T(x) \cdot T(y)$$
を満たすとき，T は群としての**同型写像**であるという．

群 G, G' の間に同型写像が存在するとき，G と G' は**同型である**という．

問題 6.7 $T: G \to G'$ を群の同型写像とするとき，次を示せ．
(1) $T(e) = e'$ （ここに，e, e' はそれぞれ G, G' の単位元を表す）
(2) $T(x^{-1}) = T(x)^{-1}$

例 6.4 R_+ を正実数のなす乗法群とする．対数関数
$$\log : R_+ \to R$$
は乗法群 R_+ から加法群 R への同型写像である．実際，
$$\log(xy) = \log x + \log y$$
が成り立ち，しかも指数関数
$$\exp : R \to R_+$$
を考えると，
$$\log(\exp x) = x \quad \text{for } \forall x \in R, \quad \exp(\log x) = x \quad \text{for } \forall x \in R_+$$
が成り立つので，$\log : R_+ \to R$ は全単射である．

これはおもしろい例である．一方は加法 $+$，もう一方は乗法・で書かれているが，群としては R_+ と R は同じ構造をもっているのである．この例が理解できれば，「群として同型」という意味が理解できたといえるだろう．

同型であるということは，演算という立場からみれば区別がつかないということだから，これだけでは数学にならない．むしろ代数的構造に相似性がある集合の方に興味がある．同型は，図形でいえば合同に相当し，次に定義する準同型は相似という概念に相当する．

▶**定義6.6**◀ G, G' を群とし，写像 $T: G \to G'$ が任意の $x, y (\in G)$ に対して条件
$$T(x \cdot y) = T(x) \cdot T(y)$$
を満たすとき，T は群としての**準同型写像**であるという．

T が全射準同型のときは，G から G' の**上へ** (onto) の準同型写像ともいう．

T が全射ではないとき，そのことを強調したいなら，G から G' の**中へ** (into) の準同型写像という．この場合 T は G から像 $T(G)$ の上への準同型写像である．

個々の代数系の同型・準同型を定義するのに先立って，一般的な代数系の同型・準同型の概念を説明しておいた方が見通しがよいかもしれない．

算法がいくつあっても同じだから，いまは簡単のため外的算法，内的算法がそれぞれ一つの場合で説明しよう．一つの内的算法と，たとえば加群をなす Ω を作用域とする一つの外的算法に関して，ある公理系を満たす集合を仮に HUVN (という代数系) と呼ぶことにする．A が内的算法 $*$ と作用加群 Ω の外的算法 $\cdot$ に関して HUVN であり，A' が内的算法 $\times$ と作用加群 Ω の外的算法 $\cdot$ に関してやはり HUVN であるとする (めんどうを避けるため，外的算法の方は同じ記号 $\cdot$ で示す)．写像 $T: A \to A'$ が条件

$$T(x*y) = T(x) \times T(y), \quad \forall x \forall y \in A$$
$$T(a \cdot x) = a \cdot T(x), \quad \forall a \in \Omega, \forall x \in A$$

を満たすとき，T は HUVN A から HUVN A' への**準同型写像**であるという．

さらに T が全射でもあるとき，上への準同型写像であるという．全射ではないことを強調するには，中への準同型写像であるという．準同型写像 T が全単射であるとき，**同型写像**であるという．A から A' への (ていねいにいうなら上への) 同型写像が存在するとき，HUVN A は HUVN A' と同型であるといって，

$$A \simeq A'$$

と表す．

この考え方を個々の代数系に適用すると，次のようになる．

▶**定義6.7**◀ R, R' を環とする．写像 $T: R \to R'$ が任意の $x, y (\in R)$ に対し
$$T(x+y) = T(x) + T(y), \quad T(x \cdot y) = T(x) \cdot T(y)$$
を満たすとき，T は環としての**準同型写像**であるという．準同型写像 $T: R \to R'$ が全単射であるとき，T は環としての**同型写像**であるという．

環 R, R' の間に同型写像が存在するとき，環 R は環 R' と**同型である**という：$R \simeq R'$．

▶**定義6.8**◀ V, V' を体 K 上のベクトル空間とする．写像 $T: V \to V'$ が任意の $a \in K$, $\boldsymbol{x}, \boldsymbol{y} \in V$ に対して

$$T(\boldsymbol{x}+\boldsymbol{y})=T(\boldsymbol{x})+T(\boldsymbol{y}), \qquad T(a\boldsymbol{x})=aT(\boldsymbol{x})$$

を満たすとき，T は K 上のベクトル空間としての**準同型写像**，あるいは K 上の**線形写像**であるという．

準同型写像 T が全単射であるときは，K 上のベクトル空間としての**同型写像**であるという．

ベクトル空間 V, V' の間に同型写像が存在するとき，ベクトル空間 V はベクトル空間 V' と**同型である**といって，$V \simeq V'$ と表す．

例 6.5 例 6.2 で定義した四元数体 $H(R)$ が，行列を使って定義した $\mathfrak{H}$ と同型であることを説明しよう．

$T : H(R) \to \mathfrak{H}$ を

$$a+bi+cj+dk \mapsto \begin{pmatrix} a+bi & -c-di \\ c-di & a-bi \end{pmatrix}$$

によって定義する．したがって特に

$$T(1) = \begin{pmatrix} 1 & 0 \\ 0 & 1 \end{pmatrix} = E \qquad \text{(単位行列)}$$

$$T(i) = \begin{pmatrix} i & 0 \\ 0 & -i \end{pmatrix} = I$$

$$T(j) = \begin{pmatrix} 0 & -1 \\ 1 & 0 \end{pmatrix} = J$$

$$T(k) = \begin{pmatrix} 0 & -i \\ -i & 0 \end{pmatrix} = K$$

とすると，T が全単射であること，および加法の準同型性は明らかである．さらにどちらも環であるから，

$$T(ij) = T(i)T(j), \qquad T(i^2) = T(i)^2$$

などが示せれば，乗法の準同型性が成り立つことになる．しかし，これは明らかである．というのは，たとえば $ij=k$ に対応して $IJ=K$ が成り立つからである．以上によって環として（したがって体として）$H(R) \simeq \mathfrak{H}$ であることがわかった．

準同型写像が存在する代数系から同型な代数系をつくり出すのが，代数学の重要な手法である．それを説明しよう．例をあげた方が理解しやすいだろうから，

対象は環ということにする．

　R, R' を環とし，$T: R \to R'$ を環の全射準同型写像とする．T の**核** (kernel) を R' の加法単位元 $0'$ の**原像**，すなわち
$$A = \{x \in R \mid T(x) = 0'\}$$
として定義する．R の関係 $\sim$ を
$$x \sim y \rightleftarrows x - y \in A \rightleftarrows T(x) = T(y)$$
で定義すれば，$\sim$ は R の同値関係である．これは，$T(x) = T(y) = 0'$ ならば $T(x+y) = T(x) + T(y) = 0'$ といった性質によって簡単に確かめられる．そこで R の $\sim$ による商 $R/\sim$ を R/A と書くことにする．剰余類 $\bar{x}, \bar{y}$ の加法・乗法を
$$\bar{x} + \bar{y} = \overline{x+y}, \quad \bar{x} \cdot \bar{y} = \overline{xy}$$
で定義すれば，この二つの演算は正しく定義されており，これによって R/A は環をなす．

　問題 6.8　R/A の 2 演算は正しく定義されていること，ならびに R/A はこれらの演算で環をなすことを $\mathbb{Z}/(m)$ の場合に準じて示せ．

定理 6.2 (環の準同型定理)　R, R' を環とし，$T: R \to R'$ を環の全射準同型写像とする．T の核を A とすれば，$\bar{x} \mapsto T(x)$ なる写像 $\bar{T}: R/A \to R'$ によって，R/A は環として R' と同型である．

証明　たとえば，単射性を示してみよう．$\bar{T}(\bar{x}) = 0'$ ならば，$\bar{T}$ の定義によって $T(x) = 0'$ である．したがって $x \in A$，すなわち $\bar{x} = \bar{0}$ である．ゆえに $\bar{T}$ は単射である．残りもやさしいので，読者の演習とする．　□

　もちろん，群についても対応する定理を与えることができる．

　$T: G \to G'$ を群の全射準同型とする．T の核を $N = \{x \in G \mid T(x) = e'\}$ によって定義する．ここに，e' は G' の単位元である．
$$x \sim y \rightleftarrows T(x) = T(y) \rightleftarrows xy^{-1} \in N$$
と定義すれば，$\sim$ は G の同値関係である．この同値関係による商 $G/\sim$ を G/N と表す．$\bar{x} \cdot \bar{y} = \overline{xy}$ と定義するとこの積は正しく定義されていて，この積によって G/N は群をなす．

定理 6.3 (群の準同型定理)　$T: G \to G'$ を群の全射準同型とする．T の核 $\{x \in G \mid T(x) = e'\}$ を N とする．ここに e' は G' の単位元である．対応 $\bar{x} \mapsto$

$T(x)$ によって，G/N は G' と群として同型である．

例 6.6　$T: \mathbb{R} \to \mathbb{C}^\times = \mathbb{C} - \{0\}$ を
$$T(x) = \exp 2\pi i x = \cos 2\pi x + i \sin 2\pi x$$
によって定義する．
$$T(x+y) = \exp 2\pi i(x+y) = \exp 2\pi i x \cdot \exp 2\pi i y = T(x) \cdot T(y)$$
だから，T は加法群 $\mathbb{R}$ から乗法群 $\mathbb{C}^\times$ の中への準同型写像である．T の像は単位円 $C = \{z = x + yi \in \mathbb{C} \mid |z|^2 = x^2 + y^2 = 1\}$ である．T の核 $T^{-1}(1)$ は
$$\{x \in \mathbb{R} \mid \exp 2\pi i x = 1\} = \{x \in \mathbb{R} \mid \cos 2\pi x = 1, \ \sin 2\pi x = 0\} = \mathbb{Z}$$
である．したがって群の準同型定理によって
$$\mathbb{R}/\mathbb{Z} \simeq C$$
が得られる．

問題 6.9　$\mathrm{GL}_n(\mathbb{R})$ を実 n 次正則行列のなす乗法群とする．$T: \mathrm{GL}_n(\mathbb{R}) \to \mathbb{R}^\times$ を $T(A) = |A|$（A の行列式）でもって定義する．T が準同型写像であることを示せ．また，T の核 N は何か．さらに，$\mathrm{GL}_n(\mathbb{R})/N$ の各類の代表元の中でいちばん簡単な行列を選べ．

このように商がふたたび群となるのは，G の部分群 N がちょっとした性質を備えているからである．条件は G の N による類別 $\sim$ が同値律を満たすことと商の演算が正しく定義されることである．前者は N が部分群を満たすことである．あとは後者を特徴づける性質をみつけ出せばよい．

▶**定義 6.9**◀　G を群とし，N をその部分群とする．N が G の**正規部分群**であるとは，任意の $x \in G$ に対して
$$xNx^{-1} \subseteq N$$
すなわち
$$xyx^{-1} \in N \quad \text{for} \ \forall y \in N$$
が成り立つことをいう．

問題 6.10　$T: G \to G'$ を群の準同型写像とする．このとき，T の核 $N = \{x \in G \mid T(x) = e'\}$ は G の正規部分群をなすことを示せ（部分群をなすことも示さねばならないことに注意せよ）．

次に G を群とし，N をその正規部分群とせよ．

$$x \sim y \rightleftarrows y^{-1}x \in N$$

と定義すれば，N が G の部分群であることから，$\sim$ が G の同値関係であることが容易に従う．x の属する類を $\bar{x}$ と記せば，

$$\bar{x} = xN = \{xy | y \in N\}$$

である．そこで，G の $\sim$ による商を G/N と記す．G/N における乗法を

$$\bar{x} \cdot \bar{y} = \overline{xy}$$

によって定義すれば，この乗法が正しく定義されていることは，N が G の正規部分群であることからわかる．この定義によって，商 G/N は群をなす．単位元は $\bar{e} = eN = N$ であり，$\bar{x} = xN$ の逆元は $\overline{x^{-1}} = x^{-1}N$ である．この G/N を G の N による**商群**という．G の元 x に類 $\bar{x} = xN$ を対応させる写像 $G \to G/N$ が準同型であり，その核は N であることはいうまでもないだろう．

以上によって，準同型写像の核という概念と正規部分群という概念の関係が十分理解されたものと考える．環の場合に正規部分群に対応する概念はイデアルである．これについては節を改めることにしよう．

6.3 イデアル

次に定義する R 加群という概念は，加群をちょっと拡張しただけであるにもかかわらず，他の種々の概念がこの範疇に収まるのは不思議なほどである．それだけ本質をついた概念だということだろう．

▶**定義 6.10**◀ M を加群とする．また R を環とする．R を作用域とする外的算法 $(\alpha, x) \mapsto \alpha x$ が与えられているとき M が **R 加群** (R-module) であるとは，次が満たされることをいう．

1. 任意の $\alpha, \beta \in R$，$x \in M$ に対して
$$(\alpha\beta)x = \alpha(\beta x), \quad (\alpha+\beta)x = \alpha x + \beta x, \quad 1x = x$$
2. 任意の $\alpha \in R$，$x, y \in M$ に対して
$$\alpha(x+y) = \alpha x + \alpha y$$

注意 (1) R の加法も M の加法も同じ $+$ で表しているのは簡便のためであって，本来は別の演算である．また，外的算法も R の乗法も

記号を省略して書いているが，本来は一方を・とし，もう一方を＊などで表すのが厳密なやり方である．しかし，こういう問題は慣れればどうということもないことで，無理に厳密を装うほどの値打ちはない．

(2) R が非可換環の場合も，まったく同様に R 加群の概念が定義できる．また R による外的算法が右から与えられている場合は右 R 加群と呼ばれ，定義 6.10 の R 加群は左 R 加群と呼ばれて区別される．

例 6.7 (1) 単なる加群 M は，$\mathbb{Z}$ を有理整数環とするとき，常に $\mathbb{Z}$ 加群とみなせる．実際，$n \in N$，$x \in M$ に対しては
$$nx = x + \cdots + x \quad (n \text{ 個の和})$$
と定義し，$n \in -N$ のときは
$$nx = -((-n)x)$$
と定義すればよい．

(2) K を体とする．V が K 加群をなすということは，V が K 上のベクトル空間をなすということの言い換えである．

▶**定義 6.11**◀ 環 R の空でない部分集合 A が (R の元との乗法を外的算法とみなして) R 加群をなすとき，R の**イデアル** (英語では ideal，ドイツ語では Ideal) であるという．言い換えれば，次の条件が満たされるとき，環 R の部分集合 A は R のイデアルである．
1. $a + b \in A$ for $\forall a \forall b \in A$
2. $xa \in A$ for $\forall x \in R$, $\forall a \in A$

問題 6.11 $\emptyset \neq A \subseteq R$ とせよ．上の条件 1., 2. が満たされれば，A は R 加群，すなわちイデアルとなることを証明せよ．

環 R において R 自身もイデアルである．また $\{0\}$ もイデアルである．

問題 6.12 環 R が体であるためには，R 自身と $\{0\}$ 以外には R のイデアルが存在しないことが必要十分である．これを示せ．

R 以外のイデアルを**固有のイデアル**と呼ぶことにする．体 K には固有のイデアルは $\{0\}$ しか存在しないというのが，問題 6.12 の主張である．

$a_1, \cdots, a_n \in R$ に対して

$$(a_1, \cdots, a_n) = \{x_1 a_1 + \cdots + x_n a_n | x_1, \cdots, x_n \in R\}$$

とすると，$(a_1, \cdots, a_n)$ は環 R のイデアルをなす（これは容易に示せるから読者にチェックを任せよう）．これを $a_1, \cdots, a_n$ から**生成されるイデアル**という．イデアル A に対して $A=(a)$ となる元 a が存在するとき，A は**単項イデアル**(principal ideal)であるといわれる．たとえば $R=(1)$, $\{0\}=(0)$ なので，R と $\{0\}$ は単項イデアルの例である．

すべてのイデアルが単項であるような環は，単項イデアル環といわれる．環が整域であれば**単項イデアル整域** (principal ideal domain)で，PID と記されることが多く，代数を専攻する人間の間ではそれで十分通用する略語である．

▍定理6.4▍ 有理整数環 Z は PID である.

証明 証明は定理 4.9 にならえばよい．実際，A を R の $\{0\}$ ではないイデアルとする．A に属する最小正の元を a とすると，$A=(a)$ が割り算の原理によって証明される． □

▶定義6.12◀ R を環とし，A を R の固有のイデアルとする．

(1) 任意の $x, y (\in R)$ に対して
$$xy \in A \Rightarrow x \in A \vee y \in A$$
が成り立つとき，A は**素イデアル** (prime ideal) と呼ばれる．

(2) $A \subsetneq B$ なる固有のイデアル B が存在しないとき，A は**極大イデアル** (maximal ideal) と呼ばれる．

問題 6.13 $T: R \to R'$ を環の準同型写像とすると，T の核 $A=\{x \in R | T(x)=0'\}$ は R のイデアルであることを証明せよ．

準同型写像があれば，その核はイデアルなのだから，逆に環 R のイデアル A が与えられれば，R の A による類別が定義できるだろうということは容易に推測される．

A を環 R の固有のイデアルとする．R において
$$x \equiv y \pmod{A} \rightleftharpoons x - y \in A$$
と定義する．$x \sim y$ と記してもよいのだが，イデアルによる類別はしばしば現れるので，特別に記号を準備するのである．有理整数環における合同の定義を形式的に一般化しただけだから，これが R の同値関係であることは容易にわかるだ

ろう．R のこの同値関係による商を R/A と記す．$\bar{x}$ でもって x の属する剰余類を表す．これを $x \bmod A$ と記すこともある．商における和・積の定義も $\mathbb{Z}$ に準じる．
$$\bar{x}+\bar{y}=\overline{x+y}, \qquad \bar{x}\cdot\bar{y}=\overline{xy}$$

R/A がこの定義により環をなすことは明らかで，これを環 R のイデアル A による**商環**と名づける．

$A=R$ の場合は商が $\{\bar{0}\}$ になってしまい，単集合であるため環にはならない．そういうわけで固有のイデアルに限るのである．$A=\{0\}$ の場合は，R/A は R と同型になる．

┃**定理6.5**┃ A を環 R の固有のイデアルとする．A が素イデアルであるためには，商環 R/A が整域をなすこと，すなわち
$$\bar{x}\cdot\bar{y}=\bar{0} \Rightarrow \bar{x}=\bar{0} \vee \bar{y}=\bar{0}$$
が成り立つことが必要十分である．

証明 A が素イデアルであるとせよ．$\overline{xy}=\bar{0}$ は $xy\equiv 0 \pmod{A}$，すなわち $xy\in A$ を意味する．A は素イデアルと仮定しているから，$x\in A$ または $y\in A$ が成り立つ．すなわち $\bar{x}=\bar{0}\vee \bar{y}=\bar{0}$ である．

逆も同様に容易だから読者に任せる． □

┃**定理6.6**┃ A を環 R の固有のイデアルとする．A が極大イデアルであるためには，商環 R/A が体をなすことが必要十分である．

証明 A を極大イデアルとせよ．$\bar{a}\neq \bar{0}$ に対し乗法逆元が存在すること，すなわち，$\bar{a}\cdot\bar{x}=\bar{1}$ を満たす $\bar{x}$ が R/A に存在することを示せばよい．
$$B=\{ax+y \mid x\in R,\ y\in A\}$$
とすると，B は R のイデアルである．しかも仮定によって $a\notin A$ だから $A\subsetneq B$ である．A は極大イデアルと仮定したから，$B=R$ である．したがって $1\in B$ である．つまり $ax+y=1$, $x\in R$, $y\in A$ と表せる．すなわち $ax\equiv 1\pmod{A}$ が成り立つ．

逆に R/A が体であるとせよ．$A\subsetneq B$ なるイデアル B に対して $B=R$ を示せばよい．$b\in B$ だが，$b\notin A$ なる b をとる．R/A が体であるために $\bar{b}\bar{x}=\bar{1}$ なる $\bar{x}\in R/A$ が存在する．すなわち $bx-1=a$ とおけば，B はイデアルであり，しかも $A\subseteq B$ だから $1=bx-a\in B$ が成り立つ．したがって $B=R$ である． □

体は当然整域でもあるから，イデアルは「極大ならば素である」という重要な命題が定理の系として得られる．

有理整数環 Z では素イデアル ($\neq (0)$) という概念と極大イデアルという概念は一致する．なぜなら，まず Z は PID だからイデアルは (a) という形に表せる．(a) が素イデアルということは，言い換えれば a が 0 であるか a が素数であるかのどちらかである．a が素数 p であれば，6.1 節で述べたように $Z/(p)$ は体 (p 元体) をなすからである．

「素 $\rightleftarrows$ 極大」が成り立たない環の例は少し後で述べる．

整数論のような「素 $\rightleftarrows$ 極大」が成り立つ単純な理論ならともかく，可換環の一般論は次の定理がなくては始まらない．

■定理 6.7■ R を環とする．R には極大イデアルが存在する．さらに詳しく，A を R の固有のイデアルとすれば，$A \subseteq M$ なる極大イデアル M が存在する．

証明 $A \subseteq B$ を満たす R の固有のイデアル B 全体のなす集合を $\mathfrak{S}$ (ドイツ文字の S) とする．$A \in \mathfrak{S}$ だから $\mathfrak{S} \neq \emptyset$ である．$\mathfrak{S}$ を包含関係によって順序集合と考える．このとき，$\mathfrak{S}$ は帰納的順序集合であることを証明しよう．

$\mathfrak{C}$ (ドイツ文字の C) を $\mathfrak{S}$ 内のチェーンとせよ．$U = \bigcup \mathfrak{C}$ とおく．$x, y \in U$ とすると，$x \in B$, $y \in C$ なる $B \in \mathfrak{C}$, $C \in \mathfrak{C}$ が存在する．$\mathfrak{C}$ はチェーンをなすと仮定されているから，$B \subseteq C$ あるいは $C \subseteq B$ のどちらかが成り立つ．仮に前者であるとすると，$x \in C$, $y \in C$ である．C はイデアルだから $x + y \in C$ を得る．したがって $x + y \in U$ である．$a \in R$, $x \in U$ のとき $ax \in U$ も明らかである．ゆえに U はイデアルをなす．さらに $A \subseteq U$ でもある．なぜなら，$B \in \mathfrak{C}$ とすれば $\mathfrak{C}$ の定義によって $A \subseteq B \subseteq U$ となるからである．$1 \notin U$ も明らかだから $U \in \mathfrak{S}$ である．

これによって，$\mathfrak{S}$ は帰納的順序集合であることが証明された．ゆえにツォルンの補題が適用され，$\mathfrak{S}$ には極大元 M が存在する．M が R の極大イデアルであることはいうまでもない． □

6.4 多項式環

代数学の教科書では，X を変数として，体 K 上の 1 変数多項式環 $K[X]$ を

6.4 多項式環

$$\sum_{i=0}^{n} a_i X^i = a_0 + a_1 X + \cdots + a_n X^n$$

という形の式全体のなす集合, すなわち

$$K[X] = \left\{ \sum_{i=0}^{n} a_i X^i \,\middle|\, n \in \mathbb{N},\ a_0 \in K, \cdots, a_n \in K \right\}$$

とし, その和・積を普通どおりに定義して得られる環とする. たまには復習を兼ねて条件の式を正式に書いてみると

$$K[X] = \left\{ y \,\middle|\, \exists n \in \mathbb{N}\ \exists a : n+1 \to K \left[y = \sum_{i=0}^{n} a_i X^i \right] \right\}$$

である. $a : n+1 \to K$ は $\{0, 1, \cdots, n\}$ から K への写像で, $a_i = a(i)$ とする.

ところで X と K の元との積とか X^2 とは何か, そもそもこの X とはいったいなにものなのかについては説明がないのが普通である.

変数という術語は本書では自由変数, 束縛変数を意味するものとして使ってきたが, 多項式という概念における X はそれらとは異なった意味をもっている. つまり, 何かの数の代わりとして使われているわけではない. したがって, この多項式という概念を集合論の枠組みの中でとらえるには新たな工夫を要する.

▶**定義6.13**◀ S を整域とし, R をその部分環とする. つまり, R は S の部分集合であって, S の加法・乗法の演算で環をなしているとする. $X \in S$ が R 上**超越元**であるとは, 任意の $n \in \mathbb{N}$ に対して

$$a_0 + a_1 X + \cdots + a_n X^n = 0,\ a_0, a_1, \cdots, a_n \in R\ \Rightarrow\ a_0 = a_1 = \cdots = a_n = 0$$

が成り立つことをいう. さらに二つの超越元 $X, Y \in S$ が R 上**代数的に独立**であるとは,

$$\sum_{i,j} a_{ij} X^i Y^j = 0$$

において左辺を R 係数の有限和とすると, $a_{ij} = 0$ がすべての i, j に対して成り立つときをいう. 三つ以上の (無限個の場合も含めた) 超越元の代数的独立性についても同様に定義する.

▶**定義6.14**◀ R を整域とし, X を R 上の超越元とする (すなわち, $R \subseteq S$ かつ $X \in S$ なる整域 S があって, X は R 上超越的である). このとき

$$\sum_{i=0}^{n} a_i X^i,\qquad a_i \in R\ \ (i = 0, 1, \cdots, n)$$

という形の元を R 上の X の**多項式**という. $a_n \neq 0$ のとき, n をその多項式の**次**

数 (degree) という．ただし，0 を多項式とみたときはその次数は定義しない．R 上の X のすべての多項式のなす集合は S の部分環をなす．これを

$$R[X]$$

と記して，R 上の1変数**多項式環**という．R 上代数的に独立な X, Y を使って，2変数の多項式環

$$R[X, Y]$$

も同様に定義される．

多項式環 $R[X]$ はある整域 S の部分環だから当然整域である．

ついでに代数的という言葉も定義しておこう．超越的でない元は代数的というのだが，詳しく述べると次のようになる．

▶**定義6.15**◀ S を整域とし，R をその部分環とする．$\alpha \in S$ が R 上**代数的**であるとは，ある自然数 n と $a_0, a_1, \cdots, a_n (\in R)$ (ただし $a_n \neq 0$) が存在して

$$a_0 + a_1\alpha + \cdots + a_n\alpha^n = 0$$

が満たされることをいう．

言い換えれば，$f(\alpha)=0$ を満たすような $f(X)(\neq 0) \in R[X]$ が存在するとき，α は R 上代数的というのである．ここに，$f(\alpha)$ は $f(X) \in R[X]$ の中の X を α で置き換えた (代入した) 式である．

例6.8 有理数体 Q 上代数的な複素数は**代数的数**，超越的な複素数は**超越数**と呼ばれている．$\sqrt[3]{2}, i$ は代数的数である．前者は $X^3-2=0$, 後者は $X^2+1=0$ を満たすからである．それに反し，$\pi, e, \sqrt{2}^{\sqrt{3}}$ などは超越数である．しかし，こちらは証明がとても難しい．

さて問題は，与えられた整域 R に対して R 上の超越元を含むような整域 S が都合よく存在するか，である．$R=Q$ の場合，実数体 R はそのような体である．実際，後に証明するように R は濃度が Q より大きく，必然的に Q 上代数的に独立な数を無数に含むのである．たとえば，例に述べたように円周率 π や自然対数の底 e などは超越数である．

しかし，一般的な整域 R に対しては，そういう都合のよい環があらかじめ存在しているわけではないから，つくり出さねばならない．また実数体のような具

体的な場合でも，R 自身を基礎にとったとき，R 上超越的な元をつくり出さねばならないという状況は同じである．

その方法はいくつか考えられるが，次に述べるのはその一つである．あらかじめ考え方を説明しておこう．欲しいのは
$$\sum_{i=0}^{n} a_i X^i = a_0 + a_1 X + \cdots + a_n X^n$$
という形式（多項式）だから，有限数列 $(a_1, a_2, \cdots, a_n)$ をこうした多項式だとみなせばよいのである．実際の構成は形式的整級数まで定義するものだが，それについては証明の後で言及する．

■定理6.8■ R を整域とする．そのとき，$R \subseteq S$ であり，かつ R 上超越的な元が S 内に存在するような整域 S が構成できる．

証明 証明はまったく形式的で，ほとんど何もすることがない．書いてみるだけである．

R 上の数列 $\{a_i\}_{i \in N}$ 全体のなす集合を S とする．S の元を簡単のため $\{a_n\}_n$ と略記する．また，多項式との対応をみやすくするために
$$(a_0, a_1, \cdots, a_n, \cdots)$$
と表したりもする．

S は次の和・積の定義によって整域をなす．
$$\{a_n\}_n + \{b_n\}_n = \{a_n + b_n\}_n$$
$$\{a_n\}_n \cdot \{b_n\}_n = \{c_n\}_n, \qquad \text{ここに } c_n = \sum_{i=0}^{n} a_i b_{n-i}$$

加法単位元 0 は $(0, 0, 0, \cdots)$ なる数列であり，乗法単位元 1 は $(1, 0, 0, \cdots)$ なる数列である．整域をなすことは，実際は多項式をまねて演算が定義されているのだから，わざわざ証明しなくてもよいだろう．一例として，$f = (a_0, a_1, \cdots, a_n, \cdots)$，$g = (b_0, b_1, \cdots, b_n, \cdots)$ のとき $f \cdot g = 0$ ならば $f = 0 \lor g = 0$ であることの証明を述べておこう．$f \neq 0$，$g \neq 0$ と仮定して，その 0 でない最初の項をそれぞれ a_m, b_n とすれば，$f \cdot g = (0, \cdots, 0, a_m a_n, *, *, \cdots)$ という形（最初の 0 は $m+n$ 個続く）になる．R は整域であるから $a_m a_n \neq 0$ となって，$f \cdot g \neq 0$ がいえるのである．

次に R を S に埋め込む．写像 $\Phi : R \to S$ を $a \in R$ に，$(a, 0, 0, 0, \cdots)$ なる数列を対応させるものとする．Φ が環としての単射準同型であることはいうまでもない．そこで，$\Phi(a)$ を a と同一視することによって，$R \subseteq S$ とみなすことに

する.

$X=(0,1,0,0,\cdots)$ とおく. $X^{n+1}=X^n\cdot X$ (ただし $X^0=(1,0,0,\cdots)$ とする)によって冪を定義すれば
$$X^2=(0,0,1,0,0,\cdots),\quad X^3=(0,0,0,1,0,0,\cdots),\quad \cdots$$
を得る. さらに
$$a_0+a_1X+\cdots+a_nX^n=(a_0,a_1,\cdots,a_n,0,0,0,\cdots)$$
である. これから X が R 上の超越元であることは明らかである. 実際, 上式が 0 になるのは, $a_0=a_1=\cdots=a_n=0$ が成り立つときだからである. □

S の元は一意的に
$$\sum_{n=0}^{\infty}a_nX^n=a_0+a_1X+\cdots+a_nX^n+\cdots$$
と書ける. こういう形の式を (実際は数列だが) **形式的整級数**, あるいは **形式的冪級数** という. 整域 S を
$$R[[X]]$$
と記し, R 上の **形式的整級数環** あるいは **形式的冪級数環** と名づける. 形式的というのは, 収束とか発散とかそういう解析的なことはまったく考えていないという気持ちを表したものである. $R[[X]]$ の中で有限項のものだけを集めてできた集合が $R[X]$ である.

オイラーが
$$\frac{1}{1-X}=1+X+X^2+\cdots+X^n+\cdots \tag{6.1}$$
に $X=1,-1,2,3$ などを代入して
$$1+1+\cdots+1+\cdots=\infty$$
$$1-1+1+\cdots+(-1)^n+\cdots=\frac{1}{2}$$
$$1+2+2^2+\cdots+2^n+\cdots=-1$$
$$1+3+3^2+\cdots+3^n+\cdots=-\frac{1}{2}$$
などといった「不思議な式」を書いたことはよく知られている. 昔は, オイラーが収束にはまるで無頓着だった好例としてしばしば引用されたものだが, 原著 ("*Institutiones Calculi Differentialis*") を読んでみると,「発散する数列は定まっ

た和をもたない．しかし，発散する級数を使って，そうしなければ得られない優れた結果をいくつも得ることができるのだから，なんとかしなければならない．……事柄の真実をいえば，この式 $1/(1-x)$ は級数 $1+x+x^2+\cdots$ の和なのではなくて，この級数はこの式から導き出されたものなのである．こうした状況では和という名称は抹消すべきであろう」と書いていて，$|x|<1$ でなければ和をもたないこと，つまり収束しないことは十分承知していたことがわかる．最後の文章は，いまの言葉でいうなら (6.1) 式を形式的整級数として扱いたいという主張らしい．さらには1を代入すると ∞ で，1より大きい 2, 3 を代入すると負の数になり，しかもだんだん絶対値が小さくなっていくことから，「負の数は，ときには無限大よりも大きいのだと考えられる可能性がある」と述べているところをみると，こんな無意味に思える式をオイラーがきりもなく書き残しているのも，ゼータ関数 $\sum_{n=1}^{\infty}(1/n^x)$ のように級数で定義される関数の解析的延長を模索していたからではないかと考えられるのである．オイラーの大胆さとともに，厳密性だけが数学の命ではないということがこうした逸話からもわかるだろう．

閑話休題．

2重数列 $\{a_{ij}\}_{i,j=0}^{\infty}$（つまり写像 $N^2 \to K$）を考えることによって，2変数の多項式環 $K[X, Y]$ が定義できることも定理 6.8 の証明から直ちにわかるだろう．積の定義などを自分で試みることをお勧めする．

▎**定理 6.9**（割り算の原理）▎ K を体とすると，多項式環 $K[X]$ では割り算の原理が成り立つ．すなわち，$f, g \in K[X]$ で $f \neq 0$ とすると，
$$g = q \cdot f + r, \qquad r = 0 \vee \deg r < \deg f$$
を満たす $q, r \in K[X]$ が一意的に存在する．ここに deg は多項式の次数を表す．

証明
$$f = a_0 + a_1 X + \cdots + a_m X^m, \qquad a_m \neq 0$$
$$g = b_0 + b_1 X + \cdots + b_n X^n, \qquad b_n \neq 0$$
とする．g の次数 n に関する数学的帰納法によって証明する．

$n=0$ ならば命題は自明である．$\deg g = n-1$ のとき命題が正しいと仮定する．
$\deg g = n$ とする．$n < m$ ならば，$q=0$ とすればよい．$n \geq m$ とする．
$$g_1 = g - \frac{b_n}{a_m} X^{n-m} \cdot f$$
とおけば（ここで K が体であることを使っている），

が成り立つ．帰納法の仮定によって
$$g_1 = 0 \lor \deg g_1 \leq n-1$$
$$g_1 = q_1 \cdot f + r, \qquad r = 0 \lor \deg r < m$$
と表せる．ゆえに，
$$g = \left(\frac{b_n}{a_m} X^{n-m} + q_1\right) \cdot f + r, \qquad r = 0 \lor \deg r < m$$
と表せる．これで数学的帰納法が完成した．

表現の一意性は容易に示せるから読者に任せる． □

■系6.10■ 体 K 上の多項式環 $K[X]$ は PID である．

証明 A を R における $A \neq \{0\}$ なるイデアルとする．A に属する多項式の中で次数が最小のものを f とすれば，割り算の原理によって $A = (f)$ が示される（定理 6.4：p. 132 参照）． □

これに反し，2変数以上の多項式環は PID ではない．

例 6.9 K を体として，$K[X, Y]$ において単項イデアルではないイデアルの例をあげよう．

X, Y が生成するイデアルを A とする．
$$A = (X, Y) = \{fX + gY \mid f, g \in K[X, Y]\}$$
この A は単項イデアルではない．実際，
$$A = (F)$$
を満たす $F \in K[X, Y]$ が存在するとしよう．すると特に
$$X = F \cdot f, \qquad Y = F \cdot g$$
が成り立つような $f, g \in K[X, Y]$ が存在する．両辺の X に関する次数，Y に関する次数を比べることによって，F が定数であることを知る．つまり $A = (1)$ ということになるが，A には定数は含まれていないので矛盾を生じる．

例 6.9 のイデアル $A = (X, Y)$ は極大イデアルである．それを証明しよう．

$\varphi : K[X, Y] \to K$ を $\varphi(f) = f(0, 0)$ で定義する．φ は多項式 $f(X, Y) = a_{00} + a_{10}X + a_{01}Y + \cdots$ にその定数項 a_{00} を対応させる写像である．これが全射準同型であることは自明である．その核 $f^{-1}(0)$ はちょうどイデアル A である．したがって，環の準同型定理（定理 6.2：p. 128）によって商環 $K[X, Y]/A$ は体 K に

同型である．ゆえに A は極大イデアルである．

$K[X, Y]$ において (X) は素イデアルであるが，極大イデアルではない．これは，商環 $K[X, Y]/(X)$ が整域 $K[Y]$ に同型であることが上記と同様の方法で示され，しかも $K[Y]$ は体ではないことからわかる．

この例は，「素イデアル $\Longrightarrow$ 極大イデアル」は必ずしも成り立たないことを示している．

$K[X]$ においては，「割り切る」とか「素数」であるとかの概念が整数の場合に準じて定義できるので，一括して述べておこう．しかし，最大公約数（正確にいえば，最大公約多項式というべきだろうが，わずらわしいので最大公約数ということも多い）の概念はすぐにはうまくいかない．二つの多項式 f, g を割り切る最大次数の多項式を最大公約数と定義したとしても，同じ次数の異なる多項式がともに f, g の双方を割り切るという状況が起こりえて，それらが互いに定数倍しか違わないということはすぐにはわからないからである．実際，2変数以上の多項式だと「割り切る」というような概念は定義できるが，最大公約数という概念はうまく定義できない．

▶**定義6.16**◀ (1) $f, g \in K[X]$ とする．$g = qf$ を満たす $q \in K[X]$ が存在するとき，f は g を割り切るといい，$f|g$ と記す．

(2) $f_1, \cdots, f_n (\in K[X])$ をすべて割り切る多項式の中で最大次数のものを最大公約数といい，$\mathrm{GCD}(f_1, \cdots, f_n)$ と表す（GCD が定数倍を除いて一意に定まることは後述）．**最大公約数が定数である場合，$f_1, \cdots, f_n$ は互いに素**であるという．

(3) $f \in K[X]$ は定数ではない，つまり $f \notin K$ とする．
$$f|gh \Rightarrow f|g \vee f|h$$
が成り立つとき，$f \in K[X]$ は素元であるという．

(4) $f \in K[X]$ は定数ではないとする．
$$g|f \Rightarrow g \in K \vee \exists a \in K ; g = af$$
が成り立つとき，$f \in K[X]$ は**既約**(元)であるという．

問題 6.14 $K[X]$ においては，次が成り立つことを証明せよ．
(1) f は素元 $\rightleftarrows$ (f) は素イデアル
(2) f は既約元 $\rightleftarrows$ (f) は極大イデアル
（ヒント）(2) $K[X]$ が PID であることを使う．また $(f) = (1)$ となる条件は $f \in K$

$-\{0\}$ である．

多項式 $f_1, \cdots, f_n$ によって生成される $K[X]$ のイデアル
$$(f_1, \cdots, f_n) = \{h_1 f_1 + \cdots + h_n f_n | h_1, \cdots, h_n \in K[X]\}$$
は単項イデアルだから，それを (d), $d \in K[X]$ と表す．
$$(f_1, \cdots, f_n) = (d)$$
各 i について $f_i \in (d)$ だから，$f_i = h_i d$ と表せるので $d | f_i$ である．つまり d は $f_1, \cdots, f_n$ の公約数である．

また $d \in (f_1, \cdots, f_n)$ によって $d = h_1 f_1 + \cdots + h_n f_n$ と表せるから，$f_1, \cdots, f_n$ の公約数はどれも d を割り切る．ゆえに $d = \mathrm{GCD}(f_1, \cdots, f_n)$ である．

以上によって $\mathrm{GCD}(f_1, \cdots, f_n)$ が（定数倍を除いて）一意に定まることが証明された．$\mathrm{GCD}(f_1, \cdots, f_n)$ を単に $(f_1, \cdots, f_n)$ と書いても混乱は起こらないことが理解されたと思うので，今後は GCD を書かないことにしよう．

次の定理の証明も終わっている．

■定理6.11■ $K[X]$ における 1 次方程式
$$h_1 f_1 + \cdots + h_n f_n = g$$
は $(f_1, \cdots, f_n)$ が g を割り切るとき，そしてそのときに限り解 $h_1, \cdots, h_n (\in K[X])$ をもつ．特に，
$$h_1 f_1 + \cdots + h_n f_n = 1$$
が解をもつためには
$$(f_1, \cdots, f_n) = 1$$
が必要十分である．

定理 6.11 は，実は有理関数の不定積分を求める一般論で使われている．

たとえば，
$$\int \frac{dx}{(x^2+1)(x+1)}$$
を求めるには
$$\frac{1}{(x^2+1)(x+1)} = -\frac{1}{2} \cdot \frac{x-1}{x^2+1} + \frac{1}{2} \cdot \frac{1}{x+1}$$
と部分分数に展開する．こうした分解は未定係数法で求めるのだが，それがいつでも成功するという保証はあるだろうか．

一般的に述べるならこうである：$f, g(\in R[X])$ が互いに素のとき
$$\frac{1}{fg} = \frac{h}{f} + \frac{k}{g}$$
を満たす $h, k(\in R[X])$ が存在するか．

答えはもちろん yes である．それは上式が
$$kf + hg = 1$$
に還元されるからである．

体上の1変数多項式環においても「既約 $\rightleftarrows$ 素」が成り立つ．それは定理4.12 (p. 102) とその証明に続いて述べたことからわかる．また素元分解の一意可能性も成り立つ．証明はこれも $\mathbb{Z}$ の場合とまったく同じで，要するに割り算の原理に帰着されるということを理解していればよい．

■**定理6.12**(**素元分解の一意的可能性**)■ 体 K 上の任意の多項式は，既約多項式の積として表せる．また，順序と定数の違いを除けばその分解は一意的である．

実は，一般的な PID でも素元分解とその一意性が成り立つのだが，その証明は有理整数環や体上の1変数の多項式環の場合よりは難しい．というのは，割り算の原理という都合のよい命題がなくて，単にイデアルは必ず単項であると仮定されているだけだからである．PID における素元分解の一意的可能性は重要な定理ではあるが，本書では使う予定がないので証明はしないことにする．しかし選出公理の使い方について一言だけ注意を促したい．

R を PID とする．$x \in R$ に対して
$$x = x_1 x_1', \quad x_1, x_1' \in R, \quad (x_1) \neq R, (x_1') \neq R$$
と分解できることから
$$(x) \subsetneq (x_1)$$
が従うという箇所が証明に出てくる．この後「したがって，数学的帰納法によって」
$$(x_0) \subsetneq (x_1) \subsetneq (x_2) \subsetneq \cdots$$
なる R のイデアルの列がつくれると書かれている無神経な本をみかける．ここは以前に注意したように (定理2.12：p. 59参照)「従属選出の原理によって」とせねばならない．もちろん「選出公理によって」でもよいが，その場合は回帰定理をもち出して無限列の存在を証明することになる．

Chapter 7

実　　数

7.1 実数をめぐるお話

　数の歴史を考えてみると，二つの流れがあることに気づく．一つは $\sqrt{2}$ が無理数かどうかを問うなどの個々の数を取り上げる問題であり，方程式の解法の研究を経て代数学と呼ばれる道へと至る．
　たとえば，デカルトは正の有理数と冪根(べき)で表される数だけが存在する数で，それ以外は想像上の数だと主張した．こういうふうに，数というものを方程式や代数曲線の交点という観点からみている限り，実数の本質的な認識はありえない．
　もう一つの道には，数の直線性と連続性が本質的に関わってくる．これは総体としての数体系に関する問題である．微積分学や力学が発展するためには，その道具として実数の体系が整備され，お膳立てされなければならなかった．たとえば，時間の関数として物体の運動を考えるとき，変数としての時間はその連続性こそ重要なのであって，図形数も冪根も，有理数も無理数も区別はない．標語的にいえば，数の間に貴賤はないのである．
　実数論の発展を見渡すとき，数の小数表示の考案と普及が起点であったと思われる．先に引用したように，ステヴィンの「不合理な数，無理な数，不可解な数などというものはない．数には非常な整合性があるのだ」という卓抜な表現が示

すように，実数のもつ直線性はまず小数表示によって築かれたからである．

「近代における計算の奇跡的な力は，三つの発明に帰する．インド記数法と小数と対数がこれである」とはカジョリの言葉（[Cajo]）だが，17世紀にこれらが出そろって天文学の発展に寄与したことを考えれば，単なる計算の力の問題のみならず，これらが科学革命（その中には微積分学の発展を含む）を準備したといえよう．

時間を数直線上の線分とみて運動をグラフでとらえる思想は，中世最大の数学者ニコル・オレム（14世紀後半）あたりから始まったと考えられる．オレムの段階では時間を線分としてとらえるにはそれなりの哲学が展開されねばならなかった（[Adac2] 第3章参照）．その後数世紀を経ると，原点を始点とする半直線が数の本質とみられるようになっていく．つまり，実数（直線上の点）が先にあって，小数がそれを近似していると考えられるようになったのである．ということは，実数の連続性が，無意識のうちに当然のこととみなされているということである．こうした意識は証明を要しない直観的真理とみなされるようになって，現代の一般人にも受け継がれているのである．

オイラーはいうに及ばず，微積分学を厳密に基礎づけたようにいわれているコーシー（1789-1857）でさえ，実数の先験的実在性をほんの少しでも疑っていたとは思えない．こうした事情は，フレーゲやデデキントなどの一部の先覚者を除けば19世紀末に至ってさえ，たいした変化をみせていなかった．

コーシーが解析学の基礎づけに取り組むようになったのは，フランス革命後一流の学者といえども講義をもたされるようになって，教科書を書くためにじっく

コーシー
(AUGUSTIN
LOUIS CAUCHY,
1789-1857)

ワイアシュトラス
(KARL THEODOR
WILHELM WEIERSTRASS,
1815-1897)

り数学の基礎を考えてみる必要が生じたからである．現在の高等学校や大学初年級で教えられる微積分学は，コーシーがその枠組みをつくったというのはそのとおりである．しかし，コーシーが完全に厳密な基礎づけを与えたというのはちょっと大まかに物事を括りすぎで，イプシロン-デルタ論法によって解析学を基礎づけた功績は，大勢の人が関係しているとはいうものの最終的にはワイアシュトラス (1815-1897) に帰すべきである．

イプシロン-デルタ論法は，ワイアシュトラスによって1850年代の末から60年代にかけてベルリン大学における講義の中で与えられた．連続関数の積分可能性の証明や一様収束級数の項別積分可能性なども，ワイアシュトラスによって解決されたのである．こうした仕事は，たいへん人気のあったワイアシュトラスの講義の聴講者たちによって，世界各地に広まっていった（このあたりの微積分学史については [Adac2] 第5章参照）．

イプシロン-デルタ論法による定義の効用の第一は，厳密な証明に向いているということである．「限りなく近づく」という定性的表現が「正数 ε が与えられたときに正数 δ がとれて」という量的表現に置き換えられたといえる（しかし対象が論理式で記述できる数列ばかりではなく，「任意の」数列であるために有理数と実数の間には巨大な隔たりができるのである．この問題については定理 7.9 の後の注意：p. 160 参照）．第二の効用は本書でみてきたとおり，記号論理学との相性のよさである．

イプシロン-デルタ論法の完成によって，数学の基礎は厳密に基礎づけられたというのが当時の数学界の一般的見方であった．しかし，同時に数そのものの存在が，数直線という直観に頼っていることに対する不満も芽生えてきた．それだけ厳密性という概念のレヴェルが高まったということである．

デデキントはそういう潮流を代表する数学者である．デデキント自身，工科大学で (1858年) 微分学の基礎を講義しなければならなくなるまでは，たとえば「単調増加，かつ有界な数列は収束する」という現在ワイアシュトラスの定理と呼ばれている命題の証明にあたっては，幾何学的な明証性に逃げ道をみつけていたと告白している．

　　私にとってこの不満の気持ちは抑えきれないものになったので，無限小
　解析の原理の純粋に数論的で厳密な基礎を見出すまではいくらでも長く考

えようと決意した．微分学が連続量を扱うとはしばしば言われていることであるが，それにもかかわらずどこにもこの連続性の説明は与えられていないし，微分学の最も厳密な叙述といっても，その証明は基礎を連続性には置かず，幾何学的な表象に訴えるか，またはそれ自身いつまでたっても純粋に数論的には証明されないような定理に基づいているかのいずれかである．たとえば上述の（ワイアシュトラスの）定理はこれに属しているし，いっそう精密な検討によって，この定理またはこれと同等などの定理も無限小解析の十分な基礎とみなすことができると私は確信するに至った（デデキント [Dede]）．

デデキントは切断という概念をもとに実数論を構成的に展開した．その基本的な道具は素朴な集合論であった．いま，有理数体 Q を次のような二つの空でない部分集合 A, B に分割してみよう．
$$Q = A \bigsqcup B, \quad A < B$$
ただし，$A < B$ は A の数はどれも B の数より小さいことを表す記号である．こうした状況のとき $(A|B)$ と記し，有理数体の**切断** (Durchschnitt) であるということにしよう．直観的にいえば，有理数からなる直線に切れ目を入れて右半直線と左半直線に分けることが切断である．

たとえば，
$$A = \{x \in Q \,|\, x^2 \leq 2 \vee x \leq 0\}, \quad B = \{x \in Q \,|\, x^2 > 2 \wedge x > 0\}$$
とおくと，$(A|B)$ は Q の切断である（図参照）．この場合，A には最大数がなく，B には最小数がない．つまり，切れ目は A, B のどちらにも属していないのである．

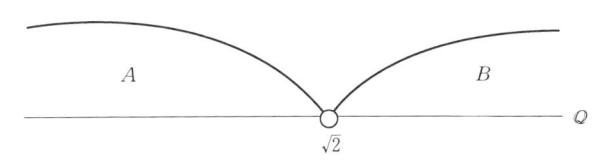

昔（いまでもかもしれないが），哲学の世界ではある物体 X は，その異なる 2 点間には必ず X に属する別の点が存在するとき，**連続体** (continuum) と呼ばれていた．その表現に従うと有理数体は連続体である．つまり，異なる二つの有理数の間には無数に有理数が存在するからである．しかし，切断という概念を通し

てみると，有理数体は連続体というにはお粗末な存在であることがわかる．手拭が水を漏らすように，有理数体は数を漏らしているのである．それに比して，実数体 R は水を漏らさない．R の切断は左半直線が最大値をもつか，右半直線が最小値をもつか，必ずどちらかなのである．

こうして『連続性と無理数』(1872 年) において切断論を展開したデデキントは「諸定理，たとえば $\sqrt{2}\sqrt{3}=\sqrt{6}$ はこれまで真に証明されたことがない」と主張した．しかし，数学の世界では数直線の実在性（客観的存在であること）を当然のことと信じている人たちも少なくなかった．「あなたが主張するような実数の完備性は，直線の本来的にもっている基本的性質である」とし，「$\sqrt{2}\sqrt{3}=\sqrt{6}$ をいままでだれも証明したことがないなどというような主張は取り消されるべきである」という内容の手紙をリプシッツ (1832-1903) が書いた ([Ebin] 第 2 章による) のはその一例である．

一般的にいって，実数体を構成する方法にも二つあって，一つはデデキントの切断による方法である．もう一つは，カントルによる有理基本列で実数を定義する方法である．

直線上に点が並んでいるというイメージをそのまま具体化していて直観性において優れているうえ，エウクレイデスの『ストイケイア(原論)』における比例論との類似性という歴史的意味からも，デデキントの切断がその存在価値を失うことはありえない．しかし，演算の定義に難があって，体をなすことの証明，特に逆元の存在，結合法則・分配法則を直接に証明しようとすると，難しくはないが場合分けが多すぎて辟易する．本書と似たような趣旨の本の執筆を考えたことが

リプシッツ
(RUDOLF OTTO SIGISMUND LIPSCHITZ, 1832-1903)

あるという難波完爾さん(東京大学名誉教授,現弘前大学教授)によると,よく「長くなるので省略する」と書かれているけれども,本当に隅々までやったのはいく人もいないだろう,ということである.実際,ペアノの公理系から始めて複素数まで構成する内容の『解析学の基礎』という本を書いたランダウも,序文に「こんな長々しい仕事を引き受けた人は(自分以外には)いない」と記している.

切断の創始者デデキントも当然その困難には気づいていて,「有理数の数論の無数にある定理(たとえば分配法則)を実数の上に移そうとすると,長い道のりが予見されるように思われるが,実際はそうではない」として,証明を連続性の問題に還元する方法を述べている.つまりは実数の連続性を証明した後は区間縮小法なり,数列法なりに乗り換えるといっているのである.名著『解析概論』(高木貞治著,岩波書店,1933;附録Ⅰ.無理数論)を調べてみたら,積はやっぱり数列で定義してあった.

本書でカントルの方法を採用する他の理由は,こちらは類別法を使っているからである.手法の一貫性というのも理由の一つだが,同じ手法が p 進体を構成する際にも,さらに一般に距離空間の完備化にも使われて応用範囲がきわめて広いのである.

ヒルベルトは『幾何学の基礎』([Hilb];初版1899年,第9版1962年)において,実数体を公理的に基礎づけた.今流にいえば,「極大なアルキメデス的順序体」として実数体を定義したのだが,その表現に難があって改訂のたびに手を加えたということである(超越拡大も考えなければならないから難があるのは当然である).われわれはヒルベルトとは違って,「連続性公理を満たす順序体」という形で実数体をとらえる.

7.2 順 序 体

▶**定義7.1**◀ 二つの演算,加法 + と乗法・,および2項関係 ≤ をもつ集合 K が次の公理系を満たすとき,**順序体**であるという.
1. K は演算 +, ・で体をなす.
2. ≤ は K の全順序であって,さらに
   2-1. $x \leq y \longrightarrow x+z \leq y+z$
   2-2. $x \leq y, z>0 \longrightarrow xz \leq yz$

が成り立つ．ここに，0 は K の加法単位元である．$x \leq y$ は $y \geq x$ とも表す．また $x<y$ は $x \leq y$ かつ $x \neq y$ を意味する．

定理 5.2 で述べたように $\mathbb{Q}$ は順序体である．

問題 7.1 K を順序体とする．次を示せ．
(1) $x<0 \rightleftarrows -x>0$
(2) $x \neq 0 \longrightarrow x^2 > 0$
(3) $1>0$
(4) $x<y$ ならば $x<z<y$ なる z が存在する．

┃定理 7.1┃ 順序体の標数は 0 である．さらに詳しくいえば，有理数体（と同型な体）を部分順序体として含む．

証明 K を順序体とし，その乗法単位元を 1_K，加法単位元を 0_K と記す．自然数 n に対して $n \cdot 1_K$ を帰納的に
$$0 \cdot 1_K = 0_K, \quad (n+1) \cdot 1_K = n \cdot 1_K + 1_K$$
によって定義する．負の整数 n に対しては
$$n \cdot 1_K = -((-n) \cdot 1_K)$$
と定義する．このとき K が順序体だから，$n \neq 0$ ならば $n \cdot 1_K \neq 0_K$ が成り立つ．すなわち K の標数は 0 である（標数の定義は p.119 参照）．

有理整数環 $\mathbb{Z}$ から K の中への写像 Φ を $\Phi(z) = z \cdot 1_K$ によって定義すると，Φ は環としての単射準同型である．実際，$n \neq 0$ ならば $n \cdot 1_K \neq 0$ だから単射である．また準同型性は
$$(mn) \cdot 1_K = (m \cdot 1_K) \cdot (n \cdot 1_K)$$
などを証明することに帰されるが，これは n に関する数学的帰納法で容易に示せるので読者に任せよう．

同様に，整数 x, y に対して
$$x < y \longrightarrow \Phi(x) < \Phi(y)$$
が成り立つことも自然数 n に対する $n \cdot 1_K$ の定義から明らかである．

以上によって体 K が $\mathbb{Z}$ と順序同型な環を含むことが示せた．したがってその商体である $\mathbb{Q}$ と同型な順序体をも含んでいることになる． □

今後は，順序体 K に含まれる有理数体と同型な体を有理数体と同一視する．

特に，乗法単位元 1_K を 1 と記す．

▶**定義7.2**◀ K を順序体とする．$a \in K$ の**絶対値** $|a|$ を
$$|a| = \begin{cases} a & (a \geq 0) \\ -a & (a < 0) \end{cases}$$
によって定義する．

▶**定義7.3**◀ K を順序体とする．K の数列 $\{a_n\}_{n \in \mathcal{N}}$（略して $\{a_n\}_n$ と記す）が $a \in K$ に**収束する**とは
$$\forall \varepsilon > 0 \, \exists N \in \mathcal{N}[|a - a_n| < \varepsilon \text{ for } \forall n \geq N]$$
が成り立つことをいう．記号では
$$a = \lim_{n \to \infty} a_n$$
と記す．

上の定義ではわざわざ断っていないが，ε は K の元である．以下も同様である．

問題 **7.2** K を順序体とする．任意の $x, y (\in K)$ に対して
(1) $|xy| = |x||y|$
(2) （**三角不等式**）$|x + y| \leq |x| + |y|$
が成り立つことを示せ．
（ヒント）(2) は $-|x| \leq x \leq |x|$ による．

▶**定義7.4**◀ K を順序体とする．K の数列 $\{a_n\}_n$ が**基本列**，あるいは**コーシー列**であるとは
$$\forall \varepsilon > 0 \, \exists N \in \mathcal{N}[|a_m - a_n| < \varepsilon \text{ for } \forall m \, \forall n \geq N]$$
が成り立つことをいう．

自然言語を交えていえば，「どんなに小さな K の正数 ε を与えても，ある自然数 N がとれて，$m, n \geq N$ である限り $|a_m - a_n| < \varepsilon$ が成り立つとき，数列 $\{a_n\}_n$ は基本列である」というのである．もっとイメージ的にいえば，球状星雲のように密集している数列のことである．

「収束する数列は基本列である」というのは簡単に証明できる命題で，数列の初歩として読者には周知のはずである．しかし，逆は正しくない．たとえば，有理数体 $\mathbb{Q}$ を考える．a_n を $2 \leq a_n^2 \leq 2 + 1/n$ を満たすような正の有理数とす

る．こうして（正確にいうと，a_n を分数で表して分母を最小にし，次に分子を最小にして一意的に）定まる数列 $\{a_n\}_n$ は基本列だが，有理数の範囲では収束しない．

▶**定義7.5**◀ 順序体 K が**アルキメデス的**である，あるいは**アルキメデスの公理**を満たすとは，自然数の集合 N が K で上に有界でないことをいう．

問題 7.3 $\{a_n\}_n$ をアルキメデス的順序体 K における単調増加で，上に有界でない数列とすると，$\lim 1/a_n = 0$ が成り立つ．これにより特に $\lim 1/n = 0$ である．
逆に順序体 K において $\lim 1/n = 0$ ならば，K はアルキメデス的である．以上を証明せよ．

■**定理7.2**■ アルキメデス的順序体において，有理数体は**稠密**(dense)である．すなわち，アルキメデス的順序体 K の任意の2元を $\alpha, \beta (\alpha < \beta)$ とすると，$\alpha < c < \beta$ なる有理数 c が存在する．

証明 まずアルキメデス性によって，$n > 1/(\beta - \alpha)$ なる自然数 n の存在が保証されている．次に $m \leq n\alpha$ を満たす最大の整数 m をとると，$m \leq n\alpha < m+1 < n\beta$ が成り立つ．このとき $\alpha < (m+1)/n < \beta$ が成り立っている．　□

■**定理7.3**■ α をアルキメデス的順序体の任意の元とすると，α に収束する有理数列 $\{a_n\}_n$ をとることができる．

証明 α に収束する有理数列を帰納的に（回帰的に）定義しよう．
自然数 n に対して，$m \leq n\alpha$ を満たす最大の整数 m をとる．このとき，$m/n \leq \alpha < (m+1)/n$ が成り立つ．m/n を a_n とおけば，$0 \leq \alpha - a_n < 1/n$ だから，有理数列 $\{a_n\}_n$ は α に収束する．　□

定理7.3を10進法で具体的に表現すれば，10進小数展開が得られる．1より大きい任意の自然数 l に関する l 進小数展開についてもまったく同様である．

■**定理7.4(10進小数展開)**■ アルキメデス的順序体 K の負でない任意の数 α に対して

$$a_n = [\alpha] + \frac{a_1}{10} + \frac{a_2}{10^2} + \cdots + \frac{a_n}{10^n} \quad (a_i = 0, 1, \cdots, 9)$$

なる形の有理数列 $\{a_n\}_n$ で α に収束するものが存在する．ここに，$[\alpha]$ は α を超

えない最大の整数を表す．級数の記号を使って書けば，
$$\alpha=[\alpha]+\sum_{n=1}^{\infty}\frac{a_n}{10^n}$$
である．

展開が 2 通り存在するのは $a/10^n$, $a\in N$ という形の有理数だけで，それ以外の数は一意的に展開される．

証明 n を任意の自然数とする．$m\leq 10^n\alpha$ なる最大の自然数 m をとり，これを b_n と記すと，
$$\frac{b_n}{10^n}\leq\alpha<\frac{b_n+1}{10^n}$$
である．これより
$$0\leq\alpha-\frac{b_n}{10^n}<\frac{1}{10^n}$$
を得るので $\lim b_n/10^n=\alpha$ である．

とり方から，
$$10b_{n-1}\leq b_n<10b_{n-1}+10$$
そこで，$b_n=10b_{n-1}+a_n$ とおけば，
$$\frac{b_n}{10^n}=\frac{b_{n-1}}{10^{n-1}}+\frac{a_n}{10^n},\qquad 0\leq a_n<10$$
すなわち
$$a_n=\frac{b_n}{10^n}=b_0+\frac{a_1}{10}+\frac{a_2}{10^2}+\cdots+\frac{a_n}{10^n}$$
を得る．$b_0=[\alpha]$ である．

一意性の主張の証明は容易なので省略する． □

例 7.1* $\alpha=\sqrt[3]{2}\omega$, $\omega=(-1+\sqrt{-3})/2$ とする．
$$K=\{x+y\alpha+z\alpha^2|x,y,z\in\mathbb{Q}\}$$
とおくと，K は体(複素数体の部分体)をなす(環をなすことは簡単に証明できるが，体をなすことは 8.2.1 項で証明する：定理 8.4；p.179 参照)．

次に $\beta=\sqrt[3]{2}$ とする．
$$K'=\{x+y\beta+z\beta^2|x,y,z\in\mathbb{Q}\}$$
とおくと，K' も体をなす．K' は実数体の部分体であるから，自然に順序体と考えることができる．

$\varphi: K \to K'$ を
$$\varphi(x+y\alpha+z\alpha^2)=x+y\beta+z\beta^2$$
によって定義すれば，φ は同型写像である．

そこで $\xi, \eta \in K$ に対して，その大小を
$$\xi \leq \eta \;\rightleftharpoons\; \varphi(\xi) \leq \varphi(\eta)$$
でもって定義する．これによって，実数体の部分体ではない体 K をアルキメデス的順序体にすることができる．特に，虚数である K の数が 10 進無限小数に展開できることになる．

なお，アルキメデス的順序体 K の元は無限小数に展開できるが，逆に無限小数がすべて K の元になるというわけではない．それは，有理数は無限小数に展開できるが，無限小数がすべて有理数というわけではないという例を考えてみればわかる．無限小数がすべて収束するというのは，**完備性** (completeness) と呼ばれる実数体の備える特性である．

最後に，順序体においては，0 は ($0^2+\cdots+0^2$ 以外に) 平方和として表せないことは明らかだが，逆にこれが順序体の構造を入れられるための十分条件でもあることを示す．

定理7.5(アルチン=シュライアー；1927 年) 体 K に (算法はそのままに維持しながら，順序を定義して) 順序体にできるためには，K が**形式的に実** (略して実) であること，すなわち K においては
$$x_1^2+\cdots+x_n^2=0 \;\to\; x_1=\cdots=x_n=0$$
が任意の $n \geq 1$ に対して成り立つことが必要十分である．

証明のために補題を準備する．

補題7.6 P_0 を次の 3 条件を満たす集合とする．
 (1) P_0 は体 K の乗法群 $K^\times$ の部分群をなす．
 (2) $x^2 \in P_0$ for $\forall x \in K^\times$
 (3) P_0 は加法で閉じている．
このとき $a \in K^\times$ を $a \notin P_0$ で，しかも $-a \notin P_0$ でもある元とすると
$$P_1=\{x+ay \mid x,y \in P_0 \cup \{0\} \land \neg(x=y=0)\}$$
も上の 3 条件を満たす．

証明 P_1 が加法で閉じていることは $0 \notin P_0$ に注意すれば明らか．積で閉じていることを示そう．$x+ay, u+av \in P_1$ に対して
$$(x+ay)(u+av) = (xu+a^2yv) + a(xv+yu)$$
が成り立つ．$xu+a^2yv = xv+yu = 0$ からは $a=0$ が従う．これは $a \in K^\times$ に反するから，$\neg(xu+a^2yv = xv+yu = 0)$ かつ $xu+a^2yv \in P_0 \cup \{0\}$，$xv+yu \in P_0 \cup \{0\}$ が得られる．ゆえに P_1 は積で閉じている．

$0 \notin P_1$ もいえる．実際，仮に $0 = x+ay$, $x, y \in P_0$ とすると，$-a = x/y \in P_0$ となって矛盾するからである．さらに
$$(x+ay)^{-1} = (x+ay)(x+ay)^{-2} = x(x+ay)^{-2} + ay(x+ay)^{-2} \in P_1$$
が成り立つので，P_1 は $K^\times$ の部分群である． □

定理 7.5 の証明 K を形式的実体とし，P_0 を $K^\times$ の元の平方和のなす集合とする．さらに S を，補題 7.6 の 3 条件を満たすようなすべての集合の族とする．$P_0 \in S$ は容易に確かめられるから，$S \neq \emptyset$ である．S は包含関係に関して帰納的順序集合をなすから，ツォルンの補題によって極大なる $P \in S$ が存在する．$a \in K^\times$ が $a \notin P$ かつ $-a \notin P$ であるとすると，補題 7.6 によって $P \subsetneq P'$ なる $P' \in S$ がつくれ，P の極大性に矛盾する．ゆえに任意の $a \in K^\times$ に対して $a \in P$ あるいは $-a \in P$ が成り立つ．$P \cap -P = \emptyset$ も成り立つ．実際，$x \in P \cap -P$ とすると，$x = a = -b$, $a \in P, b \in P$ と表せ，$0 = a+b \in P$ となって矛盾を生じるからである．以上によって
$$K = P \sqcup \{0\} \sqcup -P \tag{7.1}$$
が示された．そこで
$$x > 0 \rightleftarrows x \in P \tag{7.2}$$
と定義すれば，K を順序体とすることができる（下の問題 7.4 参照）． □

問題 7.4 K を体とし，(7.1) を満たすような $P \subseteq K$ がさらに加法と乗法で閉じているならば，すなわち
$$x, y \in P \rightarrow x+y \in P, xy \in P$$
が満たされるならば，(7.2) と定義することによって K を順序体にできることを示せ．

系 7.7 K を順序体とし，K におけるすべての正元の集合を P_K とする．体の拡大 L/K が順序拡大（すなわち，K において $x \leq y$ ならば L においても

$x \leq y$) であるように L に順序を入れられるためには，
$$\sum_i a_i x_i^2 = 0 \quad (a_i \in P_K,\ x_i \in L\ \text{for}\ \forall i) \Rightarrow x_i = 0 \quad \text{for}\ \forall i$$
の成り立つことが必要十分である (和は当然有限和である)．

証明　$P_0 = \{\sum_i a_i x_i^2 | a_i \in P_K,\ x_i \in L\ \text{for}\ \forall i\}$ とおくと，P_0 は補題 7.6 の条件をすべて満たす．したがって定理 7.5 の証明がそのまま繰り返されて，補題 7.6 の各条件を満たし，しかも $P_0 \subseteq P$ なる極大な P が存在する．P を L における正元の集合と定義すれば，L は順序体となる．

最後に，L が K の順序拡大であることを証明するためには，$P \cap K = P_K$ を示せばよい．$\supseteq$ は明らかである．$x \in P \cap K$ とする．仮に $x \notin P_K$ とすると $-x \in P_K \subseteq P$ となり $0 \in P$ が結論できて矛盾を生じる．ゆえに $x \in P_K$ である．ゆえに $\subseteq$ が成り立ち，$P \cap K = P_K$ である．　□

7.3　実数体の公理的特徴づけ

本節でまず実数体の定義を与える．この定義 (実数体の公理) を満たす体の存在と一意性は次節で証明する．

┃定理 7.8┃　K を順序体とする．このとき K における次の諸命題はすべて同値である．

1. **(上限の存在)**　K における上に有界な空でない集合は，K 内に上限をもつ．
2. **(デデキントの公理)**　$(A|B)$ が K の**切断**であるとき，すなわち A, B は K の空でない部分集合であって，
$$A \sqcup B = K, \quad A < B$$
を満たすとき，A が最大値をもつか，B が最小値をもつ．
3. **(ワイアシュトラスの定理)**　単調増加，かつ上に有界な K の数列は K において収束する．
4. **(アルキメデスの公理＋区間縮小法)**　K はアルキメデス的であって，しかも，$\{I_n\}_n$ が単調に減少する閉区間の列で，幅 $|I_n|$ が 0 に収束するならば，すなわち

$$I_0 \supseteq I_1 \supseteq I_2 \supseteq \cdots, \qquad \lim_{n \to \infty} |I_n| = 0$$

が満たされるならば，$a \in I_n$ がすべての n に対して成り立つような $a \in K$ がただ一つだけ存在する．ここに，閉区間 $I = [a, b]$ の幅 $|I|$ とは $b - a$ のことである．

5. (**アルキメデスの公理＋完備性**) K はアルキメデス的であって，しかも，K の基本列は K 内に収束する．

証明 (**1.** $\to$ **2.**) 切断の下の組 A は上に有界だから，1. によって上限 $a \in K$ をもつ．B の元はすべて A の上界である．上限は定義によって最小上界であるから，任意の $b \in B$ に対して $a \leq b$ でなければならない．これにより a は B の下界でもあることがわかる．さて a が A の最大値ではないとすれば $a \notin A$．ゆえに $a \in B$ である．したがって a は B の最小値である．

(**2.** $\to$ **3.**) $\{a_n\}_n$ を単調増加，上に有界な K の数列とし，

$$A = \{x \in K \mid \exists n ; x \leq a_n\}, \qquad B = A^c = \{x \in K \mid a_n < x \text{ for } \forall n\}$$

とおく．$A \neq \emptyset$, $B \neq \emptyset$ は明らか．また $A < B$ も明らかで，A, B を定義する論理式がちょうど互いに否定形になっているから，

$$K = A \sqcup B$$

が成り立つ．すなわち $(A|B)$ は K の切断である．2. によって保証される境目の元を $a \in K$ としよう．a は数列 $\{a_n\}_n$ の最小上界，すなわち上限であることがわかる．実際，$a_n \in A \, (\forall n \in \mathbb{N})$ だから，a は $\{a_n\}_n$ の上界である．さらに $\beta < a$ ならば β は A の上界ではないので，$\beta < \gamma$ なる $\gamma \in A$ が存在する．ゆえに $\beta < \gamma \leq a_n$ なる n があるので β は $\{a_n\}_n$ の上界ではありえないからである．ゆえに，数列 $\{a_n\}_n$ は a に収束することが $\{a_n\}_n$ の単調増加性によってわかる．

(**3.** $\to$ **4.**) もしも K がアルキメデス的ではないならば，その定義によって単調増加数列 $\{n\}_n$ は上に有界である．したがって 3. によって K の元 a に収束する．収束の定義によって，$a - 1/2 < n < a + 1/2$ が任意の $n \geq N$ に対して成り立つような $N \in \mathbb{N}$ が存在する．これは矛盾である．ゆえに K はアルキメデス的である．

閉区間 $I_n = [a_n, b_n]$ が単調減少であるということは，数列 $\{a_n\}_n$ が単調増加であり，数列 $\{b_n\}_n$ が単調減少ということである．3. によってこれらの数列は極限 a, β をもつ．

$$\beta - a = \lim_{n \to \infty} b_n - \lim_{n \to \infty} a_n = \lim_{n \to \infty} (b_n - a_n) = 0$$

が仮定からわかるので，I_n に共通する唯一の元 α が存在する．

 (**4.** $\to$ **5.**) $\{a_n\}_n$ を K の基本列とすると，下の問題7.6のとおりこれは有界であることが示せる．すなわち，
$$c_0 \leq a_n \leq d_0 \quad \text{for} \quad \forall n \in \mathbb{N}$$
を満たす閉区間 $I_0=[c_0, d_0]$ が存在する．そこで次のように，回帰的に閉区間の列 $\{I_k\}_k$ を構成する．

 いま無数の n に対して，$a_n \in I_k$ となるような閉区間 $I_k=[c_k, d_k]$ が与えられているとせよ．I_k を2等分して，
$$\left[c_k, \frac{c_k+d_k}{2}\right], \quad \left[\frac{c_k+d_k}{2}, d_k\right]$$
とする．このどちらかは無数の a_n を含むはずである（両方とも無数の a_n を含むならば，右側の区間を採用することとにする）．これを $I_{k+1}=[c_{k+1}, d_{k+1}]$ とする．閉区間の列 $\{I_k\}_k$ は単調に減少し，幅の列 $\{d_k-c_k\}_k$ は0に収束する．実際，
$$0 \leq d_k - c_k = \frac{d_0 - c_0}{2^k}$$
だが，K はアルキメデス的順序体なので，右辺は $k \to \infty$ のとき0に収束する（問題7.3参照）．ゆえに4.によって，$\alpha \in I_k$ がすべての k について成り立つような α が存在する．そこで
$$\lim_{n \to \infty} a_n = \alpha$$
を証明する．

 ε を任意の正元 ($\in K$) とする．自然数 N を大きくとると，$0 < d_N - c_N < \varepsilon/2$ が成り立つようにできる．$\{a_n\}_n$ は基本列だから，
$$|a_m - a_n| < d_N - c_N \left(< \frac{\varepsilon}{2}\right) \quad \text{for} \quad \forall m \forall n (\geq M)$$
が成り立つ M が存在する．区間 I_N には無数の a_n が含まれるから，$c_N \leq a_\nu \leq d_N$ かつ $\nu \geq M$ なる自然数 ν が存在する．このとき，任意の $n \geq M$ に対して
$$|\alpha - a_n| \leq |\alpha - a_\nu| + |a_\nu - a_n| < \frac{\varepsilon}{2} + \frac{\varepsilon}{2} = \varepsilon$$
が成り立つ．すなわち，基本列 $\{a_n\}_n$ は α に収束する．

 (**5.** $\to$ **1.**) $S \neq \emptyset$ を K の上に有界な部分集合とする．A を S のすべての上界の集合とする．
$$A = \{x \in K | S \leq x\}$$

$A \neq \emptyset$, $A^c \neq \emptyset$ なので $a_0 \in A$, $b_0 \notin A$ とする. a_n, b_n を回帰的 (帰納的) に次のように定義する.

$$a_{n+1} = (a_n + b_n)/2, \quad b_{n+1} = b_n \quad ((a_n + b_n)/2 \in A \text{ のとき})$$
$$a_{n+1} = a_n, \quad b_{n+1} = (a_n + b_n)/2 \quad ((a_n + b_n)/2 \notin A \text{ のとき})$$

このとき数列 $\{a_n\}_n$ は単調減少で, 数列 $\{b_n\}_n$ は単調増加, かつ $b_n < a_n$ である. また $a_n \in A$, $b_n \notin A$ である. さらに

$$|a_n - b_n| \leq \frac{a_0 - b_0}{2^n} \tag{7.3}$$

だが, K はアルキメデス的順序体だから, 右辺は 0 に収束する. 一方 $m, n \geq N$ ならば

$$|a_m - a_n| \leq |a_N - b_N|, \quad |b_m - b_n| \leq |a_N - b_N|$$

が成り立つから, (7.3) と合わせて $\{a_n\}_n, \{b_n\}_n$ はともにコーシー列であることがわかる. したがって, 5. によってともに極限値 $a = \lim a_n$, $b = \lim b_n$ をもつ. しかも (7.3) によって $a = b$ でなければならない.

この a は S の上界である. 実際, 定義によって $a_n \in A$ だから $S \leq a_n$ が成り立つ. したがって $S \leq a$ であるから, a は S の上界である.

次に a が S の最小上界であることを示す. いま $x < a$ とする. $a = \lim b_n$ かつ $\{b_n\}_n$ は単調増加だから, $x < b_n \leq a$ なる b_n が存在する. $b_n \notin A$ だから $b_n < y$ なる $y \in S$ が存在する. つまり $x < y$ かつ $y \in S$ である. これは, x が S の上界ではありえないことを示している. すなわち, a は S の最小上界である.

以上によって 1.～5. の同値性が証明された. □

問題 7.5 順序体 K において, デデキントの公理が成り立つとする. 切断 $(A|B)$ によって定まる境目の数 $a \in K$ は A の上限であり, 同時に, B の下限であることを示せ.

問題 7.6 順序体における基本列は有界であることを示せ.

▶**定義 7.6**◀ 定理 7.8 の同値な命題を満たす順序体は**実数体**と呼ばれる. たとえば, ワイアシュトラスの定理が成り立つ順序体は実数体である.

7.4 実数体の構成

▶**定義7.7**◀ 有理数体における基本列全体のなす集合を $\mathfrak{R}$(ドイツ文字の R)と記す.

$\{a_n\}_n, \{b_n\}_n \in \mathfrak{R}$ に対して,その和と積を
$$\{a_n\}_n + \{b_n\}_n = \{a_n + b_n\}_n, \qquad \{a_n\}_n \cdot \{b_n\}_n = \{a_n b_n\}_n$$
で定義する.

┃定理7.9┃ $\mathfrak{R}$ は上の加法・乗法の定義のもとで環をなす.また**零列**,すなわち 0 に収束するような有理数列の全体 $\mathfrak{N}$(ドイツ文字の N)は $\mathfrak{R}$ の中でイデアルをなす.

証明 証明は微積分学における収束数列に関する命題の証明を逐一なぞるだけであるから,読者のチェックに任せるのが適当であろう.最初に,$\mathfrak{R}$ が和・積の演算で閉じていること,すなわち
$$\{a_n\}_n, \{b_n\}_n \in \mathfrak{R} \implies \{a_n + b_n\}_n \in \mathfrak{R}, \ \{a_n b_n\}_n \in \mathfrak{R}$$
を証明することを忘れないように.加法単位元は,各 n に対して $a_n = 0$ なる定数列 $\{0\}_n$ であり,乗法単位元は各 n に対して $a_n = 1$ なる定数項数列 $\{1\}_n$ である(一般項が定数 a なる数列を $\{a\}_n$ と記すことにする). □

注意 有理基本列 $\{a_n\}_n$ は直積 $N \times Q$ の部分集合,すなわち $\{a_n\}_n \in \wp(N \times Q)$ である.したがって $\mathfrak{R}$ は集合をなすが,$N \times Q$ そのものよりもはるかに大きな集合である(定理 7.19:p. 169,定理 7.23:p. 171 参照).一方,集合論 ZF における(対象記号,変数記号などの)記号は可算無限個しかないから,論理式も可算無限個である.したがって,論理式 $A(x)$ を使って $\{x \in \wp(N \times Q) | A(x)\}$ という形に書ける集合は可算無限個しか存在しない.これが,実数体が有理数体と比べてはるかに深い,あるいは不可思議な性格を備えている原因となっている.

┃定理7.10┃ 商環 $\mathfrak{R}/\mathfrak{N}$ は体をなす.これを R と記す.

証明 $\alpha \in R = \mathfrak{R}/\mathfrak{N}$ とし,$\alpha \neq 0$ とする.ただし,この 0 は R の加法単位元,すなわち $\{0\}_n$ の属する類のことである.$\{a_n\}_n \in \alpha$ なる有理数列をとる.$\{a_n\}_n$ は 0

には収束しない基本列だから，$a_n=0$ となる n は有限個しか存在しない (すなわち $a_n=0$ for $\forall n \leq M$ を満たす一定値 M が存在する). そこで, そういう n に対しては $a_n=1$ と置き換えてしまう. こうしても新しい数列は元の $\{a_n\}_n$ と同じ類 α に属している.

さて, この数列 $\{a_n\}_n$ に対して逆数のなす $\{a_n^{-1}\}_n$ という数列を考えることができるが, これも基本列である (これも読者の演習とする. 下の問題 7.7 参照). すなわち $\{a_n^{-1}\}_n \in \mathfrak{R}$ である. $\{a_n\}_n \cdot \{a_n^{-1}\}_n$ は定数列 $\{1\}_n$ である. したがって α は乗法逆元をもつことが示された. □

問題 7.7 $\{a_n\}_n \in \mathfrak{R} - \mathfrak{N},\ a_n \neq 0\ (\forall n \in \mathbb{N})$ のとき $\{a_n^{-1}\}_n \in \mathfrak{R}$ を示せ.

これから R に実数体の構造を入れる. まず, 有理数体 Q を R に加法・乗法の演算を維持したままはめ込む. これは簡単なことで, $a \in Q$ に対して $\{a\}_n$ を対応させればよい. この写像を $\Phi: Q \to R$ とすれば, Φ が環としての単射準同型であることはほとんど証明する事柄がないほど容易に示せる. そこで, 定数項数列 $\{a\}_n$ をも a と書くことにしよう.

次の仕事は, R を Q の順序拡大とする (すなわち R に有理数の順序を拡張した順序関係を導入し, 順序体とする) ことである.

▶**定義 7.8**◀ $\alpha \in R = \mathfrak{R}/\mathfrak{N}$ とする. α を**定義する**有理数列をとる. すなわち, $\{a_n\}_n \in \alpha$ なる有理基本列 $\{a_n\}_n$ を任意にとる.

(1) ある正有理数 ε と自然数 N が存在して
$$a_n > \varepsilon \quad (\forall n \geq N)$$
が成り立つとき, α は**正**であるという. 記号では $\alpha > 0$ あるいは $0 < \alpha$ と記す.

(2) ある正有理数 ε と自然数 N が存在して
$$a_n < -\varepsilon \quad (\forall n \geq N)$$
が成り立つとき, α は**負**であるという.

(3) 基本列 $\{|a_n|\}_n$ が定義する R の元を α の**絶対値**と呼び, $|\alpha|$ と記す.

同じ α を定義する有理基本列のとり方によらず正負および絶対値が定まることは, 自分で確認すべきである.

P を R の正なる元の集合, $-P$ を負なる元の集合とすると, 定義 7.8 から
$$R = P \sqcup \{0\} \sqcup -P$$

が容易に示される．実際，正でも負でもない α に対して $\{a_n\}_n \in \alpha$ とすると，定義7.8の(1), (2)の否定形をつくることによって任意の $\varepsilon > 0$ に対して $|a_n| < \varepsilon$ なる n が無数に存在することがわかり，$\{a_n\}_n$ は基本列だったので $\lim a_n = 0$ が成り立つからである．さらに P が加法と乗法で閉じていることは明らかだから，問題7.4によって R は順序体となる．これで定義7.3, 7.4に従って R における基本列および収束の定義を導入することができる．

▌定理7.11▌ R はアルキメデス的順序体である．したがって特に，有理数体 Q は R で稠密である．

証明 任意に $\alpha \in R$ をとる．α を定義する有理基本列を $\{a_n\}_n$ とすると，これは有界だから $a_n < M (\forall n)$ なる有理数 M が存在する．Q 自身がアルキメデス的であるから，$M < N$ なる自然数 N が存在する．したがって $\alpha < N$ なる自然数 N が存在することになる．ゆえに N は R 内で有界ではない． □

問題 7.8 有理数列 $\{a_n\}_n$ が $\alpha \in R$ を定義するとすれば
$$\alpha = \lim_{n \to \infty} a_n$$
が成り立つことを示せ．

次が眼目の定理である．

▌定理7.12▌ R は実数体である．

証明 定義7.6により，上に有界な R の部分集合 $S \neq \emptyset$ が R 内に上限をもつことを証明すればよい．S が下にも有界だとしても一般性は失われないから，S は上にも下にも有界とする．R はアルキメデス的順序体だから，$S \subseteq [a, b]$ なる有理数 a, b が存在する．次のように回帰的に閉区間 $[a_n, b_n]$ を構成する．

まず $[a_0, b_0] = [a, b]$ とする．次に $[a_n, b_n]$ が

1. $a_n, b_n \in Q$
2. $S \leq b_n$ （すなわち，b_n は S の上界である）
3. $\exists s \in S ; a_n < s$ （すなわち，a_n は S の上界ではない）

であるように定まったとせよ．

$S \leq (a_n + b_n)/2$ ならば $a_{n+1} = a_n$，$b_{n+1} = (a_n + b_n)/2$ とし，そうでないなら $a_{n+1} = (a_n + b_n)/2$，$b_{n+1} = b_n$ と定義すると，$[a_{n+1}, b_{n+1}]$ は上の性質1.～3.を維持している．

$0 \leq a_{n+1} - a_n \leq (b-a)/2^{n+1}$ に注意する．これより
$$|a_{n+k} - a_n| \leq |a_{n+k} - a_{n+k-1}| + \cdots + |a_{n+1} - a_n| \leq \frac{b-a}{2^{n-1}}$$
である．R のアルキメデス性によって，右辺は n が大きくなるときいくらでも小さくなる．したがって $\{a_n\}_n$ は基本列である．$\{a_n\}_n$ の定義する (R における) 類を α とする．

$\{b_n - a_n\}_n$ は零列だから，$\{b_n\}_n$ の定義する類も同じく α である．

α は S の上限である．実際，まず $S \leq b_n$ によって $S \leq \alpha$ が成り立つ．さらに ε を R における任意の正数とすると，$\alpha - \varepsilon < a_n < \alpha + \varepsilon$ なる a_n が存在する．$a_n \leq s$ なる $s \in S$ が存在するので，$\alpha - \varepsilon$ は S の上界ではないからである． □

定理7.13 (実数体の一意性) 任意の実数体 K は R に同型で，しかもその同型写像 $K \to R$ はただ一つ存在するのみである．

証明 K を任意の実数体とする．$Q \subseteq K$ とみなせることに注意する．$\mathfrak{R}$ を (前節で定義したように) 有理基本列のなす環とする．$\{a_n\}_n \in \mathfrak{R}$ を与えると，K の完備性によって $\{a_n\}_n$ は K で極限値をただ一つもつ．$\{a_n\}_n$ にその K 内での極限値を対応させる写像を $\Phi : \mathfrak{R} \to K$ と記す．Φ が環としての準同型写像であることは明らかである．また Φ の核は 0 に収束する有理数列の集合だから，$\mathfrak{N}$ である．

Φ が全射であることを示せば，環の準同型定理によって R と K の同型性が証明されたことになる．

α を K の任意の元とする．有理数体 Q (と同型な体) が K で稠密に含まれているから，有理基本列 $\{a_n\}_n$ を選んで，$\lim a_n = \alpha$ とできる．したがって Φ は全射である．

最後に，同型写像の一意性を証明する．φ_1, φ_2 がともに体 R から体 K への同型写像とすると，合成写像 $\varphi_2^{-1} \varphi_1$ は R の環としての**自己同型写像**，すなわち R から R の上への (環としての) 同型写像である．ゆえに R には恒等写像以外には，自己同型写像が存在しないことを証明すればよい．これは簡単に証明できることだが，それ自身興味深い事実でもあるので，定理として別に取り上げることにしよう． □

定理7.14 実数体 R は恒等写像以外には自己同型写像をもたない．

証明 φ を R の恒等写像ではない自己同型写像とする．$c>0$ かつ $\varphi(c)<0$ なる実数 c の存在がいえれば，矛盾を生じたことになり証明が終わる．なぜなら，$c>0$ なら（切断，あるいはワイアシュトラスの定理を使うなどの方法で）$c=b^2$ を満たす $b \in R$ をとることができるので，$\varphi(c)=\varphi(b)^2>0$ が成り立つはずだからである．

まず φ が恒等写像ではないことによって，$\varphi(s) \neq s$ なる $s \in R$ が存在する．必要なら符号を取り換えることによって，$\varphi(s)<s$ と仮定してよい．

R はアルキメデス的だから，Q は R で稠密である．ゆえに

$$\frac{\varphi(s)+s}{2}<a<s, \quad \text{すなわち} \quad 0<s-a<a-\varphi(s)$$

なる有理数 a が存在する．$c=s-a$ とおくと，有理数体 Q 上では φ は恒等写像だから（下の問題 7.9 参照），

$$\varphi(c)=\varphi(s)-a<0, \quad c>0$$

が成り立つ． □

問題 7.9 (1) 有理数体には，恒等写像以外には自己同型写像は存在しないことを証明せよ．

(2) α を任意の実数とする．α に収束する単調増加な有理数列を $\{a_n\}_n$ とし，単調減少で α に収束する有理数列を $\{b_n\}_n$ とすると，$a_n \leq \alpha \leq b_n$ が成り立つ．このことから，R には自明でない自己同型写像は存在しないことを導け．

┃定理 7.15（実数の 10 進小数展開）┃ 任意の負でない実数 α に対して

$$a_n = [\alpha] + \frac{a_1}{10} + \frac{a_2}{10^2} + \cdots + \frac{a_n}{10^n} \quad (a_i = 0, 1, \cdots, 9)$$

なる形の有理数列 $\{a_n\}_n$ で α に収束するものが存在する．ここに，$[\alpha]$ は α を超えない最大の整数を表す．級数の記号を使って書けば，

$$\alpha = [\alpha] + \sum_{n=1}^{\infty} \frac{a_n}{10^n}$$

である．

逆に，

$$a_0 + \sum_{n=1}^{\infty} \frac{a_n}{10^n}, \quad a_n \in N, \quad 0 \leq a_n \leq 9 \quad (n \neq 0)$$

とすれば，この級数は一つの負でない実数を表す．

証明 展開の可能性はすでに一般的なアルキメデス的順序体に対して証明してある (定理 7.4：p. 152)．

逆に $\{\sum_{k=1}^{n} a_k/10^k\}_n$ という数列を考えると，これは単調増加で，しかもどの項も 1 を超えることができないので有界となり，ワイアシュトラスの定理によって収束する． □

実数体は，結局は 10 進小数のなす集合と考えてよいのである．それなら最初から 10 進小数をもって実数と定義すればよいようなものだが，10 進小数の和・積の定義や順序の定義を厳密に実行してみれば，しょせん同じ（あるいはそれ以上の）手間がかかることがわかるだろう．それなら，10 という数を特別扱いにする必要はないのであって，数列によるのが最善であることが理解されるだろう．

そうはいうものの，無限小数を考えたときに実数論は実質的にはでき上がったといってよい．無限小数が考案されたのがいつ頃のことなのか筆者が知りたいと思うゆえんである．ステヴィンが方程式の近似解を扱い「このように限りなく続けることによって真の値に限りなく近づくことができる」と述べているのは無限小数への一歩ではあるが，無限小数そのものではない．

最後に非アルキメデス的，かつ完備な順序体の例をあげて本節を閉じよう．

例 7.2* 実数を係数とする，$1/t$ の形式的整級数

$$\sum_{n > -\infty}^{+\infty} \frac{a_n}{t^n}$$

具体的に書けば，

$$a_{-m} t^m + \cdots + a_0 + \frac{a_1}{t} + \cdots + \frac{a_n}{t^n} + \cdots \qquad (a_{-m} \neq 0)$$

という形のすべての式がなす体 $\mathbb{R}((1/t))$ を K とする (例 5.1 (2)：p. 115 で考えた形式的級数のなす体 $\mathbb{R}((X))$ において，X を $1/t$ で置き換えて考えればよい)．$f \in K$ に対して 0 でない最高次の係数を $c(f)$ と書くことにする (上式でいえば $c(f) = a_{-m}$ である)．

$$f > 0 \rightleftharpoons c(f) > 0$$

によって正であることを定義すると，これから必然的な手続きによって K を順序体とすることができる．

K は非アルキメデス的順序体である．なぜなら，任意の正実数 a に対して

$0<1/t<a<t$ が成り立つからである．したがって，t は（実数に対して）**無限大**であり，$1/t$ は**無限小**であるといってよい．

さらに K はこの順序に関して完備である，すなわち，K の任意の基本列が K 内に収束する．その証明は各自で確認してほしい．基本列という意味から調べていかねばならないから，理解度のチェックになるだろう．「任意の正数 ε」として $1/t^n$ をとって考えるとよい．

例 7.2 によって，実数体を定義する同値命題（定理 7.8：p. 156）において，アルキメデスの公理という，ちょっと自明すぎて不要なようにも思われる条件を落とせないことがわかる．

7.5 濃　　度*

初心の読者は本節は内容を理解するだけでもよい．

実数体は有理数体より集合としてはるかに大きい集合であるという事実（定理 7.23：p. 171）の発見は，カントル革命の第一歩であった．集合のサイズが大きい，小さいというのは有限集合の場合はすでに定義したが，無限集合の場合にこの概念を拡張してカントルの定理を証明する．集合の濃度の概念は代数拡大だけを考えていれば直接的な関連は薄いが，超越拡大を扱うとなるとそうはいかなくなる．

▶**定義 7.9（濃度）**◀　X, Y を二つの集合とする．単射 $f: X \to Y$ が存在するとき，$|X| \leq |Y|$ と記す．X から Y への全単射が存在するとき，すなわち X と Y が集合として対等（$X \sim Y$）であるとき，X は Y と濃度（あるいは**基数**）が等しいといい，$|X| = |Y|$ と記す．$|X| \leq |Y|$ であって，しかも $|X| \neq |Y|$ なるとき $|X| < |Y|$ と記し，X の濃度は Y の濃度より小さいという．

$X = X_1 \bigsqcup X_2$ という記号を $X = X_1 \cup X_2$ かつ $X_1 \cap X_2 = \emptyset$ という意味に使ってきたが，これを拡張する．

▶**定義 7.10**◀　X, Y を集合とするとき，その（集合としての）**直和** $X \bigsqcup Y$ を
$$X \bigsqcup Y = \{(n, z) | (n=0) \wedge (z \in X) \text{ または } (n=1) \wedge (z \in Y)\}$$
で定義する．さらに $X_\lambda, \lambda \in \Lambda$ を集合族とするとき，その直和を
$$\bigsqcup_{\lambda \in \Lambda} X_\lambda = \{(\lambda, x_\lambda) | x_\lambda \in X_\lambda \, (\forall \lambda \in \Lambda)\}$$
で定義する．

$x \in X$ に $(0, x)$ を対応させる写像 $\varphi: X \to X \bigsqcup Y$ の像を X^* とし，$y \in Y$ に $(1, y)$

を対応させる写像 $\psi: Y \to X \sqcup Y$ の像を Y^* とすると,
$$X \sqcup Y = X^* \cup Y^*, \quad X^* \cap Y^* = \emptyset, \quad X \sim X^*, \quad Y \sim Y^*$$
が成り立っている．これによって，今回定義した記号 $\sqcup$ がこれまでの記号 $\sqcup$ の拡張になっていることがわかるだろう．どうしても区別したければ，新しい方を $\sqcup^*$ とでも書けばよいが，そんなにしなくても十分区別がつくものである．

定義によって $X \sqcup X = 2 \times X$ である．さらに一般に，
$$\bigsqcup_{\lambda \in \Lambda} X = \Lambda \times X$$
である．

問題 7.10 (1) n が自然数のとき $N \sqcup n \sim N$ を示せ．
(2) $2 \times N \sim N$ を示せ．
(3) $N \times N \sim N$ を示せ．
（ヒント） (3) $f(x,y) = (x+y)(x+y+1)/2 + x$ は N^2 から N への全単射であることを示せ（下表参照）．

x \ y	0	1	2	3	4	5	6	7
0	0	1	3	6	10	15	21	
1	2	4	7	11	16	22		
2	5	8	12	17	23			
3	9	13	18	24				
4	14	19	25					
5	20	26						
6	27							

【例題 7.1】 X が無限集合で Y が有限集合のとき，$X \sqcup Y \sim X$ を示せ．

[解] X は無限なので，$Z \subseteq X$ なる可算無限集合 Z がとれる．また Y は有限なので，$Y \sim n$ なる自然数 n が存在する．問題 7.10 (1) により $Z \sqcup n \sim Z$ だから
$$X \sqcup Y \sim (X-Z) \sqcup Z \sqcup n \sim (X-Z) \sqcup Z \sim X$$
である． □

次の 3 定理は，濃度（基数）の算術において基本的である．

■定理 7.16(濃度の比較可能性)■ 任意の集合 X, Y に対して
$$|X| \leq |Y|, \quad |Y| \leq |X|$$
のいずれかが成り立つ．

証明 整列集合の比較定理（定理 2.16：p. 64）と整列原理を適用すれば結果は明らかだが，ここではツォルンの補題を使って別証を与えておく．

X, Y のいずれかが空の場合は自明だから，いずれも空でないとする．

X の部分集合から Y へのすべての単射のなす集合を Λ とする．$f \in \Lambda$ に対して，そ

の定義域，値域をそれぞれ $\mathrm{dom}\, f$, $\mathrm{ran}\, f$ と記す．いつものとおり，
$$f \leq g \rightleftharpoons \mathrm{dom}\, f \subseteq \mathrm{dom}\, g, \quad f(x)=g(x) \quad \text{for} \quad \forall x \in \mathrm{dom}\, f$$
と定義すると，明らかに Λ は空でない帰納的順序集合をなす．したがってツォルンの補題が適用できて，Λ の極大元 φ が存在する．

仮に $\mathrm{ran}\, \varphi \subsetneq Y$, かつ $\mathrm{dom}\, \varphi \subsetneq X$ とすると，
$$x_0 \notin \mathrm{dom}\, \varphi, \quad y_0 \notin \mathrm{ran}\, \varphi$$
なる $x_0 \in X$, $y_0 \in Y$ が存在する．そこで
$$\varphi^*(y) = \begin{cases} y_0 & (x=x_0) \\ \varphi(x) & (x \neq x_0) \end{cases}$$
と定義すれば，φ^* は $\mathrm{dom}\, \varphi \cup \{x_0\}$ から $\mathrm{ran}\, \varphi \cup \{y_0\}$ への単射であり，$\varphi < \varphi^*$ となって φ の極大性に矛盾する．

まず $\mathrm{ran}\, \varphi = Y$ とせよ．φ は X の部分集合から Y の上への単射なので，逆写像は Y から X への単射である．したがってこの場合は $|Y| \leq |X|$ である．

次に $\mathrm{dom}\, \varphi = X$ とすれば $\varphi : X \to Y$ は単射となり，$|X| \leq |Y|$ である． □

濃度の比較可能性定理は選出公理（したがって整列原理・ツォルンの補題）と同値な命題であるから，これらのいずれかを使わずには証明できない．しかし，次のカントル＝ベルンシュタインの定理は選出公理なしに証明できるが，使った方がずっと簡潔に証明できる．

┃定理7.17（カントル＝ベルンシュタインの定理）┃ 任意の集合 X, Y に対して
$$|X| \leq |Y|, \quad |Y| \leq |X| \Rightarrow |X|=|Y|$$

この定理は次の定理（それ自身重要である）から証明される．

┃定理7.18┃ X が無限集合のとき
$$|Y| \leq |X| \Rightarrow |X \sqcup Y| = |X|$$
が成り立つ．

ひとまず定理 7.18 を認めて，カントル＝ベルンシュタインの定理を証明しよう．

$|X| \leq |Y|$, $|Y| \leq |X|$ とする．X が有限集合の場合は定理 2.6 によって $|X|=|Y|$ が成り立つので，X は無限集合，したがって Y も無限集合とすると，定理 7.18 によって
$$|X| = |X \sqcup Y| \quad (\because |Y| \leq |X|)$$
$$= |Y| \quad (\because |X| \leq |Y|)$$
が成り立つ． □

定理7.18の証明 まず無限集合 X に対して $|2 \times X|=|X|$ を証明する．

Λ を，ある $Y \subseteq X$ に対して $2 \times Y$ から Y への全単射となっているような写像 f の全体のなす集合とする．

$$f \in \Lambda \Leftrightarrow \exists Y \subseteq X\,[f: 2 \times Y \to Y\,(全単射)]$$

X は無限集合なので可算無限部分集合 Y をもつ (定理 2.13：p.60)．問題 7.10 (2) によって $2 \times Y \sim Y$ なので，$\Lambda \neq \emptyset$ である．Λ は写像の拡張に関して空でない帰納的順序集合をなすから，ツォルンの補題によって，極大元 $\varphi: 2 \times Z \to Z$, $Z \subseteq X$ が存在する．

差集合 $X - Z$ は有限集合である．なぜなら，無限集合とすると，$Y \subseteq X - Z$ なる可算無限集合 Y が存在するはずである．このときふたたび全単射 $f: 2 \times Y \to Y$ が存在するので，f と φ を使って全単射 $2 \times (Z \cup Y) \to Z \cup Y$ が構成でき，φ の極大性に反することになるからである．

したがって例題 7.1 (p.167) によって $X = (X - Z) \cup Z \sim Z$ である．ゆえに
$$2 \times X \sim 2 \times Z \sim Z \sim X$$
である．

そこで，一般に $|Y| \leq |X|$ の場合を考えよう．$Y' \subseteq X, Y' \sim Y$ なる Y' をとると，上で示したとおり $Y' \sqcup Y \sim 2 \times Y' \sim Y'$ だから，
$$X \sqcup Y \sim (X - Y') \sqcup Y' \sqcup Y \sim (X - Y') \sqcup Y' \sim X$$
が成り立つ． □

たとえば $\mathbb{Q}$ の可算性は直接明示的に証明することができるが，定理 7.17 を適用して示すこともできる．実際，有理数体の定義の仕方 (5.2 節参照) によって
$$|\mathbb{Z}| \leq |\mathbb{Q}| \leq |\mathbb{Z} \times \mathbb{Z}|$$
が成り立つ．$|\mathbb{Z} \times \mathbb{Z}| = |\mathbb{N} \times \mathbb{N}| = |\mathbb{N}|$ が成り立つから，カントル=ベルンシュタインの定理によって $|\mathbb{Q}| = |\mathbb{N}|$ である．この証明は有理数体ばかりではなく，任意の整域 R とその商体 K の場合にも使えて $|R| = |K|$ を得るが，そのためには $|X \times X| = |X|$ が一般の集合 X に対して証明されていなければならない．これが定理 7.20 である．

次の定理は結果もそうだが証明がとりわけおもしろい．基礎論の世界では，この論法が繰り返し出現して不思議な定理を導くのに使われる．

■定理 7.19 (カントルの定理)■ 任意の集合 X に対して，X の濃度はその冪集合 (すなわち X のすべての部分集合の族) $\wp(X)$ の濃度より小さい．
$$|X| < |\wp(X)|$$

証明 X の元 x に単集合 $\{x\}$ を対応させる写像は明らかに X から $\wp(X)$ への単射であるから，$|X| \leq |\wp(X)|$ が成り立つ．

仮に $f: X \to \wp(X)$ が全射であると仮定して矛盾を導く．$A = \{x \in X \mid x \notin f(x)\}$ と定義する．$A \in \wp(X)$ であるが，f は全射であるから，$f(a) = A$ を満たす $a \in X$ が存在することになる．

$a \in A$ としてみよう．A の定義により $a \notin f(a) = A$ であって矛盾する．

$a \notin A$ としてみよう．$A = f(a)$ だから $a \notin f(a)$ となって $a \in A$ が結論され矛盾を生

じる.

この矛盾は X から $\wp(X)$ の上への写像が存在するとしたから生じたので,全射は存在しえないことになる. □

▶**定義7.11**◀ X, Y を集合とする.X^Y でもって Y から X へのすべての写像のなす集合を表す.
$$X^Y = \{f \mid f: Y \to X\}$$
この冪の記号は,これまで使ってきた自然数の冪の記号などと整合している.

問題7.11 (1) m, n が自然数のとき,自然数の冪(古い定義)n^m は有限集合 m から有限集合 n への写像の全体のなす集合(新しい定義)n^m と対等であることを示せ.
(2) $X^2 \sim X \times X$ を示せ.
(3) $X^{Y \times Z} \sim (X^Y)^Z$ を示せ.

問題7.12 2^X は $\wp(X)$ と対等であることを示せ.

定理7.20 X が無限集合で,$|Y| \leq |X|$ ならば,$|X \times Y| = |X|$ である.

証明 $Y = X$ として証明すれば十分である.
Λ を,ある $Y \subseteq X$ に対して $Y \times Y$ から Y への全単射となっているような写像 f の全体のなす集合とする.
$$f \in \Lambda \Leftrightarrow \exists Y \in \wp(X) [f: Y \times Y \to Y (全単射)]$$
X は無限集合なので,可算部分集合 Y をもつ.問題7.10(3)によって $Y \times Y \sim Y$ なので,$\Lambda \neq \emptyset$ である.Λ は写像の拡張に関して空でない帰納的順序集合をなすから,ツォルンの補題によって極大元 $\varphi: Z \times Z \to Z$,$Z \subseteq X$ が存在する.
$|Z| = |X|$ が証明されればよい.そこで仮に $|Z| < |X|$ としてみよう.これは定理7.18によって $|X - Z| = |X|$ を意味している.したがって $|Z| < |X - Z|$ であるから,$X - Z \supseteq Y \sim Z$ なる Y が存在する.
$$(Z \sqcup Y) \times (Z \sqcup Y) = (Z \times Z) \sqcup (Z \times Y) \sqcup (Y \times Z) \sqcup (Y \times Y)$$
であるが,$\varphi: Z \times Z \to Z$ が全単射であることと $Y \sim Z$ とによって
$$(Z \times Y) \sqcup (Y \times Z) \sqcup (Y \times Y) \sim Y$$
が成り立つ.その全単射を ψ とする.$Z \times Z$ の上では φ で,残りでは ψ なる写像 $\bar{\varphi}$ を定義すれば,$\bar{\varphi}$ は $(Z \sqcup Y) \times (Z \sqcup Y)$ から $Z \sqcup Y$ への全単射を導く.これは φ の極大性に矛盾するから,$|Z| = |X|$ が証明された. □

定理7.21 X_λ,$\lambda \in \Lambda$ を集合族とし,任意の $\lambda \in \Lambda$ に対して $|X_\lambda| \leq |Y|$ とすると,
$$\left| \bigsqcup_{\lambda \in \Lambda} X_\lambda \right| \leq |\Lambda \times Y|$$
が成り立つ.

証明 $|X_\lambda| \leq |Y| (\forall \lambda \in \Lambda)$ とすれば,任意の $\lambda \in \Lambda$ に対して単射 $f_\lambda: X_\lambda \to Y$ が存在す

る．そこで，$F:\bigsqcup_\lambda X_\lambda \to \bigsqcup_\lambda Y$ を $F((\lambda, x_\lambda))=(\lambda, f_\lambda(x_\lambda))$ で定義すれば，F は単射である．ゆえに

$$\left|\bigsqcup_{\lambda\in\Lambda} X_\lambda\right| \leq \left|\bigsqcup_{\lambda\in\Lambda} Y\right| = |\Lambda\times Y| \tag{7.4}$$

が成り立つ（下の注意参照）． □

注意 (**1**) (7.4) は自明なようだが，暗黙のうちに**選出公理が使われている**．というのは，$|X_\lambda|\leq|Y|$ は $|X_\lambda|$ から $|Y|$ への単射が「存在する」と表明しているだけで，そういう単射が与えられているわけではないからである．

もう少していねいにいえば，集合 $F_\lambda=\{f|f:X_\lambda \rightarrowtail Y\}$（ここに，$\rightarrowtail$ は単射であることを示す．ここだけで使う記号である）は空集合ではないというのが $|X_\lambda|\leq|Y|$ の主張である．そして Λ は無限集合でありうるのだから，選出公理を使って各 F_λ から代表 f_λ を選び出さざるを得ない．こうすればたしかに $(\lambda, x_\lambda) \mapsto (\lambda, f_\lambda(x_\lambda))$ で定義される写像 $F:\bigsqcup_\lambda X_\lambda \to \bigsqcup_\lambda Y$ は単射だから (7.4) が成立する．

(**2**) ただし選出公理を使うためには $F_\lambda, \lambda\in\Lambda$ が集合族をなすこと，つまり $\{F_\lambda|\lambda\in\Lambda\}$ が集合をなすことをみておかねばならない．というのは，選出関数は集合 S から和集合 $\bigcup S$ への写像として定義されているからである．

$X=\bigsqcup_\lambda X_\lambda$ とおく．$f\in F_\lambda$ とすると $f\in\wp(X\times Y)$，したがって $F_\lambda\in\wp^2(X\times Y)$ である．$x=F_\lambda$ という命題を述語論理で記述することは容易だから

$$\{F_\lambda|\lambda\in\Lambda\}=\{x\in\wp^2(X\times Y)|\exists\lambda\in\Lambda(x=F_\lambda)\}$$

は分出公理によって集合をなす．

(**3**) GB 集合論では選出公理を任意の集合 $\neq\emptyset$ から一つずつ代表を摘出できるという強い形で述べることもできる．このときは (2) のような考察は無用である．しかし本書では ZF 集合論を採用しているので一応 (2) の考察をした．

∥**定理 7.22**∥ $2\leq|X|\leq|Y|$ で，しかも Y が無限集合ならば $|X^Y|=|2^Y|$ が成り立つ．

証明 $|X|\leq|2^X|$ であるから，$|X^Y|\leq|(2^X)^Y|$ が成り立つ．$(2^X)^Y\sim 2^{X\times Y}$ であるから（問題 7.11(3) 参照），$X\times Y\sim Y$ と合わせると $|X^Y|\leq|2^Y|$ を得る．逆の不等号は明らかだから，カントル=ベルンシュタインの定理によって等号を得る． □

∥**定理 7.23**（**カントル**；1873 年）∥ 実数体 R に対して $|R|=|2^N|$ が成り立つ．したがって，特に R は**非可算集合**である．

証明 まず，$I=[0,1)=\{x\in R|0\leq x<1\}$ として $|I|=|2^N|$ を証明する．定理 7.15 によって，実数は 10 進無限小数に展開できるから，I に属する数は 10^N の元とみなすことができる．ただし，たとえば $0.5000\cdots=0.4999\cdots$ だから $|I|\leq|10^N|$ である．次に，数字として 0 と 1 だけを使った 10 進無限小数（注意：2 進無限小数ではない）は，I に属する数の一部であるから，$|2^N|\leq|I|$ である．定理 7.22 によって，$|2^N|=|10^N|$ だから

カントル
(GEORG CANTOR, 1845-1918)

結果を得る．

次に
$$R = \bigsqcup_{n \in Z} [n, n+1)$$
と表せるから，定理 7.21 によって
$$|R| = \left|\bigsqcup_{n \in Z} [n, n+1)\right| \leq |Z \times I| = |I|$$
一方，$|I| \leq |R|$ だから結果を得る． □

前半は次のように考えることもできる．2 通りに表せる無限小数というのは，言い換えれば有限小数のことである．区間 I 内の有限小数の全体のなす集合を A とすれば，$A \sqcup I = 10^N$ が成り立つ．A は有理数体の部分集合であるから，可算集合をなす．したがって定理 7.18 によって
$$|2^N| = |10^N| = |A \sqcup I| = |I|$$
である．

最後に数学史の一こまから．先に証明した定理 7.20 の系として，$R^2 \sim R$ が得られる．これは集合論の創始者カントル (1845-1918) が 3 年もかけた末得た結果である．カントルは $|R| < |R^2|$ を予想していたので自分の証明が信じられず，盟友デデキントに「目には見えども，我信ぜず」と書き送った (1877 年；[Adac2] 第 5 章参照)．「平面が直線と対等なら，幾何学における次元など意味がなくなるではないか」というのがカントルのこの命題に対する不信感の源であったが，デデキントは熟考の後「R^2 から R への全単射は連続関数ではありえない」と指摘した．実際，次のようにしてこれを証明できる．

$f: R^2 \to R$ を連続な全単射としよう．$\varphi(x) = f(x, 0)$ とすれば，$\varphi: R \to R$ は連続な単射である．したがって $\varphi(-1) = a$，$\varphi(1) = b$ とすると，$a \neq b$ である．ゆえに $a < b$ としても一般性を失うことはない．

中間値の定理によって，$\varphi(x)$ は $[a,b]$ 内のすべての値を取りうる．特に
$$\varphi(c)=f(c,0)=\frac{a+b}{2} \qquad (-1<c<1)$$
なる c が存在する．

　$\psi(y)=f(c,y)$ とおくと，ψ も連続関数で，$\psi(0)=(a+b)/2$ が成り立つ．$|y|\,(y\neq 0)$ を十分小さくとれば，$\psi(y)$ は $(a+b)/2$ に十分近い値をとり，$a<\psi(y)<b$ となる．ところがこれは φ のとりうる値と重複することになり，f の単射性に矛盾する．

　この証明をみれば，実際には平面 R^2 内の開集合，たとえば円の内部と実数直線 R 内の開区間との間にも，連続な全単射が存在しえないこともわかるだろう．

Chapter 8

複 素 数

8.1 複素数をめぐるお話

　ずっと前のことだが，早稲田大学が生んだ偉大な学者高橋利衛さん(制御工学；故人)が，「実数から複素数への拡張は算法を保持しつつ，大小関係を犠牲に供しました．そのかわりに，向きという実に巨大なものを手に入れたのです．複素数の数学を建設した人々も，おそらくこの分かれ道に立っては"実存的決断"を迫られたのではないかと想像されます．私どもが複素数に教科書ではじめて出会うとき感じる，あのほのかな不安は，けっして故なきものではありません」(『数学セミナー』1965 年 11 月号) と書いておられる．「実存的決断」とか「あのほのかな不安」などという泣かせる，いかにも「らしい」言葉を読んでは，引用せずにすませることは，筆者には不可能であった．とはいうものの，筆者は鈍い学生だったらしく複素数に対して「ほのかな不安」を覚えたことがない．なかったような気がする．
　無理数は $\sqrt{2}$ だろうと π だろうとその実在性を疑われたことがなかったのに対し，虚数の方は実在性を確立したのは 19 世紀中葉になってからであった．その違いを推測するに，実数は小数によって近似できるのに対して，複素数はそうではないということがいちばん大きい理由なのではなかろうか．
　実際，負数ですら，実在の仲間へ入れてもらったのは無理数よりずっと遅く，

17世紀を過ぎてからだった．そして以前述べたように，数直線，あるいは寒暖計のイメージができてから一挙に数として認められるようになったのであった．同様に，虚数の場合もガウス平面と呼ばれる平面表示が発明されて初めてその実在性を確立したといえるだろう．ガウス自身，初期には虚数の使用をできるだけ表面に立たぬように工夫していたが，自らの権威を確立した後は公然と複素数を使うようになり，「人がこれまでこの対象を誤った観点から眺め，その際に謎めいた暗黒面を見出したとすれば，それはおおかたまずい命名の仕方のせいである．$1, -1, \sqrt{-1}$ などを，正の，負の，虚の単位としてではなく，たとえば，正方向の，逆方向の，縦方向の単位とでも名づけていたならば，そのような不可解さは問題とならなかったに違いない」と述べている．方向とか大きさは，ガウス平面を待って初めて意味のある言葉だから，16, 7 世紀頃という複素数の草創期に学者たちが「実存的決断」に迫られれたのは，順序と向きとの間の選択をめぐる分かれ道ではなく，やはり（通俗的だが）存在と非存在の分かれ道であっただろう．

　方程式論の基本定理を含む複素数の歴史については，エビングハウス他 [Ebin] に詳述されているから，ここでは二，三の話題に触れるだけにしよう．

　虚数は 3 次方程式によって登場を余儀なくされた．2 次方程式ならば虚根は「ないもの」として捨ててしまえばすむのだが，不思議なことに 3 次方程式の場合は三つの解がどれも実数の場合，虚数を使わずに「解の公式」をつくることができないのである．したがって，虚数に最初に接した人はかの怪人カルダーノ (1501-1576) であるということになる．

　ガウス (1777-1855) 以前に複素数論を確立するのにいちばん貢献した数学者はオイラーであろう．オイラーは，虚数を「想像上の数」と呼びながらも虚数の対数や三角関数を研究し，有名なオイラーの公式

$$e^{iz} = \cos z + i \sin z$$

を導き出しているからである．また，すべての方程式は複素数解をもつという方程式論の基本定理についても決定的とはいえないが，その正しさを認識するという形で貢献した．

　よく知られているように，方程式論の基本定理はガウスによって初めて厳密に証明された（史実としてはガウスが最初ではなく，スイス人アルガン (1789-1857) の方が早いが，普及したのはガウスの権威のおかげである）．ガウスは諸

ガウス
(CARL FRIEDRICH
GAUSS, 1777–1855)

ラプラス
(PIERRE SIMON DE
LAPLACE, 1749–1827)

家の著作を精査して，彼らの証明はすべて「根が存在することを認めたうえで，それが $a+bi$ の形に表せる」ことを証明しているだけであって，根の存在性は証明していないと批判した．

8.4.1項で述べるラプラス(1749–1827)による方程式論の基本定理のよく知られた証明を読めば，「根の存在を前提している」という意味が明らかとなるだろう．しかし，現在ではこれが立派な証明とみなされているのは，実は「根の存在」を仮定してよいという事実が代数学を使って簡単に証明できる事柄だからである（定理8.4参照）．したがって方程式論の基本定理の証明は，ガウスの批判に重要な意義を認めるとしても，ガウス一人の功に帰すべきものではない．

なお，方程式論の基本定理は普通「代数学の基本定理」と呼ばれている．しかし現在，代数学というのは19世紀までとはずいぶん違った意味で使われるようになっていることを考慮すれば，古典代数学の基本定理，あるいは代数学という看板をはずして，方程式論の基本定理と呼ぶ方がふさわしいように思われて呼び換えてみた．証明に「実数の連続性」を使わないわけにいかないのであってみれば，なおさらのことである．

ついでに触れておく．「基本定理(fundamental theorem)」と呼ばれる命題が各分野にあるが，「基本」というのは「入門的」という意味ではなく「基礎にある，他のすべてがそこから発展する；深い (being at the base, from which all else develops; deep)」(*"Dictionary of Contemporary English"*, Longmanによる)という意味である．アーベル群の基本定理，初等整数論の基本定理，方程式論の基本定理など，みな基本定理と呼ばれるにふさわしい大定理である．

8.2 体論の基礎

8.2.1 代数拡大

複素数体を構成し，その性質を述べるにあたって，体の一般論を整理しておくのがちょうどよい時期だと思う．

改めて拡大体，部分体の定義から述べておく．体 L の部分集合 K が L と同じ演算で体をなすとき，K は L の**部分体**である，また L は K の**拡大（体）**であるという．L が K の拡大であることを L/K と記す．商環の記号と同じだが，体の場合には商はありえないから混同のおそれはない．

K の拡大体 L は K を基礎体とするベクトル空間と考えることができる（ベクトル空間については定義 6.3〜定義 6.4：pp. 121〜123 参照）．こうしたときのベクトル空間 L の体 K 上の次元 $\dim_K L$ を L の K 上の**拡大次数**といって，$[L:K]$ と記す．拡大次数が有限のとき，L/K は**有限次拡大**であるという．

▌定理 8.1 ▌ 拡大体の列 $K \subseteq M \subseteq L$ に対して，拡大次数の連鎖律が成り立つ．
$$[L:K]=[L:M][M:K]$$

証明 拡大次数が有限でないものがあれば，必然的に両辺は無限大となって等号が成り立つと考え，拡大次数がどれも有限の場合に証明する．

$n=[M:K]$ とし，$\alpha_1,\cdots,\alpha_n$ を M/K の基底とする．また $m=[L:M]$ とし，$\beta_1,\cdots,\beta_m$ を L/M の基底とする．このとき，$\alpha_1\beta_1,\cdots,\alpha_i\beta_j,\cdots,\alpha_n\beta_m$ が L/K の基底をなすことを証明すればよい．

そこで $\xi \in L$ を任意にとる．$\beta_1,\cdots,\beta_m$ が L/M の基底をなすことによって
$$\xi = \sum_{j=1}^{m} y_j \beta_j, \quad y_j \in M \quad (j=1,\cdots,m)$$
と表せる．さらに $\alpha_1,\cdots,\alpha_n$ が M/K の基底であることによって各 j に対して
$$y_j = \sum_{i=1}^{n} x_{ij} \alpha_i, \quad x_{ij} \in K \quad (i=1,\cdots,n)$$
と表せる．したがって
$$\xi = \sum_{j=1}^{m}\sum_{i=1}^{n} x_{ij}\alpha_i\beta_j$$
である．これによって，任意の元が $\alpha_i\beta_j$ の K 上の 1 次結合として表せることが

証明された．

次に $\alpha_i\beta_j$ の 1 次独立性を証明する．
$$\sum_{j=1}^{m}\sum_{i=1}^{n}x_{ij}\alpha_i\beta_j=0, \qquad x_{ij}\in K$$
が成り立っているとすると，
$$\sum_{j=1}^{m}\left(\sum_{i=1}^{n}x_{ij}\alpha_i\right)\beta_j=0$$
であり，しかも $\sum_{i=1}^{n}x_{ij}\alpha_i\in M$ だから $\beta_1,\cdots,\beta_m$ の M 上の 1 次独立性によって
$$\sum_{i=1}^{n}x_{ij}\alpha_i=0$$
が各 j について成り立っていることがわかる．さらに $\alpha_1,\cdots,\alpha_n$ の K 上の 1 次独立性によって，各 j に対して
$$x_{ij}=0 \qquad (i=1,\cdots,n)$$
を得る．これで $\alpha_i\beta_j$ ($i=1,\cdots,n; j=1,\cdots,m$) の K 上の 1 次独立性が示された． □

▶**定義8.1**◀ L を体 K の拡大とする．$A=\{a_i\}_{i\in I}$ を L の部分集合とするとき，A を含むような L/K の最小の中間体 M は K に A を**添加**して得られる体といわれ，$K(A)$ と表される．A が $\{a\}$ や $\{a,\beta\}$ など有限集合である場合は $K(a)$, $K(a,\beta)$ などと記す．

体 L_1, L_2 がある体の部分体であるとする．このとき L_1 と L_2 の両方を含む最小の体を L_1 と L_2 の**合併体**といって，L_1L_2 と記す．要するに L_1 の元と L_2 の元の積和とそれらの商とから成り立つ集合が合併体である．たとえば，$K(a)$ と $K(\beta)$ の合併体は $K(a,\beta)$ である．また $K(a)(\beta)=K(a,\beta)$ である．ただしこういうことは，K と，a と β のいずれも含むような体があることを前提しての話である．そうでないと，a と β の和とか積とかいっても意味がない．

▶**定義8.2**◀ L を K の拡大体とする．$a\in L$ が K 上**代数的**とは，$f(a)=0$ を満たす $f(X)(\neq 0)\in K[X]$ が存在することをいう．代数的でない元は**超越的**であるという．L のすべての元が K 上代数的のとき L/K は**代数拡大**であるという．

▌**定理8.2**▐ $[L:K]<\infty$ であれば，L/K は代数拡大である．

証明 $n=[L:K]$ とする．$a\in L$ に対してその冪 $1, a, \cdots, a^n$ を考えると，これ

は $n+1$ 個であるから K 上 1 次従属でなければならない．したがって，
$$a_0+a_1\alpha+\cdots+a_n\alpha^n=0$$
と表せるような，少なくとも一つは 0 ではない $a_0,\cdots,a_n(\in K)$ が存在する．これは α が K 上代数的であることを意味している． □

定理 8.3 $K\subseteq M\subseteq L$ を体の拡大列とする．M/K および L/M がともに代数的ならば，L/K も代数的である．

証明 $\alpha\in L$ とすると
$$\alpha^m+\beta_1\alpha^{m-1}+\cdots+\beta_m=0$$
を満たす自然数 m と $\beta_1,\cdots,\beta_m(\in M)$ が存在する．$F=K(\beta_1,\cdots,\beta_m)$ とおくと各 β_i が K 上代数的なので，F/K も有限次，したがって代数的である．ゆえに（拡大次数の連鎖律によって）$F(\alpha)$ も K 上有限次となり，代数的である．したがって α は K 上代数的である． □

定理 8.4 θ は K 上代数的であるとする．θ が満たす K 係数の既約多項式を $f(X)$，その次数を n とすれば，環
$$K[\theta]=\left\{\sum_{j=0}^{n-1}x_j\theta^j\,\middle|\,x_j\in K\,(j=0,1,\cdots,n-1)\right\}$$
は体をなす．したがって，これは $K(\theta)$ に一致し，
$$K(\theta)\simeq K[X]/(f(X))$$
が成り立つ．

逆に $f(X)\in K[X]$ が既約であれば，
$$L=K(\theta),\quad f(\theta)=0 \tag{8.1}$$
と表せるような元 θ と K の拡大体 L を構成することができる．

証明 θ が K 上代数的であるとし，θ が満たす既約多項式を $f(X)$ とする．これはまた θ が満たす最小多項式（最小次数の多項式）ということでもある．写像 $\varphi:K[X]\to K[\theta]$ を $g(X)\mapsto g(\theta)$ によって定義する．この φ は明らかに環の全射準同型である．その核は $g(\theta)=0$ を満たす $g(X)\in K[X]$ からなるが，この条件は $g(X)$ が $f(X)$ で割り切れることを意味しているので，核はちょうどイデアル (f) である．したがって $K[\theta]\simeq K[X]/(f)$ である．ところが (f) は $f(X)$ の既約性によって極大イデアルであるから，$K[X]/(f)$ は体でなければならない．つまり $K[\theta]$ は体であるが，$K(\theta)$ は K と θ を含む最小の体という定義で

あったから，結局 $K(\theta)=K[\theta]$ である．

逆に，$f(X)\in K[X]$ が既約であるとすると，上に述べたように商環 $K[X]/(f)$ は体となる．K の元 a に定数多項式 a の属する類 $\bar{a}=\{a+fg|g\in K[X]\}$ を対応させる写像は，K から $L=K[X]/(f)$ への環としての単射準同型であるので，$\bar{a}$ を a と同一視することによって $K\subseteq L$ と考えることが許される．

さて X の属する類 $\bar{X}$ を θ と書くことにすると
$$f(X)=a_0+a_1X+\cdots+a_nX^n, \qquad a_j\in K \quad (j=0,1,\cdots,n)$$
のとき
$$\overline{f(X)}=\overline{a_0}+\overline{a_1}\bar{X}+\cdots+\overline{a_n}\bar{X}^n$$
$$=a_0+a_1\theta+\cdots+a_n\theta^n=f(\theta)$$
である．一方，$\overline{f(X)}=\bar{0}=0$ だから定理の後半の主張が示されたことになる．□

定理 8.4 の後半は，K 上の既約多項式 $f(X)$ が与えられれば，その零点を考えることができるということを主張している．このことは有理数係数の方程式を与えれば，その根は方程式論の基本定理によって常に（複素数として）存在するのだから，何もたいしたことではないように思える．しかし，たとえば体として有限体 $F_5=Z/(5)$ 上で方程式
$$x^2+2=0$$
を考えてみよう．あるいは，そうした方がわかりやすいなら
$$x^2+2\equiv 0 \pmod{5}$$
と書いても同じことだが，$0,1,2,3,4$ のいずれもこの方程式の解にはなりえない．定理 8.4 は，こんな場合でも根が存在すると考えてよいということを保証しているのである．(8.1) を満たす体 L を多項式 $f(X)$ の**根体**と呼ぶ．またこれと関連する概念だが，K 係数の多項式 $f(X)$ が 1 次式に分解されるような拡大 L/K を $f(X)$ の**分解体**という．**最小分解体**もよく使われる概念だが，これは $f(x)=0$ の根を $\theta_1,\cdots,\theta_n$ とするとちょうど $L=K(\theta_1,\cdots,\theta_n)$ が成り立っているということである．

例 8.1　$f(X)=X^3-2\in Q[X]$ とし，$\alpha^3=2$，$\omega^2+\omega+1=0$ とする．三つの体
$$M_1=Q(\alpha), \qquad M_2=Q(\alpha\omega), \qquad M_3=Q(\alpha\omega^2)$$
はいずれも $f(X)$ の根体である．しかし，いずれも分解体ではない．これらの合併体 K は

$$K = Q(\alpha, \alpha\omega, \alpha\omega^2) = Q(\alpha, \omega)$$

で，K は $f(X)$ の分解体である．しかも $f(X)=0$ のすべての根を Q に添加した体だから，$f(X)$ の最小分解体である．

なお，定理 8.4 の前半で環 $K[\theta]$ を考えただけなのに結果としてこれが体になるというのは，ちょっと不思議な気のするものである．たとえば $\theta^3 = 2$ として
$$Q[\theta] = \{x + y\theta + z\theta^2 | x, y, z \in Q\}$$
を考えてみよう．$\theta^3 = 2$ を使えば $Q[\theta]$ が環になることはすぐにわかる．しかし，たとえば $1/(1+\theta+2\theta^2)$ が有理数 x, y, z を使って $x+y\theta+z\theta^2$ と表せるということは明らかではない．定理 8.4 はこのような単純な場合に限らず，どんな K 上代数的な数 θ の場合でも $K[\theta]$ は体になると主張しているのである．

この不思議な結果の秘密は，$K[X]$ における割り算の原理にある．$g(\theta)(\neq 0)$ $\in K[\theta]$ としてみよう．θ を X に置き換えて得られる多項式 $g(X)$ は既約多項式 $f(X)$ によって割り切れないので，$(f, g) = 1$ である．ゆえに定理 6.11 によって
$$fh + gk = 1$$
を満たす $h(X), k(X) (\in K[X])$ が存在する．ゆえに
$$f(\theta)h(\theta) + g(\theta)k(\theta) = 1$$
が成り立つが，$f(\theta) = 0$ だから $g(\theta)k(\theta) = 1$ となって，$g(\theta)$ は $K[\theta]$ 内に逆元をもつことになる．これは，定理 8.4 前半の主張の別証明にもなっている．

8.2.2 代数閉包*

初心の読者は本節は定理の意味を理解するだけでよい．

定理 8.4 で，方程式が与えられれば，その根を考えることができることを示した．こ

シュタイニツ
(ERNST STEINITZ, 1871-1928)

こではさらに進んで，体 K の拡大体 L であって，K 上のどんな方程式の根もすべて L に属するような体の存在を証明する．

▶**定義8.3**◀ 体 Ω が体 K の**代数閉包**であるとは，次の条件が満たされることをいう．
1. Ω は**代数的に閉じている**．すなわち，Ω の真の代数拡大は存在しない．
2. Ω/K は代数拡大である．

▌**定理8.5（シュタイニツ；1910年）**▌ 与えられた体 K 上の代数閉包は，（同型を除いて）一意的に存在する．

この重要な定理の証明に整列原理が使われたため，にわかに基礎論的話題が代数学の世界に登場するようになった．現在では整列原理によらない証明がいくつか知られているが，いずれもツォルンの補題が使用される．そもそもツォルンはこの定理の証明のために，彼の名が冠されることになる命題を発明したのだった．

本書では Jacobson [Jaco] の証明を採用することにした．これは，K のすべての代数拡大の中で極大なものをとれば，それは必然的に代数的に閉じているはずだという，直観的には明らかなアイデアを証明として実現したものである．問題は，すべての代数拡大の集まりは数が多すぎて集合とはみなせないので，そのあたりを修正しなければならない．そのためには，K を部分集合として含む十分大きな集合 S をとってきて宇宙として採用し，その中で K のすべての代数拡大を考えればよいのである．

▌**補題8.6**▌ K を無限体とし，L/K を代数拡大とすれば，$|L|=|K|$ が成り立つ．

証明 I を K 係数の**モニック**な（つまり，最高次の係数が1の）既約多項式のすべてのなす集合とする．$f \in I$ に対して $L_f = \{\alpha \in L | f(\alpha)=0\}$ とおく．このとき
$$L = \bigcup_{f \in I} L_f$$
と表せる．選出公理を使えば簡単に
$$\left|\bigcup_{f \in I} L_f\right| \leq \left|\bigsqcup_{f \in I} L_f\right|$$
が得られる．また各 L_f は有限集合であるから，定理 7.21 および定理 7.20 (p.170) によって $|L| \leq |I|$ が成り立つ．

I_n でもって n 次のモニックで既約な K 係数多項式の全体を表せば，
$$I = \bigsqcup_{n \in N} I_n$$
が成り立つ．$|N| \leq |K| = |I_n|$ だから，ふたたび定理 7.21 と定理 7.20 により $|I| \leq |K|$ を得る．ゆえに $|L| \leq |K|$ だが，$|K| \leq |L|$ は明らかだから，以上によって $|L| = |K|$ が証明された． □

シュタイニツの定理の証明* まず K が無限体の場合を証明する．$S = \wp(K)$ とする．たとえば $x \mapsto \{x\}$ という写像を考えることにより，集合として $K \subseteq S$ と考えても一般

性を失わない．K の代数拡大 E で，集合としては $K \subseteq E \subseteq S$ なるすべての E のなす族を Λ と書く（同じ集合 E でも演算が異なるときは別のものと考えることに注意：厳密にいえば，演算とペアにして $(E, +: E^2 \to E, \times: E^2 \to E)$ の集合を考えるのである）．

$$\Lambda = \{E \mid K \subseteq E \subseteq S \text{ かつ } E/K \text{ は代数拡大}\}$$

分出公理によって，Λ は集合である．$E_1 \leq E_2$ を E_2 が E_1 の拡大体であることと定義することによって，Λ を順序集合とすることができる．このとき，体のなすチェーンの和集合がふたたび体をなすことは明らかだから，ツォルンの補題（定理 2.17：p.65）によって Λ は極大な体 Ω をもつ．

Ω が K の代数閉包であることを証明する．まず $\Omega \in \Lambda$ だから，Ω/K は代数拡大である．さらに Ω は代数的に閉じている．実際，Ω 上既約な代数方程式が存在するとすれば，その根体 Ω'/Ω が定理 8.4 によって構成できる．補題 8.6 によって $|\Omega'|=|\Omega|=|K|<|S|$ だから，Ω' を S の中へ体として埋蔵することができる．その像を Ω^* とすると，Ω^* は K の代数拡大だから Λ に属する．Ω の極大性によって $\Omega^* = \Omega$ である．すなわち，Ω は代数的に閉じている．

K が有限の場合は S として任意の非可算集合をとってやれば，証明は同じでよい．

次に Ω_1, Ω_2 を K の代数閉包とする．これらが K 上同型であること，つまり $\Phi(x) = x$ が任意の $x \in K$ に対して成り立つような同型写像 $\Phi: \Omega_1 \to \Omega_2$ が存在することを証明する．

$K \subseteq L \subseteq \Omega_1$ なる体 L と K 上の単射準同型 $\varphi: L \to \Omega_2$ の組 (L, φ) の全体のなす集合 S を考え，S における順序を

$$(L_1, \varphi_1) \leq (L_2, \varphi_2) \rightleftharpoons L_1 \subseteq L_2 \wedge \varphi_2|L_1 = \varphi_1$$

によって定義する．ここに，$\varphi_2|L_1$ は写像 φ_2 の L_1 への制限を表す．このとき，順序集合 S がツォルンの補題の仮定を満たすことは明らかであるので，S に極大元 (L, φ) が存在する．$L = \Omega_1$ かつ φ が全射であることを示せば，Ω_1 と Ω_2 の K 同型性が証明されたことになる．

$L \subsetneq \Omega_1$ としてみよう．すると $\alpha \notin L$ なる $\alpha \in \Omega_1$ が存在する．α は K 上代数的だから L 上も代数的である．そこで α の満たす L 係数の既約多項式を $f(X)$ とする．$f(X)$ の φ による像（係数を φ で写像した多項式）を $g^*(X)$ とすると，φ は同型写像なので，$f(X)$ が L 上で既約であることから，$f^*(X)$ は $L^* = \varphi(L)$ で既約であることが従う．$f^*(X) = 0$ の Ω_2 における根の一つを α^* とする．このとき同型写像 $\tilde{\varphi}: L(\alpha) \to L^*(\alpha^*) \subseteq \Omega_2$ が誘導されることは明らかである．$\tilde{\varphi}|L = \varphi$ が成り立つが，それは (L, φ) の極大性に矛盾する．ゆえに $L = \Omega_1$ である．

Ω_1 が代数的に閉じているので，その同型像 $\varphi(\Omega_1)$ も代数的に閉じている．$\varphi(\Omega_1) \subseteq \Omega_2$ で $\Omega_2/\varphi(\Omega_1)$ は代数的だから，$\varphi(\Omega_1) = \Omega_2$ が成り立つ． □

8.2.3 超越拡大*

K を体とし，L を K の拡大体とする．L/K が代数拡大ではないとき**超越拡大**という．L/K が**純超越拡大**であるとは，K 上代数的に独立な集合 S がとれて，$L=K(S)$ となることをいう．S が代数的に独立とは，$u_1,\cdots,u_n$ を S の任意の有限個の元とするとき $f(u_1,\cdots,u_n)=0$ となるような多項式 $f(X_1,\cdots,X_n)(\neq 0)\in K[X_1,\cdots,X_n]$ が存在しないことである．

たとえば X を K 上の超越元とするとき，有理関数体 $K(X)$ は K の純超越拡大である．また X,Y を K 上独立な元とするとき，X,Y の有理関数体 $K(X,Y)$ も K の純超越拡大である．こういう事情から，純超越拡大 $K(S)$ を K 上の S の**有理関数体**ともいう．

┃**定理 8.7**┃ L/K を体の拡大とする．このとき M/K は純超越拡大であり，L/M は代数拡大となるような中間体 M が存在する．

証明はいつものことながらツォルンの補題のお世話になる．すでに読者も習熟されたことだろうから細部はお任せするが，途中で使う次の問題 8.1(1) だけがちょっとした注意を要する．

問題 8.1 $K\subseteq M\subseteq L$ を体の昇鎖とするとき，次を証明せよ．

(1) $L=M(u)$ とする．M/K および L/M が純超越拡大ならば，L/K も純超越拡大である．

(2) 一般に M/K および L/M が純超越拡大ならば，L/K も純超越拡大である．

定理 8.7 で存在を保証された中間体 M をとれば，$M=K(S)$，集合 S は K 上代数的に独立と表せる．この集合 S を L/K の**超越基**という．超越基の濃度は次に証明するように一定であるので，$|S|$ を L/K の**超越次数**という．超越次数 0 ということは，代数拡大であるということと同値である．

┃**定理 8.8（シュタイニツ；1910 年）**┃ S,T がともに L/K の超越基であるとき，$|S|=|T|$ が成り立つ．

証明 $|S|\leq|T|$ としてよい．$S=\emptyset$ ならば $T=\emptyset$ であって定理は成り立つので，S,T はどちらも空集合ではないとする．

(1) $|S|$ が有限の場合．$S=\{x_1,\cdots,x_n\}$ とすると，$|S|\leq|T|$ より $\{y_1,\cdots,y_n\}\subseteq T$ であるような相異なる $y_1,\cdots,y_n$ が存在する．うまく番号を取り換えて L が各 i に対して $K_i=K(y_1,\cdots,y_i,x_{i+1},\cdots,x_n)$ 上代数的であることを示せば，$|T|=n$ が証明されたことになる．

$i=0$ のときは正しい．L/K_i が代数的であると仮定する．すると y_{i+1} は K_i 上代数的だから，

$$c_0 y_{i+1}^m + c_1 y_{i+1}^{m-1} + \cdots + c_m = 0, \quad c_0(\neq 0), c_1, \cdots, c_m \in K[y_1, \cdots, y_i, x_{i+1}, \cdots, x_n]$$

と表せる。$y_1, \cdots, y_{i+1}$ は K 上代数的に独立だから、$c_0, \cdots, c_m$ のどれかには、たとえば x_{i+1} が本当に現れる。すると x_{i+1} は $K_{i+1} = K(y_1, \cdots, y_{i+1}, x_{i+2}, \cdots, x_n)$ 上代数的である。L は K_i 上代数的だったから、L は K_{i+1} 上代数的である。

(2) $|S|$ が無限の場合。$x \in S$ に対して x は $K(T)$ 上代数的だから、
$$x^m + c_1 x^{m-1} + \cdots + c_m = 0, \quad m \in N, \quad c_1, \cdots, c_m \in K(T)$$

と表せる（こうした表現はただ一つというわけではない）。$c_1, \cdots, c_m$ に現れる T の元の集合 C は有限集合である（$c_1, \cdots, c_m \in K(C)$）。こういう関係にある x と $C \in \wp(T)$ の関係を $x < C$ と記すことにする。集合 $F = \{(x, C) | x \in S, C \in \wp(T), x < C\}$ は写像ではないが、1対多の対応である。

$$F(x) = \{C \in \wp(T) | x < C\}$$

そこでこれを写像にするために選出関数 $\varphi: \wp(\wp(T)) - \{\emptyset\} \to \wp(T)$ を使って、$G = \varphi \circ F$ とする（$\circ$ は合成を表す）。

$G(x)$ は有限集合だから定理7.21によって

$$\left| \bigcup_{x \in S} G(x) \right| \leq \left| \bigsqcup_{x \in S} G(x) \right| \leq |S|$$

が成り立つ。ところで

$$\bigcup_{x \in S} G(x) = T$$

である。実際、左辺を T' とすると、すべての $x \in S$ は T' 上代数的であるから、$T'(\subseteq T)$ は L/K の超越基となり、T のとり方から $T' = T$ を得る。ゆえに $|T| \leq |S|$ が示された。 □

注意 たとえば「ベクトル空間の基底の濃度は一定である」（定理6.1：p.123）も定理8.8の証明をちょっと換えれば証明できる。「体、代数的独立、代数的」という言葉をそれぞれ「ベクトル空間、1次独立、1次従属」に置き換えればよいのである。

なお、定理8.8はツォルンの補題を使って証明できそうなものだが、案外うまくいかない。どこがうまくいかないか自分で調べるとよい。

最後に、本節の考察の応用として次を示そう。

┃定理8.9┃ K を無限体とする。L/K を体の拡大、S をその超越基とすると
$$|L| = |K(S)| = |K \times S|$$

が成り立つ。

証明 $|L| = |K(S)|$ はすでに補題8.6で証明されている。

$K[S]$ を S によって生成される K 上の環（K と S を含む最小の環）とすると、$K(S)$ はその商体なので、$|X^2| = |X|$ という事実（定理7.20：p.170）とカントル＝ベルンシュ

タインの定理 (定理 7.17：p. 168) によって，$|K(S)|=|K[S]|$ である．
$K[S]$ における K 上 n 次以下の多項式のなす加群を I_n とすると
$$K[S]=\bigcup_{n\in N} I_n$$
である．
J_k でもって k 次同次式のなす加群を表すと，
$$I_n \sim J_0\times J_1\times\cdots\times J_n$$
である．$|J_0|=|K|$ だが，$k\geq 1$ のときは $|J_k|=|K^k\times S^k|=|K\times S|$ だから，$|I_n|=|K\times S|$ が成り立つ．ゆえに定理 7.21 によって $|K(S)|\leq |K\times S|$ である．一方 $a\in K$，$x\in S$ に ax を対応させる写像 $K\times S\to K(S)$ は単射だから，$|K\times S|\leq |K(S)|$ である．以上によって $|K(S)|=|K\times S|$ が証明された．　　　　　　　　　　　　　　　　□

■系 8.10■　実数体 (あるいは複素数体) の有理数体上の超越基は連続体濃度をもつ．

8.3　複素数の構成

　実数から複素数を構成するのは，いままで数を構成してきた過程の中ではいちばん単純である．実際，すでに複素数を二つの実数のペアとして構成する方法と，2 次の正方行列として構成する方法の二つを問題形式で述べてある (問題 6.3：p. 121 参照)．本節では，第三の方法として，商環による構成を述べることにしよう．

■定理 8.11■　実数体 R 上の 1 変数多項式環 $R[X]$ を考える．既約多項式 X^2+1 によって生成されるイデアル (X^2+1) による商環 $R[X]/(X^2+1)$ は体をなす．

　これはすでに前節で証明したことである．実際，$R[X]$ は単項イデアル整域 (PID) なので，既約元は極大イデアルを生成するからである．

▶定義 8.4◀　体 $R[X]/(X^2+1)$ を**複素数体**と呼び，C と記す．

　次に実数体を複素数体にはめ込むことを考える．これもいつものとおりの方法による．実数 a に a の属する類 $\bar{a}=\{a+f\cdot(X^2+1)|f\in R[X]\}$ を対応させる写像は環としての単射準同型なので，$\bar{a}$ を a と同一視するのである．
　元 X の属する類 $\bar{X}$ を i という特別な記号で表すことにする．

$$i = \bar{X} = \{X + f \cdot (X^2+1) | f \in \mathbb{R}[X]\}$$

任意の多項式 $f(X) \in \mathbb{R}[X]$ は割り算の原理(定理 6.9:p.139)によって

$$f = q \cdot (X^2+1) + aX + b, \quad q \in \mathbb{R}[X], \quad a, b \in \mathbb{R}$$

と表せる.したがって

$$\bar{f} = \bar{a}\bar{X} + \bar{b} = ai + b$$

を得る.すなわち,複素数体 $\mathbb{C}$ の元はすべて実数 x, y を使って $x + yi$ という形に表現できる.しかも $\bar{X}^2 + 1 = 0$ だから $i^2 = -1$ が成り立つ.

$$\mathbb{C} = \{x + yi | x, y \in \mathbb{R}\}, \quad i^2 = -1$$

これまでに説明した三つの構成法を整理してみよう.

1.(順序対による方法) $\mathbb{R}^2$ の 2 元 $(x, y), (x', y')$ に対して和と積を

$$(x, y) + (x', y') = (x + x', y + y'), \quad (x, y) \cdot (x', y') = (xx' - yy', xy' + x'y)$$

によって定義する.この演算の定義によって,$\mathbb{R}^2$ は体をなす.これを $\mathbb{C}_1$ と記そう.加法単位元は $(0, 0)$ であり,乗法単位元は $(1, 0)$ である.$(x, 0)$ を x と同一視することによって,実数体 $\mathbb{R}$ は $\mathbb{C}_1$ に埋蔵される.

$i = (0, 1)$ と記せば

$$\mathbb{C}_1 = \mathbb{R} + \mathbb{R}i = \{x + yi | x, y \in \mathbb{R}\}, \quad i^2 = -1$$

と表せる.

2.(行列による方法)

$$\mathbb{C}_2 = \left\{ \begin{pmatrix} x & y \\ -y & x \end{pmatrix} \middle| x, y \in \mathbb{R} \right\}$$

とすると,$\mathbb{C}_2$ は体をなす.加法単位元,乗法単位元はそれぞれ零行列 O,単位行列 E である.$x \mapsto xE$ なる写像によって,実数体 $\mathbb{R}$ は $\mathbb{C}_2$ に埋蔵される.

$$I = \begin{pmatrix} 0 & 1 \\ -1 & 0 \end{pmatrix}$$

と記せば,

$$\mathbb{C}_2 = \mathbb{R}E + \mathbb{R}I = \{xE + yI | x, y \in \mathbb{R}\}, \quad I^2 = -E$$

と表せる.

3.(商環による方法) $\mathbb{C} = \mathbb{R}[X]/(X^2+1)$ は体をなす.これは定理 8.11 で述べたとおりである.

$\mathbb{C}_1, \mathbb{C}_2, \mathbb{C}$ がどれも互いに同型な体であることは明らかである.

次は複素数体に絶対値を定義しよう.

▶**定義8.5**◀ $z=x+yi\in C$, $x,y\in R$ に対して，その絶対値 $|z|$ を
$$|z|^2=x^2+y^2, \qquad |z|\geq 0$$
によって定義する．

■**定理8.12**■ 複素数体 C の絶対値は次の性質をもつ．
1. $|z|\geq 0$; $|z|=0 \rightleftarrows z=0$
2. $|z_1z_2|=|z_1||z_2|$
3. （三角不等式） $|z_1+z_2|\leq|z_1|+|z_2|$

証明は先刻ご承知だろうから省略する．

▶**定義8.6**◀ C の数列 $\{a_n\}_n$ が $a\in C$ に**収束する**とは
$$\forall\varepsilon(>0)\in R\ \exists N\in N\ \forall n\in N[n\leq N \rightarrow |a-a_n|<\varepsilon]$$
が成り立つことをいう．

C の数列 $\{a_n\}_n$ が**基本列**，あるいは**コーシー列**であるとは
$$\forall\varepsilon(>0)\in R\ \exists N\in N\ \forall m\forall n\in N[m,n\geq N \rightarrow |a_m-a_n|<\varepsilon]$$
が成り立つことをいう．

■**定理8.13**■ 複素数体 C は**完備**である．すなわち，任意の基本列は複素数に収束する．

証明 $a_n=a_n+b_ni$, $a_n,b_n\in R$ とするとき数列 $\{a_n\}_n$ が収束する（あるいは，基本列である）ためには，実数列 $\{a_n\}_n,\{b_n\}_n$ がともに収束する（あるいは，基本列である）ことが必要十分である（下の問題8.2参照）．実数体は完備であったから，

$$\{a_n\}_n:\text{収束} \rightleftarrows \{a_n\}_n,\{b_n\}_n:\text{収束}$$
$$\rightleftarrows \{a_n\}_n,\{b_n\}_n:\text{基本列}$$
$$\rightleftarrows \{a_n\}_n:\text{基本列} \qquad \square$$

問題8.2 複素数列 $\{a_n\}_n$ が収束する（あるいは，基本列である）ためには，実数列 $\{a_n\}_n,\{b_n\}_n$ がともに収束する（あるいは，基本列である）ことが必要十分である．これを証明せよ．

複素数体を順序体とすることはできない．順序体において平方数は負にはなれないが，複素数体では $i^2=-1$ だからである．しかし，体 $Q(i)=\{x+yi|x,y\in Q\}$ が C で稠密であるとはいえる．これは，有理数体が実数体で稠密ということから直ちにわかることである．

8.4 複素数体のもつ性質

8.4.1 方程式論の基本定理

複素数体はきわめて美しい性質を備えた究極の数体系である．その究極性は次の三つの命題に集約されるだろう．

(1) (複素数体の完備性) 複素数体では絶対値が定義できて，複素基本列は複素数に収束する．

(2) (複素数体の一意性) 実数体の真の代数拡大は (同型を除けば) 複素数体だけである．

(3) (方程式論の基本定理) 複素数体は代数的に閉じている．すなわち，複素係数の任意の多項式は複素数の範囲で 1 次式に因数分解される．

(1) はすでに証明ずみである．方程式論の基本定理の証明は，古来種々知られている．複素関数論の知識 (リューヴィルの定理) を使えば実に簡明な証明を得られるので，簡便のため本項ではまずこれを述べる．この証明は簡潔ではあるが，複素数体のどこが本質的で，こういう結果が成り立つのかが明らかではない．その本質とは，複素数体の完備性 (これは実数体の完備性から受け継いだものであるが) である．どこに複素数体 (ないしは実数体) の完備性を使うのかが明瞭にみてとれる直接的な証明は，後で与えることにする．

定理 8.14 (方程式論の基本定理) 定数ではない複素係数多項式は，少なくとも一つ複素数の零点をもつ．したがって，実は零点はすべて複素数である．

証明 $f(z)$ を複素係数の多項式で，定数ではないとする．仮に $f(z)$ が全複素平面 C で零点をもたないとすると，$1/f(z)$ は全複素平面で微分可能，つまり整関数であるということになる．一方，$|z| \to \infty$ のとき $|f(z)| \to \infty$ だから

$$\lim_{|z| \to \infty} \frac{1}{|f(z)|} = 0$$

となる．したがって，$1/f(z)$ は有界である (有界閉集合上で連続な関数は最大値・最小値をもつから)．有界な整関数は定数であることを主張するリューヴィルの定理によって，$1/f(z)$ は定数でなければならないが，これは矛盾である． □

定理 8.15 (複素数体の一意性) 実数体を含む真の代数拡大は複素数体 (と

同型) である．

証明 $C=R(i)$ だから，C/R は代数拡大である．また前定理は C が代数的に閉じていることを主張している．ゆえに C は R の代数閉包である．シュタイニツの定理 (定理 8.5：p. 182) によって，このような体は一意である． □

次に方程式論の基本定理の別証明を与える．まず準備的な命題をいくつか述べよう．

▌補題 8.16 ▌ 奇数次の実数係数方程式は少なくとも一つ実数解をもつ．

証明 $f(X) \in R[X]$ を $2n+1$ 次としよう．$f(X)=0$ の解を考えるには，モニック (最高次の係数が 1) であるとしても一般性は失われない．

$$\lim_{x \to +\infty} f(x) = +\infty, \qquad \lim_{x \to -\infty} f(x) = -\infty$$

だから，$|x|$ が大きくなると $f(x)$ の符号は x の符号と一致する．したがって

$$f(a)<0, \quad f(b)>0 \qquad (a<b)$$

なる実数 a, b が存在する．

x の多項式関数 $f(x)$ は，微積分学で知られているように連続関数である．したがって中間値の定理 (下の問題 8.3 参照) によって

$$f(c)=0 \qquad (a<c<b)$$

なる実数 c が存在する． □

問題 8.3 $f(x)$ を閉区間 $[a,b]$ で定義された連続関数とする．$f(a)<0$, $f(b)>0$ ならば，$f(c)=0$ なる実数 $c\,(a<c<b)$ が存在する (**中間値の定理**)．これを証明せよ．

▌補題 8.17 ▌ 変数 $x_1, \cdots, x_n$ の対称多項式 (添数 $1, 2, \cdots, n$ の任意の置換によって不変な多項式) は，基本対称式

$$x_1+x_2+\cdots+x_n, \quad \sum_{i<j} x_i x_j, \quad \cdots, \quad x_1 x_2 \cdots x_n$$

の多項式として表せる．

証明は古典代数学に属する．本書では他に使う予定がないので証明を割愛する (たとえば，高木貞治『代数学講義』(共立出版, 1965)，ファン・デル・ヴェルデン (1903-1996) [Vand]，アルチン『ガロア理論入門』(寺田文行訳, 東京図書, 1974) 参照)．

定理 8.14 の証明 ([Ebin] によれば，ラプラス (1795 年) にまでさかのぼる証明だという)．$f(X)$ が複素係数の多項式であるとき，$\overline{f}(X)$ をその複素共役多項式 (係数 a が $a=a+bi$, $a, b \in R$ と表されるとき $\overline{a}=a-bi$ に置き換えた式) とすると，それらの積

ファン・デル・ヴェルデン
(B. L. van der Waerden, 1903-1996)

$f(X)\overline{f}(X)$ は実係数の多項式である．$\overline{f}(X)$ が複素数の零点 α をもてば，共役複素数 $\overline{\alpha}$ が $f(X)$ の零点である．したがって，実係数の定数でない多項式が複素数の範囲で零点をもつことを証明すればよい．

実係数既約多項式 $f(X)$ の次数を n とし，$n=2^k m$（m は奇数）と表す．指数 k に関する数学的帰納法によって証明する．$k=0$ の場合は補題 8.16 で証明ずみである．$k-1$ に対しては主張が正しいと仮定する．

$\mathbb{R}$ の代数閉包を一つとって Ω としよう．$\mathbb{C}$ は $\mathbb{R}$ の 2 次拡大，したがって代数拡大なので，$\mathbb{R} \subseteq \mathbb{C} \subseteq \Omega$ であるとしてよい．Ω における $f(X)=0$ の根を $\alpha_1, \cdots, \alpha_n$ とする（Ω は $\mathbb{R}$ の代数閉包だから，$f(x) \in \mathbb{R}[X]$ は 1 次式に因数分解されるのである）．

λ を任意の実数として $n(n-1)/2$ 次の多項式
$$F_\lambda(X) = \prod_{s<t}(X - \alpha_s - \alpha_t - \lambda \alpha_s \alpha_t)$$
を考えると，$F_\lambda(X)$ の係数は補題 8.17 によって実数である．$n(n-1)/2$ はちょうど 2^{k-1} で割り切れるから，仮定によって $F_\lambda(X)$ は $\mathbb{C}$ において少なくとも一つの零点をもつ．

$F_\lambda(X)$ の零点の数はたかだか $n(n-1)/2$，つまり各 λ に対して有限であるから，相異なる λ, λ' に対して
$$\alpha_s + \alpha_t + \lambda \alpha_s \alpha_t \in \mathbb{C}, \qquad \alpha_s + \alpha_t + \lambda' \alpha_s \alpha_t \in \mathbb{C}$$
となるような $s, t (s<t)$ の対が少なくとも一つ存在するはずである．この二つの式から
$$\xi = \alpha_s + \alpha_t \in \mathbb{C}, \qquad \eta = \alpha_s \alpha_t \in \mathbb{C}$$
が従う．複素係数の 2 次方程式 $z^2 - \xi z + \eta = 0$ は複素数解 z を有する（問題 8.4 参照）ので，α_s, α_t は複素数である． □

問題 8.4 $a \in \mathbb{C}$ とすると，$z^2 = a$ となる $z \in \mathbb{C}$ が存在することを示せ．

基本定理の上の証明では，中間値の定理という形で一度だけ実数体の連続性を使うことが検証される．これまで幾多の証明が発表されているが，完全に代数的

な証明は知られていない．実際には，解析を使わない証明というのは存在しないと信じられている．ラプラスの証明は美しいけれども，(仮想的な) 解の存在を前提していることは明らかである．こうしてガウスが何をいいたかったのかが理解できるのだが，本書でもそうであるように方程式の分解体の存在を前もって示してあるので，現代の眼からみればラプラスの証明はたしかに鮮やかで厳密な証明になっているのである．

複素数体は代数的に閉じているのだが，方程式という立場からみれば，超越数という余分なものをたくさん含んでいる．有理係数の方程式の根となる複素数を代数的数というのだったが，実は代数的数の全体を考えるだけでも方程式論の立場からは十分だということを示しておく．

┃定理8.18┃ 複素数体において代数的数の全体のなす集合を A とすると，次が成り立つ．

(1) A は体 (複素数体の部分体) をなす．

(2) A は代数的に閉じた体である．言い換えれば，A は有理数体の代数閉包である．

(3) A は可算濃度をもつ．

証明 (1) 複素数体は体をなすのだから，その空でない部分集合 A が体をなすことを証明するには

$$\alpha, \beta \in A \longrightarrow \alpha \pm \beta \in A, \ \alpha\beta \in A \tag{8.2}$$

$$\beta(\neq 0) \in A \longrightarrow 1/\beta \in A \tag{8.3}$$

を示せば十分である．以下に述べるみごとな証明はデデキントによる．

$\alpha = 0$ あるいは $\beta = 0$ ならば何も証明することがないから，どちらも 0 ではないとする．α, β が代数的数ということから，ある m, n をとるとそれぞれ

$$\alpha^m = a_1\alpha^{m-1} + a_2\alpha^{m-2} + \cdots + a_m, \quad a_i \in \mathbb{Q} \tag{8.4}$$

$$\beta^n = b_1\beta^{n-1} + b_2\beta^{n-2} + \cdots + b_n, \quad b_j \in \mathbb{Q} \tag{8.5}$$

と表すことができる．そこですべての $\alpha^i\beta^j$ を適当な順序に並べて

$$\omega_1, \omega_2, \cdots, \omega_N, \quad N = mn$$

とする．$\gamma = \alpha + \beta$ とおいて (8.4), (8.5) を使えば，

$$\gamma\omega_i = \sum_{j=1}^{N} c_{ij}\omega_j, \quad c_{ij} \in \mathbb{Q}$$

と書くことができる．これを移項して

$$\begin{cases} (c_{11}-\gamma)\omega_1 & +c_{12}\omega_2 & +\cdots & +c_{1N}\omega_N & =0 \\ c_{21}\omega_1 & +(c_{22}-\gamma)\omega_2 & +\cdots & +c_{2N}\omega_N & =0 \\ \vdots & \vdots & \vdots & \vdots & \vdots \\ c_{N1}\omega_1 & +c_{N2}\omega_2 & +\cdots & +(c_{NN}-\gamma)\omega_N & =0 \end{cases}$$

同次連立1次方程式が自明でない解をもつ条件から

$$\begin{vmatrix} c_{11}-\gamma & c_{12} & \cdots & c_{1N} \\ c_{21} & c_{22}-\gamma & & c_{2N} \\ \vdots & \vdots & \vdots & \vdots \\ c_{N1} & c_{N2} & \cdots & c_{NN}-\gamma \end{vmatrix}=0$$

が成り立つが，これは $\gamma\in A$ を示している．$\alpha-\beta, \alpha\beta$ に対しても同様であるので，(8.2) が示された．(8.3) は容易なので読者に任せる．

(2) $f(X)=X^n+a_1X^{n-1}+\cdots+a_n\in A[X]$ とする．$K=\mathbb{Q}(a_1,\cdots,a_n)$ とすると，拡大次数の連鎖律 (定理 8.1：p.177) によって $K/\mathbb{Q}$ は有限次拡大である．$\mathbb{C}$ は代数的に閉じているから $f(\theta)=0$ を満たす $\theta\in\mathbb{C}$ が存在する．ふたたび体の拡大次数の連鎖律によって，$K(\theta)/\mathbb{Q}$ は有限次拡大である．定理 8.2 (p.178) によって $K(\theta)/\mathbb{Q}$ は代数拡大ということになり，θ は代数的数でなければならない．これは A が代数的に閉じていることを示している．

(3) は補題 8.6 (p.182) から従う． □

8.4.2 実閉体*

本項では，複素数体における実数体の位置づけを考えてみる．実数体 R は連続性という解析的な特徴とともに，

(1) 奇数次実係数の方程式は R に少なくとも一つ解を有する，
(2) 極大な順序体である (すなわち真の順序代数拡大は存在しない)，
(3) $R(i)=\mathbb{C}$，したがって特に $[\mathbb{C}:R]=2$

といった代数的性質を備えている．おもしろいことに，こうした代数的性質を備えた，いわば代数的には実数体と同格な体が複素数体の中には無数あって，あるものは実数体と同型であり，あるものは同型ではない．こうした体は実閉体と呼ばれるのだが，実閉体の理論はアルチン (1898-1962) とシュライアー (1901-1929) によって開拓された分野である (1927 年)．実閉体を調べることは，実数の本性を別の角度からみることでもある．

定理 7.14 (p. 163) でみたように，実数体は恒等写像以外に自己同型写像をもたなかったが，複素数体はそうではない．まずそのあたりから調べていこう．

定理 8.19 複素数体の自己同型写像の全体 $\mathrm{Aut}(C)$ は，無限群をなす（正確には 2^R と同じ濃度をもつ）．しかし，連続な自己同型写像に限れば，恒等写像でないものは複素共役写像 $z \mapsto \bar{z}$ だけである．

証明 $\mathrm{Aut}(C)$ が自然な方法で乗法群をなすことは明らかである．

S を C/Q の超越基底とし，$K = Q(S)$ とする．S は連続体濃度をもつ（系 8.10：p. 186）．$s : S \to S$ を集合 S の置換，すなわち S から S への全単射とする．s から K の自己同型写像が自然に誘導されるので，それも s と記す．C/K は代数拡大であり，しかも C は代数閉体であるので，ツォルンの補題を使って s を C の自己同型写像に拡張することができる．S の置換のなす集合は 2^R と対等なので，$|\mathrm{Aut}(C)| \geq 2^R$ である．一方，$|\mathrm{Aut}(C)| \leq |C^C| = 2^R$ だから，$\mathrm{Aut}(C) \sim 2^R$ である．

$s \in \mathrm{Aut}(C)$ が連続であるとする．$Q(i)$ は C で稠密であるから，任意の $\alpha \in C$ に対して，
$$\alpha = \lim_{n \to \infty}(a_n + ib_n), \quad a_n, b_n \in Q$$
と書くことができる．s は連続で，しかも Q では恒等写像であるから
$$s(\alpha) = \lim_{n \to \infty}(a_n + s(i)b_n)$$
が成り立つ．$i^2 + 1 = 0$ から $s(i)^2 + 1 = 0$ が従うので，$s(i) = \pm i$ である．$s(i) = i$ なら s は恒等写像である．$s(i) = -i$ の場合は $s(\alpha) = \bar{\alpha}$ が成り立つ． □

注意 濃度の計算は 8.2.3 項の結果を使えば，上記のようにまったく形式的である．今後はただ無限とのみ書くが，濃度は簡単に計算されるので読者の検討に任せる．

▶**定義 8.7**◀ 順序体 K が
1. $x \geq 0 \rightleftarrows \exists y \in K ; x = y^2$
2. K 上の任意の奇数次の既約多項式は K 内に少なくとも一つ零点を有する

という条件を満たすとき，**実閉体**(じっぺいたい)であるという．

たとえば，R は実閉体である．さらに，代数的数であるような実数の全体を A_0 とすれば，すなわち $A_0 = A \cap R$ とおけば，定理 8.18 によって A_0 は実閉体である．

また $s \in \mathrm{Aut}(C)$ とするとき，s による R の像 R^s は
$$x^s < y^s \rightleftarrows x < y$$
という定義によって順序体となり，しかも明らかに実閉体である．また $s = \mathrm{idt}$ でない限り $R^s \neq R$ だから次が成り立つ．

系 8.20 実数体と同型な複素数体の実閉部分体は無数に存在する．

定理 7.14 で，R の自己同型写像は恒等写像だけであることを証明したが，その証明を調べてみると，平方数であることと正であることの同値性と，アルキメデス的順序体であることだけが必要で，連続性はまったく使われていない．したがって，次が成り立つ．

定理8.21 アルキメデス的実閉体の自己同型写像は恒等写像だけである．したがってたとえば，代数的実数の全体のなす体 A_0 の自己同型写像は恒等写像だけである．

定理8.22 R を実閉体とすると，R を順序体とする順序はただ一つしか存在しない．それは
$$x>0 \iff \exists y(\neq 0); x=y^2$$
によって定まる順序である．

証明 P を R のすべての正元のなす集合とする．また R にもう一つの順序体の構造が入れられるとして，その順序によるすべての正元の集合を P' とする．$P=P'$ を証明すればよい．

$x=y^2(\neq 0)$ ならば，順序体としての性質（問題 7.1 (2)：p. 150 参照）から $x \in P'$ が成り立つ．ゆえに $P \subseteq P'$，したがって $-P \subseteq -P'$ でもある．ところが
$$R = P \sqcup \{0\} \sqcup -P, \qquad R = P' \sqcup \{0\} \sqcup -P'$$
が成り立つから，$P=P'$ である． $\square$

補題8.23 K を順序体とする．既約多項式 $f(X) \in K[X]$ が次の 2 条件のどちらかを満たせば，$f(X)$ の根体 $L=K(\theta)$ に K の順序拡大体の構造を入れることができる．
  (1) $f(X)=X^2-a$, $a>0$ である．
  (2) $f(X)$ は奇数次である．

証明 系 7.7 (p. 155) により，$L=K(\theta)$ において 0 が L の平方数と K の正元の積和に表せるとして矛盾を導けばよい．P_K でもって K の正元のなす集合を表すことにする．
  (1) 仮に
$$\sum_i c_i(a_i+b_i\theta)^2=0, \qquad a_i, b_i \in K^\times, \quad c_i \in P_K$$
と表せるとせよ．$\theta^2=a$ だから
$$\sum_i c_i a_i^2 + a\sum_i c_i b_i^2 + 2\theta \sum_i c_i a_i b_i = 0$$
を得るが，$\theta \notin K$ だから
$$\sum_i c_i a_i^2 + a\sum_i c_i b_i^2 = 0$$
でなければならない．$a>0$ だから，これは $a_i=b_i=0 \,(\forall i)$ を意味する．
  (2) $m=[L:K]$ に関する累積帰納法で証明する．$m=1$ のときは自明である．m より小さい場合は，命題が正しいとして m の場合に正しいことを証明する．仮に次数 m の場合に

$$\sum_{i=1}^{s} c_i g_i(\theta)^2 = 0, \qquad c_i \in P_K, \quad g_i(\theta) \in K(\theta)$$

と表せるとせよ．$(g_1, \cdots, g_s) = 1$，かつ $\deg g_i(X) < m$ としてよい．$f(X)$ は既約で，θ はその零点だから

$$\sum_i c_i g_i(X)^2 = f(X) h(X), \qquad h(X) \in K[X] \tag{8.6}$$

と表せることがわかる．左辺の次数は偶数で，$2m$ より小さいから，右辺もそうである．$f(X)$ の次数 m は奇数なので，$h(X)$ の次数も奇数で，m より小さい．$h(X)$ の既約因子の中には奇数次のものがあるので，それを $k(X)$ とし，その根体を $M = K(a)$ とする．(8.6) に a を代入すると，M において

$$\sum_i c_i g_i(a)^2 = 0$$

が成り立つことになる．$[M:K] < m$ だから，これは $g_i(a) = 0 \ (\forall i)$ を意味する．すなわち $g_i(X)$ は $k(X)$ で割り切れる．これは $(g_1, \cdots, g_s) = 1$ に矛盾するので，次数 m の場合も命題が成り立つ． □

定理8.24 R を順序体とすると，次の各条件は同値である．
(1) R は実閉体である．
(2) $R(i)$ は代数閉体である．
(3) R は極大順序体である．
(4) R は極大実体である．

証明 (1)→(2)： 方程式論の基本定理のラプラスによる証明 (p.190 参照) は，実閉体の性質 (定義8.7) を使っているだけなので，そのまま $R(i)$ が代数的に閉じていることの証明に流用できる．

(2)→(3)： $R(i)$ が代数的に閉じているとすると $R(i)$ は R の唯一の固有の代数拡大で，これは順序体ではないので R は極大順序体である．

(3)→(1)： R が極大順序体であるとする．R が実閉であることを定義8.7に従って調べる．

$a \in R$ が正であるとする．$R(\sqrt{a})$ は補題8.23(1)によって R の順序拡大であるから，R の極大性によって $\sqrt{a} \in R$ である．定義8.7の条件2．の方も同様である．

(3)⇌(4)： 順序体になることと形式的に実体であることとは，定理7.5により同値である． □

定理の前提として，R は順序体ということが仮定されている．では K が単に代数閉体 C の $[C:K] = 2$ なる部分体であるとすれば，K は形式的実体であるか，したがって順序体とすることができて K は実閉体となるか，という問題を考えてみよう．これは肯定的に答えることができるばかりか，次のような一般的な定理が成り立つ．証明をみやすくするために K の標数が 0 の場合 (標数の定義は6.1節参照)，すなわち K が有

理数体(と同型な体)の拡大体になっている場合に限定するが，この仮定がなくても定理は成り立つ．証明にはガロア理論が使われるので，進んだ読者向けである．

定理8.25（アルチン=シュライアー） C を標数 0 の代数閉体，K をその真の部分体で $[C:K]<\infty$ なるものとすると，K は極大実体である．したがって K を実閉順序体にすることができ，さらに $C=K(i)$ が成り立つ．

証明 $E=K(i)$ とする．$C\neq E$ と仮定して矛盾を導く．C/E は C が代数閉体なのでガロア拡大である．そのガロア群を G と記す．

p を，$[C:E]=|G|$ を割り切る素数とする．G は位数 p の部分群 H をもつ．H の固定体を L とすると，$[C:L]=p$ である．

ζ_n でもって 1 の原始 p^n 乗根を表すことにする．$[L(\zeta_1):L]$ は $p-1$ の約数だから，$[C:L]=p$ によって $\zeta_1\in L$ がわかる．したがって C/L はクンマー拡大である．つまり
$$C=L(\alpha), \qquad \alpha^p=a\in L$$
と表すことができる．特に多項式 X^p-a は L で既約である．

$[C:L]=p$ で，しかも C は代数的に閉じているから，$X^{p^2}-a$ は L で可約でなければならない（定理8.4による）．$\beta\in C$ を $\beta^p=\alpha$ なる元とすれば，C において
$$X^{p^2}-a=\sum_{j=0}^{p^2-1}(X-\zeta_2^i\beta)$$
と因数分解される．したがって，左辺の L における因数を $f(X)$ とすれば，$f(X)$ の定数項は
$$\zeta_2^c\beta^m\in L, \qquad m=\deg f(X)$$
という形のはずである．

まず $\zeta_2\in L$ としてみよう．このときは $\beta^m\in L$ でなければならない．m が p^2 で割り切れることを証明すれば，$f(X)$ の次数が p^2 ということになり，$X^{p^2}-a$ の既約性が示され矛盾を生じて，$\zeta_2\notin L$ でなければならないことになる．

$(m,p)=1$ とすると，$mx+p^2y=1$ なる整数 x,y がとれて

アルチン
(EMIL ARTIN, 1898-1962)

$$\beta = (\beta^m)^x (\beta^{p^2})^y = (\beta^m)^x a^y \in L$$

となり矛盾が生じる．ゆえに $m = kp$ と表せる．これより $a^k = \beta^m \in L$ を得る．仮に $(k, p) = 1$ とする．$a^p \in L$ と合わせると上と同様にして $a \in L$ が従って，矛盾を生じる．ゆえに m は p^2 で割り切れることになる．

したがって $\zeta_2 \notin L$ でなければならない．$p=2$ の場合 $\zeta_2 = i \in E \subseteq L$ だから，これは p が奇素数であることを意味している．そこで，以後 p は奇素数とする．

$Q(\zeta_3)$ は $Q(\zeta_1)$ 上 p^2 次の巡回拡大である．$L \cap Q(\zeta_3) = Q(\zeta_1)$ だから，ガロア拡大の推進定理によって，$L(\zeta_3)/L$ も p^2 次の巡回拡大である．ところで $L \subsetneq L(\zeta_3) \subseteq C$ だが，これは C/L が p 次という仮定に反する．これで $X^{p^2} - a$ の既約性が証明された．この矛盾は $C = E$ を示している． □

▌定理 8.26 ▌ K を順序体とすると，次の 3 条件を満たす体 R が存在する．これを K の **実閉包** という．
1. R/K は代数拡大である．
2. R/K は順序拡大である．
3. R は実閉体である．

証明 K の代数閉包 $\overline{K}$ をとって固定する．条件 1., 2. を満足するような K のすべての拡大体のなす族を $\mathscr{X}$ と書く．この族が包含関係によって帰納的順序集合をなすことは明らかである．そこで，ツォルンの補題を適用して得られる $\mathscr{X}$ の極大元を R とする．R が実閉でないとすれば，定義 8.7 の条件 1. または 2. が満たされないことになるが，そのときは補題 8.23 によって R の真の順序拡大が存在することになり，R の極大性に矛盾する． □

▌定理 8.27 ▌ 複素数体 C 内には $R(i) = C$ を満たし，しかも互いに同型でない体 R が無数に存在する．

証明 S を R/Q の超越基とし，$K = Q(S)$ する．K を非アルキメデス的順序体とすることができる．実際，たとえば $s \in S$ として K を超越元 s に関する有理関数体と考える．$f(s)/g(s) \in K$ に対して

$$f(s)/g(s) > 0 \rightleftharpoons c(f)c(g) > 0$$

と定義すればよい．ここに $c(f)$ は f の最高次の係数を表す（その正負は実数としての正負である）．順序体 K の実閉包（$\subseteq C$）を R_1 とすると，定理 8.24 により $R_1(i) = C$ が成り立つ．すなわち，R_1 は極大実体である．

R_1 は R と同型ではない．なぜなら，極大実体は順序体としての順序をただ一つだけもつということがわかっているが（定理 8.22），一方はアルキメデス的順序体であり，もう一方は非アルキメデス的順序体だからである．

さらに $s_1, s_2 \in S$ に対し，$S' = S - \{s_1, s_2\}$ とする．$M = Q(S')$ とおいて，$M_1 = M(s_1)$ を上述の方法で非アルキメデス的順序体とし，$K = M_1(s_2)$ をふたたび同じ方法で非アル

キメデス的順序体とする（ただし係数の正負は M_1 における正負である）．この結果，$s_2 > s_1 > N$ となる．この順序に関する K の実閉包 R_2 を考えれば，R_2 は R_1 とも R とも同型ではない実閉体である．

以上の操作は任意有限回続けられるから，C 内には同型ではない極大実体が無数に存在することになる．

また，それぞれの極大実体と同型な極大実体がやはり無数に存在することも，S の置換が無数に存在することからわかる． □

8.5 ハミルトンの四元数体*

実数体の有限次の真の拡大体は，複素数体に限るということだった．これも複素数体の究極性の一つであった．本節では，数体系探求の旅の締括りとして，複素数体を含むような体には斜体（非可換体）まで含めればどんなものが存在しうるかという問題を考える．そのために多元環論から基礎的な定義を借りてこよう．本節では，環は必ずしも乗法に関して可換ではないとする．

▶**定義8.8**◀ K を（可換）体とする．A が K 上の**多元環**（algebra）であるとは，次の3条件が満たされることをいう．
1. A は単位元1をもつ（一般には非可換な）環である．
2. K は A の部分環で，単位元1を共有する．
3. K は A の中心に含まれる．
$$a\alpha = \alpha a \quad (\forall a \in K, \ \forall \alpha \in A)$$

ここに，A の**中心** Z とは $\{x \in A | xy = yx \text{ for } \forall y \in A\}$ なる集合のことで，中心 Z は（可換）体をなし，$K \subseteq Z$ である．

K 上のベクトル空間としての A の次元を（可換体の拡大のときと同様）$[A:K]$ と記す．特に A が（可換，あるいは非可換の）体をなすときには，K 上の**多元体**（division algebra）であるという．

ハミルトン
(WILLIAM ROWAN HAMILTON, 1805-1865)

フロベニウス
(GEORG FROBENIUS, 1849-1917)

例 8.2 (1) 体 K 上の完全行列環 $M_n(K)$　 ij 成分が 1 で他は 0 の行列を e_{ij} と記すと,e_{ij} $(i,j=1,\cdots,n)$ は $M_n(K)$ の K 上の基底をなす. 単位元は $e=e_{11}+\cdots+e_{nn}$ で,K は Ke という形で $M_n(K)$ に含まれている.

(2) **四元数体** $H(R)$　R を極大実体とする.
$$H(R)=R+Ri+Rj+Rk$$
ここに
$$i^2=j^2=k^2=-1,\quad ij=-ji=k,\quad jk=-kj=i,\quad ki=-ik=j \tag{8.7}$$
とすれば,R が形式的実体だから $H(R)$ は R 上の多元体をなす (例 6.2:p.119 参照). これを極大実体 R 上の (ハミルトンの) 四元数体という. $H(R)$ の中心は R である.

極大実体といっても実閉体といっても結局は同じことだが,実体の定義には順序体であるという仮定がついていないので,より広い概念であり使いやすい. そこで本節では,実閉体よりも極大実体の方を使うことにする.

次の定理は多元環論ではよく知られた定理だが,線形代数学の範囲で証明を与えてみよう.

定理 8.28 (フロベニウスの定理)　極大実体 R 上有限次の非可換多元体 D は,ハミルトンの四元数体 $H(R)$ に限られる.

証明　D を R 上有限次の非可換多元体とし,$[D:R]<\infty$ とする.

第一段　まず,D の中心を Z とすると $Z=R$ であることを示そう. $R \subsetneq Z$ ならば,定理 8.25 によって Z は代数閉体である. さらに D は非可換体だから,$u \notin Z$ なる $u \in D$ が存在する. $Z(u)$ は可換体で Z の真の有限次拡大である. これは Z が代数的に閉じていることに反するから,$Z=R$ である.

$u \notin R$ なる元 $u \in D$ をとる. $C=R(u)$ は R の有限次拡大だから,代数閉体である. したがって
$$C=R(i),\quad i^2=-1$$
と書ける.

第二段　次に
$$ij=-ji,\quad j^2=-1$$
を満たす $j \in D$ の存在を示そう. これが示されると $H(R) \subseteq D$ が証明されたことになる.

D を C 上の左ベクトル空間とみなす.

$z \in C$ とする. $u \in D$ に対して $uz \in D$ を対応させる写像 $\hat{z}:D \to D$ を考える.
$$\hat{z}:D \to D,\quad \hat{z}(u)=uz$$
$\hat{z}$ は C 上の左ベクトル空間 D の線形変換 (すなわち, 自己準同型写像) である.
$$\hat{z}(z_1 u_1+z_2 u_2)=z_1 \hat{z}(u_1)+z_2 \hat{z}(u_2)\quad (\forall z_1 \forall z_2 \in C,\ \forall u_1 \forall u_2 \in D)$$

D の C 上の線形変換の全体は (合成写像を積として) 環をなすから,これを $\mathrm{End}_C(D)$ と記すと,$\hat{z} \in \mathrm{End}_C(D)$ ということである.

8.5 ハミルトンの四元数体

したがって $\hat{z}$ は (D の C 上の基底を決めれば) C 上の $n \times n$ 行列で表される (ここに $n = \dim_C D$). このようにして得られる写像を $\Phi : C \to M_n(C)$ とする. $I = \Phi(i)$ とおくと, $I^2 = -E$ (E は単位行列) である. 実際, $\hat{i}^2(u) = \hat{i}(ui) = ui^2 = -u = \widehat{-1}(u)$ だからである. Φ は R 加群としての準同型写像である. すなわち

$$\Phi(x_1 z_1 + x_2 z_2) = x_1 \Phi(z_1) + x_2 \Phi(z_2) \qquad (\forall x_1 \forall x_2 \in R, \ \forall z_1 \forall z_2 \in C)$$

が成り立つ.

I の固有多項式を $\varphi(X)$ とすると, 割り算の原理によって

$$\varphi(X) = (X^2 + 1)Q(X) + aX + b, \qquad a, b \in C$$

と表せる. 線形代数学におけるハミルトン=ケーリーの定理は代数閉体 C でも成り立つから, $\varphi(I) = O$ であり, また $I^2 + E = O$ であるから

$$aI + bE = O$$

を得る.

$a = b = 0$ を証明しよう. $a = 0$ を示せば, 上式から $b = 0$ が出る.

$a \neq 0$ と仮定すれば, $I = \lambda E$ と書ける. このとき $I^2 = \lambda^2 E = -E$ となり, $I = \pm iE$ が従う. $I = iE$ ならば任意の $z \in C$ に対して $\Phi(z) = zE$ であるが, これは $uz = zu$ ($\forall u \in D$) を意味し, C が D の中心に含まれることになるが, 矛盾である. ゆえに $I = -iE$ である. しかしこの場合は任意の $u \in D$ に対して $ui = -iu$ となり, これもありえない. ゆえに $a = 0$ である. したがって $b = 0$ である.

$a = b = 0$ であれば, $X^2 + 1$ は固有多項式を割り切ることになり, 特に $-i$ は固有値である. これにより $\hat{i}(u) = -iu$, すなわち $ui = -iu$ を満たす $u \in D$ の存在が示せた.

$K = C(u) = R(i, u)$ を R 上の i, u を含む最小の斜体 ($\subseteq D$) とすると, $u^2 i = iu^2$ だから, u^2 は K の中心の元である. K の中心もやはり R だから, $u^2 \in R$ を得る.

$u^2 < 0$ である. 仮に $u^2 > 0$ と仮定すると中心 R は実閉体だから $u^2 = a^2$, $a \in R$ と表せるが, これより $u = \pm a$ となって矛盾を生じるからである.

そこで $u^2 = -a^2$ と表し, u/a を改めて j と書くことにする. さらに $ij = k$ とおくと, (8.7) が容易に示せる. したがって K は R 上の四元数体である.

第三段 $K \subsetneq D$ と仮定して矛盾を導けば, 定理が証明されたことになる.

$j_1 \in D - K$ なる元 j_1 があるとし, $K_1 = C(j_1)$ とおくと, 上の証明を繰り返すことによって, K_1 も R 上の四元数体で, 先の議論により

$$ij_1 = -j_1 i, \qquad j_1^2 = -1$$

が成り立つとしてよい. これと $ij = -ji$ から,

$$i(j_1 j) = (j_1 j) i$$

が得られる. これより $C(j_1 j) = R(i, j_1 j)$ は可換体であるから, $j_1 j \in C$ が成り立つ. ゆえに $j_1 \in K$ となり $K_1 = K$ を得る. これによって $D = K \simeq \mathbb{H}(R)$ が証明された. □

極大実体 R が必ずしも斜体 D の中心には含まれないが, D は R の (左, または右)

ベクトル空間としては有限次元であるという条件では，D はどんなものがあるかという問題を考えてみよう．

C を代数的に閉じた体とする．$[C:R]=2$ という条件を満たす C の部分体 R は，定理 8.25 によって極大実体である．以後，こうした体を C 内の極大実体ということにする．R を C 内の一つの極大実体として，固定する．R' を R とは異なる C 内の極大実体とし，R' 上でハミルトンの四元数体 $H(R')$ を考えよう．
$$H(R')=R'+R'i+R'j_1+R'k_1$$
ここに
$$i^2=j_1^2=k_1^2=-1, \quad ij_1=-j_1i=k_1, \quad j_1k_1=-k_1j_1=i, \quad k_1i=-ik_1=j_1$$
とする．

$R \subseteq C = R'(i) \subseteq H(R')$ だから $R \subseteq H(R')$ が成り立つ．しかも $H(R')$ の中心は R' であるから，最初に固定した極大実体 R は $H(R')$ の中心には含まれない．

このようにして，R が中心に含まれないような，しかし R 上のベクトル空間として有限次元である斜体が構成できた．逆に，おもしろいことにこういう種類の斜体はある極大実体 R' 上のハミルトンの四元数体に限る．すなわち次が成り立つ．

定理 8.29 D を極大実体 R を部分体として含む斜体とする．D が R 上の (右または左) ベクトル空間として有限次元であれば，D は代数閉体 $C=R(i)$ 内のある極大実体 R' 上の四元数体である．すなわち
$$D=H(R'), \qquad C=R(i)=R'(i)$$
と表せる．

証明のために次の補題を引用する．補題の証明には多元環に関する知識を必要とするので，進んだ読者向けである (P. M. Cohn, "*Skew Fields*", Cambridge UP, 1995 による)．

補題 8.30 E を非可換体とし，K をその可換部分体で，E は K 上 (右または左ベクトル空間として) 有限次元であるとする．このとき E はその中心上有限次元である．

証明 E は K 上の右ベクトル空間として有限次元であるとする (左でも同じことである)．

E の中心を Z とし，K と Z の合併体 KZ を F と記す．$K \subseteq F \subseteq E$ だから，E は可換体 F 上の右ベクトル空間としても有限次元である．

E が中心 Z をもつ斜体 (したがって単純環) で，F/Z が可換体の拡大であるから，テンソル積 $E \otimes_Z F$ は中心 F をもつ単純環である．準同型写像
$$\Phi: E \otimes_Z F \to \text{End}_F(E)$$
を $\sum u_i \otimes a_i$ ($u_i \in E$, $a_i \in F$) に F 上の自己準同型写像 $x \mapsto \sum u_i x a_i$ を対応させることによって定義する (この対応が正しく定義されていることは容易にわかることである)．

ここに，$\mathrm{End}_F(E)$ は E を右 F 加群とみたときの自己準同型写像のなす環を意味する．$E\otimes_Z F$ は単純環だから，$\varPhi$ は単射でなければならない．

E の F 上の右ベクトル空間としての次元を n とすると，$\mathrm{End}_F(E)$ は F 上の完全行列環 $M_n(F)$ である．ゆえに
$$[E:Z]=[E\otimes_Z F:F]\leq [M_n(F):F]=n^2$$
である（ここに，M が（非可換）環で，R をその部分体とし，R は M の中心に含まれているとき，$[M:R]$ は R 上のベクトル空間としての次元を表す）．したがって $[E:Z]$ は有限である． □

定理 8.29 の証明 D の中心を Z とする．Z と極大実体 R の合併体 ZR を考えると，これは R を含む D の可換部分体である．

(1) $ZR=R$ の場合．このとき $Z\subseteq R$ である．$[D:R]$ は有限なので，補題 8.30 によって $[R:Z]$ も有限である．このとき定理 8.25 によって Z は極大実体で，$Z\subseteq R$ だから $Z=R$ でなければならない．したがって，定理 8.28 より $D\simeq H(R)$ である．

(2) $ZR\supsetneq R$ の場合．このとき D の可換部分体 ZR は代数閉体と同型な体である．ゆえに，$ZR=C=R(i)$, $i\in D$ と表せる．補題 8.30 によって $[C:Z]$ は有限だから，中心 Z は定理 8.25 によって C 内の極大実体 R' である．ゆえに，フロベニウスの定理（定理 8.28）によって D は R' 上の四元数体である． □

┃系 8.31┃ 実数体 $\mathbb{R}$ を部分体として含む斜体 D が $\mathbb{R}$ 上有限次ならば，D は複素数体 $\mathbb{C}$ 内のある極大実体上の四元数体である．すなわち
$$D=H(R')=R'+R'i+R'j+R'k, \qquad C=R'(i)=R(i)$$
と表せる．

定理 8.27 によれば，複素数体 $\mathbb{C}$ 内には互いに同型でない極大実体が無数に存在するから，$\mathbb{R}$ 上のベクトル空間として 4 次元ではあるが，互いに同型でない斜体も無数に存在することになる．

問題のヒントと略解

[第 1 章]

問題 1.1 (1) $A \to A$ から $\neg A \vee A$ を得る．(2) $(A \to B) \rightleftarrows (\neg A \vee B) \rightleftarrows (B \vee \neg A) \rightleftarrows (\neg B \to \neg A)$．(3) $A \to A \vee B$ に (2) を適用して $\neg(A \vee B) \to \neg A$．(4) $\neg A \wedge \neg B \to \neg A$ だから $A \to \neg(\neg A \wedge \neg B)$．同様に $B \to \neg(\neg A \wedge \neg B)$ が成り立つ．この二つから $A \vee B \to \neg(\neg A \wedge \neg B)$ を得る．(2) により $\neg A \wedge \neg B \to \neg(A \vee B)$．逆を示す．$A \to A \vee B$ より $\neg(A \vee B) \to \neg A$．同様に $\neg(A \vee B) \to \neg B$．ゆえに $\neg(A \vee B) \to \neg A \wedge \neg B$．

[第 2 章]

問題 2.1 (1) $S \subseteq T$ とする．$x \in S$ ならば $x \in T$ であるから $x \in S \cap T$ である．ゆえに $S \subseteq S \cap T$ が成り立つ．逆の包含関係は明らかであるから $S = T$．逆に $S \cap T = S$ とする．$x \in S \to x \in S \cap T \to x \in T$．ゆえに $S \subseteq T$．(2) も同様．(3) $S \cap T = \emptyset$ とせよ．すると $x \in S$ ならば $x \notin T$ である．つまり $x \in S - T$ である．ゆえに $S \subseteq S - T$．逆の包含関係は明らかであるから $S = S - T$．

問題 2.2 (1) 恒等写像は全単射．(2) 定理 2.4 による．(3) $f: X \to Y$, $g: Y \to Z$ がともに全単射のとき，合成写像 $g \circ f: X \to Z$ は全単射．

問題 2.3 (1) $x \leftrightarrow 2x$ による．(2) $x \leftrightarrow x^2$ による．(3) 正の自然数 x には奇数 $2x-1$ を，負の自然数 $-x$ には偶数 $2x$ を，0 には 0 を対応させれば全単射 $Z \to N$ が得られる．(4) $T: [0, 1) \to (0, 1)$ を $x = 1/2^n$ ($n \in N$) のとき $T(x) = 1/2^{n+1}$, $x \neq 1/2^n$ のとき $T(x) = x$ で定義すれば T は全単射である．(5) $f(x) = \tan x$ とすれば $f: (-\pi/2, \pi/2) \to R$ は全単射である．

問題 2.4 $x \in \bigcap c \rightleftarrows \forall y \in c (x \in y) \rightleftarrows \forall y (y \in \{a, b\} \to x \in y) \rightleftarrows x \in a \wedge x \in b \rightleftarrows x \in a \cap b$．

問題 2.5　前問 2.4 にならう．
問題 2.6　$x \in \{a\} \cup \{b, c\} \rightleftharpoons x = a \lor (x = b \lor x = c)$ による．
問題 2.7　$(a, b) = (c, d)$ から二つの場合が生じる：case 1；$\{a\} = \{c\}$, $\{a, b\} = \{c, d\}$．このとき $a = c$, $b = d$ である．case 2；$\{a\} = \{c, d\}$, $\{c\} = \{a, b\}$．このとき $a = b = c = d$ である．
問題 2.8　ヒントに従って証明する．
問題 2.9　本文に述べたとおり実行すればよい．

[第3章]
問題 3.1　ヒントに従って証明する．
問題 3.2　(1) m に関する数学的帰納法による．途中で $x+1 = y+1 \rightarrow x = y$ を使うが，これはペアノの公理系の P2. である．(2) k に関する数学的帰納法による．(3) $x \neq 0$ とすると $x = z+1$ と表せる．このとき $0 = x+y = (y+z)+1$ を得るが，これは公理 P3. に反する．(4) $m \neq 0$ とすると $m = k+1$ と表せる．$(k+1) \cdot n = 0$ に分配法則を適用する．(5) $m = u+1$, $n = v+1$ と表し，分配法則によって展開し，(3) を適用する．
問題 3.3　(1) $m < n$ ならば $m+(k+1) = n$ と表せる．(2), (3) $m \leq n$ ならば $m+u = n$ と表せる．

[第4章]
問題 4.1　(1) $0+0 = 0+0 = 0$ だから 0 は 0 自身の加法逆元である．(2) $x+(-x) = (-x)+x = 0$ だから x は $-x$ の加法逆元である．(3) $x \cdot (0+0) = x \cdot 0$ による．(4) $(-x) \cdot y + x \cdot y = x \cdot y + (-x) \cdot y = 0$ による．後半は (2) と (4) による．
問題 4.2　定義に戻って考えればよい．
問題 4.3　$m \neq 0, \pm 1$ とする．$\overline{xy} = \bar{0}$ は xy が m で割り切れることを意味する．これから x あるいは y が m で割り切れることが従うためには，m が素数であることが必要十分である．
問題 4.4　定理 4.9 による．

[第6章]
問題 6.1　(1) e_1, e_2 を単位元とすると，$e_1 = e_1 e_2 = e_2$ が成り立つ．(2) y_1, y_2 を x の逆元とする．$y_1 = ey_1 = (y_2 x)y_1 = y_2(xy_1) = y_2 e = y_2$．(3) $xx^{-1} = x^{-1}x = e$ による．
問題 6.2　$1/(x+y\sqrt{2}) = (x-y\sqrt{2})/(x^2-2y^2)$ による．
問題 6.3　(1) $(x_1, y_1) + (x_2, y_2) = (x_1+x_2, y_1+y_2)$, $(x_1, y_1) \cdot (x_2, y_2) = (x_1 x_2 - y_1 y_2, x_1 y_2 + x_2 y_1)$ と定義する．(2) $a_{11} = a_{22}$, $a_{12} = -a_{21}$ なる2次の実正方行列の全体を考える．詳しくは 8.3 節をみよ．

問題 6.4 定義から明らかである.

問題 6.5 (1) $0\boldsymbol{x}+0\boldsymbol{x}=0\boldsymbol{x}$ による. (2) $a\boldsymbol{0}+a\boldsymbol{0}=a\boldsymbol{0}$ による. (3) $\boldsymbol{x}+(-1)\boldsymbol{x}=0\boldsymbol{x}=\boldsymbol{0}$ による.

問題 6.6 $W \subseteq V$ とすると, W に対してベクトル空間の定義 6.3 は二つの演算で閉じていること以外満たされている.

問題 6.7 (1) $\forall x' \in G'$ に対して $T(x)=x'$ なる元 $x \in G$ が存在する. $x'T(e)=T(e)x'=x'$ と, 単位元の一意性 (問題 6.1(1)) によって $T(e)=e'$ を得る. (2) $T(x)T(x^{-1})=T(x^{-1})T(x)=T(e)=e'$ と逆元の一意性 (問題 6.1(2)) による.

問題 6.8 $\bar{x}=\overline{x'}, \ \bar{y}=\overline{y'}$ のとき $\overline{x+y}=\overline{x'+y'}, \ \overline{xy}=\overline{x'y'}$ を示せばよいが, これは $\bar{x}=\overline{x'} \rightleftarrows T(x)=T(x')$ から従う. R/A の加法単位元は $\bar{0}$, 乗法単位元は $\bar{1}$ である.

問題 6.9 $|AB|=|A||B|$ による. N は行列式が 1 の行列からなる.

問題 6.10 $y \in N$ のとき $T(x^{-1}yx)=T(x^{-1})T(y)T(x)=T(x)^{-1}e'T(x)=e'$.

問題 6.11 $a \in A$ ならば $-a=(-1)a \in A$ などによる. R 加群の定義のいくつかは, $A \subseteq R$ のために自動的に満たされている.

問題 6.12 $A(\neq \{0\})$ を体 R のイデアルとせよ. $a \neq 0$ なる $a \in A$ をとると $1=a^{-1}a \in A$ となる. 任意の $x \in R$ は $x \cdot 1 \in A$ だから $R=A$ が従う.

問題 6.13 たとえば $x \in R$, $a \in A$ ならば $T(xa)=T(x)T(a)=T(x)0'=0'$ により $xa \in A$.

問題 6.14 (1) 素イデアルと素元の定義による. (2) 既約の定義を書き換えると, $(f) \subseteq (g) \rightleftarrows (g)=(1) \vee (g)=(f)$ となる.

[第 7 章]

問題 7.1 (1) $x<0 \rightarrow x+(-x)<-x$. (2) $x>0$ と $x<0$ に場合分けして (1) を使う. (3) $1=1^2$. (4) $z=(x+y)/2$ とおくとよい.

問題 7.2 定義とヒントに従う.

問題 7.3 $\varepsilon(\in K)$ を任意に与えられた定数とすると, $\{a_n\}_n$ は上に有界ではないから $a_N>1/\varepsilon$ を満たす自然数 N が存在する. $n \geq N$ のとき $0<1/a_n<\varepsilon$ が満たされる.

問題 7.4 一つ一つ順序体の定義をチェックする. たとえば $x-y \in P$, $x-y \in \{0\}$, $x-y \in -P$ に従って $x>y$, $x=y$, $x<y$ を得る.

問題 7.5 たとえば a が A の最大値であるとせよ. a は A の上限である. a が B の下限であることを証明しよう. $a<B$ だから a は B の下界である. $a<x$ なる x を考えると $x \notin A$ だから, $x \in B$ である. $a<y<x$ なる y が必ず存在し $y \in B$ である. ゆえに x は B の下界ではありえない. ゆえに a は B の下限である.

問題 7.6 ε を勝手な正数とする (たとえば 1). $|a_n-a_N|<\varepsilon (n \geq N)$ なる N が存在する. 任意の $n \geq N$ に対して $|a_n| \leq |a_n-a_N|+|a_N|<\varepsilon+|a_N|$ ($=$定数) だから, $\{a_n\}_n$ は有

界である．

問題 7.7 $\{a_n\}$ は 0 に収束しないから，自然数 N と正数 c が存在して $n>N \to |a_n| \geq c$ となる．したがって $m, n>N$ のとき $|a_m^{-1}-a_n^{-1}|=|a_m-a_n|/|a_m||a_n| \leq |a_m-a_n|/c^2$ である．分子はいくらでも 0 に近づくから，$\{1/a_n\}_n$ は基本列である．

問題 7.8 ε を任意の正有理数とする．$\{a_n\}_n$ が基本列だから，$|a_n-a_m|<\varepsilon/2$ $(\forall m \forall n \geq N)$ なる N がとれる．$\varepsilon/2=\varepsilon-\varepsilon/2$ と考えれば，これは定義 7.8 によって $|a-a_m|<\varepsilon (\forall m \geq N)$ を意味している．ゆえに $\lim a_m=a$ である．

問題 7.9 (1) s を $\mathbb{Q}$ の自己同型写像とする．自然数 n を $n=1+\cdots+1$ (n 個の和) と表すと，$s(n)=s(1)+\cdots+s(1)=1+\cdots+1=n$ が成り立つ．(2) s を $\mathbb{R}$ の自己同型写像とする．$\mathbb{R}$ においては $a>0 \rightleftarrows \exists b \neq 0 ; a=b^2$ が成り立つ．したがって $a>0 \rightleftarrows s(a)>0$ となり，s は順序をこめた自己同型写像であることになる．したがって，$\{a_n\}_n$, $\{b_n\}_n$ を問題文にいうような有理数列とすると，$a_n<a<b_n$ より $a_n<s(a)<b_n$ が成り立つ．これは $s(a)=a$ を示している．

問題 7.10 (1) $x \in \mathbb{N}$ に対して $x<n$ ならば $(1,x)$ を，$x \geq n$ ならば $(0,x-n)$ を対応させると全単射：$\mathbb{N} \to \mathbb{N} \bigsqcup n$ を得る．(2) $(j,n) \in 2 \times \mathbb{N}$ に $j=0$ ならば $2n$ を，$j=1$ ならば $2n+1$ を対応させる写像 $2 \times \mathbb{N} \to \mathbb{N}$ は全単射である．(3) はヒントのとおり．

問題 7.11 (1) m, n のどちらかが 0 ならば明らかだから，どちらも 0 でないとする．写像：$m \to n$ は各 $0 \leq i<m$ に対して n 個の値をとりうるから，全部で n^m 個存在する．(2) $f: 2 \to X$ に対して $(f(0),f(1)) \in X \times X$ を対応させれば，X^2 から $X \times X$ への全単射を得る．(3) $f: Y \times Z \to X$ に対して $g(f): Z \to X^Y$ を対応させる．ここに，$g(f)$ は $z \in Z$ に $y \mapsto f(y,z)$ という写像：$Y \to X$ を対応させる写像とする．このとき，$g: X^{Y \times Z} \to (X^Y)^Z$ は全単射である．

問題 7.12 $f \in 2^X$ に $\{x \in X | f(x)=0\} \in \wp(X)$ を対応させる写像：$2^X \to \wp(X)$ は全単射である．

[第 8 章]

問題 8.1 (1) M/K の超越基を S とすれば，仮定から $L=K(S,u)$ である．いま，$f \in K[S,u]$ が $f=0$ を満たすとする．f の中に u が現れないとすると，S が K 上代数的に独立であることに反する．f を u についての多項式として表すと，$f=0$ は u が $K(S)$ 上超越的であることに反する．いずれにしても $f \neq 0$ で，$K(S,u)$ は純超越拡大である．(2) も同様．

問題 8.2 $|a_m-a_n|^2=|a_m-a_n|^2+|b_m-b_n|^2$ による．

問題 8.3 $S=\{x \in [a,b] | f(y)<0 (\forall y \leq x)\}$ とおく．$S \neq \emptyset$ である．S の上限を c とする．$f(c)=0$ を示せばよい．$f(c)>0$ としても $f(c)<0$ としても矛盾が生じる．

問題 8.4 $a=a+bi$, $z=x+yi$ と表すと，$z^2=a$ は連立方程式 $x^2-y^2=a$, $2xy=b$ に還元される．この連立方程式は実数解 x, y を有する．

参 考 文 献

本文中に必要箇所を引用した文献はその場で出典を明らかにした．以下に記すのは頻繁に参考にさせていただいた文献である．開いてみて一度も裏切られることのなかった名著ぞろいだから読者にも推薦したい．

[Bour]　ブルバキ，N.(村田 全・清水達雄訳)：数学史，東京図書，1970．
[Boye]　ボイヤー，C. B.(加賀美鉄雄・浦野由有訳)：数学の歴史，1〜5，朝倉書店，1983-85．
[Cajo]　カジョリ，F.(小倉金之助補訳)：初等数学史(復刻版)，共立出版，1997．
[Dede]　デデキント，R.(河野伊三郎訳)：数について，岩波文庫，岩波書店，1961．
[Ebin]　エビングハウス，H.-D. 他(成木勇夫訳)：数(上下)，シュプリンガー・フェアラーク東京，1991．
[Halm]　ハルモス，P. R.(富川 滋訳)：素朴集合論，ミネルヴァ書房，1975．
[Henl]　ヘンレ，J. M.(一松 信訳)：集合論問題ゼミ，シュプリンガー・フェアラーク東京，1987．
[Hilb]　ヒルベルト，D.(寺阪英孝他訳)：ヒルベルト 幾何学の基礎，共立出版，1970．
[Iyan]　彌永昌吉・小平邦彦：現代数学概説 I，岩波書店，1961．
[Jaco]　Jacobson, N.: *Basic Algebra*, I, II (second edition), W. H. Freeman, 1985.
[Klee]　Kleene, S.: *Mathematical Logic*, John Wiley & Sons, 1967.
[Namb]　難波完爾：集合論，サイエンス社，1975．
[Qian]　銭 宝琮編(川原秀城訳)：中国数学史，みすず書房，1990．
[Shim]　島内剛一：数学の基礎，日本評論社，1971．
[Vand]　ファン・デル・ヴェルデン(銀林 浩訳)：現代代数学，1〜3，東京図書，1969．
[Vaug]　Vaught, R. L.: *Set Theory*, Birkhäuser, 1985.

論理については [Klee]，[Shim] を参考にした．
集合論とその応用については [Halm]，[Henl]，[Iyan]，[Namb]，[Shim]，[Vaug] を参考にした．
数体系の構成や体論など代数系の一般論については [Ebin]，[Iyan]，[Jaco]，[Shim]，[Vand] を参考にした．
歴史については [Bour]，[Boye]，[Cajo]，[Dede]，[Ebin]，[Hilb]，[Qian] を参考にした．なお，本書に書いた歴史をめぐる内容をもう少し詳しく知りたい読者は，次の [Adac1]，[Adac2] を読んでいただきたい．

[Adac1]　足立恒雄：$\sqrt{2}$ の不思議，カッパ・サイエンス，光文社，1994．
[Adac2]　足立恒雄：無限のパラドクス，講談社ブルーバックス，講談社，2000．

索　引

ア 行

アダマール　62
アーベル群　118
アリストテレス　7, 67
R 加群　130
アルキメデス的　152
アルキメデスの公理　152, 156
アルチン　193
アルチン=シュライアー　154, 197

1次独立　123
1対1の写像　42
一般線形群　118
イデアル　71, 131
伊能忠敬　113
イプシロン-デルタ論法　146
意味論的　26

ヴィトゲンシュタイン　19
上への写像　42
上への準同型写像　125
ウォリス　86
宇宙　32

エウクレイデス(ユークリッド)　3, 22, 47, 68, 148
演繹定理　14
演算　123

オイラー　69, 87, 145, 175
オレム　145

カ 行

外延性公理　49
回帰定理　59, 77
回帰的　76
『解析学の基礎』　4, 149
外的演算　123
外的算法　123

『概念文字』　4, 19, 23
ガウス　103, 105, 175
ガウス平面　175
可換環　96
可換群　118
可換法則　78
核　128
拡大次数　177
拡大体　177
加群　118
可算　44
カジョリ　86, 87, 145
数える　22
合併(集合)　36, 37, 39
加法　76
ガリレオ　60
カルダーノ　175
カルナップ　19
環　96
関係　56
関数　39, 40
完全　30
完全行列環　200
完全性(命題論理の)　16
カントル　34, 61, 74, 148, 171, 172
カントルの定理　169
カントル=ベルンシュタインの定理　168
環の準同型定理　128
完備性　154, 157

偽　5
『幾何学の基礎』　2, 47, 149
基数　166
基礎の公理　51
基底　122
帰納定理　76
帰納的　76
帰納的順序集合　65
基本定理　176

方程式論の——　1, 189
有限集合の——　46
基本的述語記号　48
基本命題　11
基本列　151, 188
偽命題　14, 16
既約　102, 141
逆写像　42
既約剰余類群　118
『九章算術』　87, 111
共通部分集合　36, 37, 49
極大　65
極大イデアル　62, 132
虚数　175

空集合　34
区間縮小法　156
グッドスタインの定理　84
グラフ　39
クロネッカー　70, 72, 74
群　117
　　——の準同型定理　128

系　6
形式主義　47
形式的整級数　138
形式的整級数環　138
形式的に実　154
形式的冪級数　138
形式的冪級数環　138
『形而上学』　68
結合法則　78
ゲーデル　53
　　——の完全性定理　30, 31
　　——の不完全性定理　83
原子命題　11
原始命題　11
原像　128
ゲンツェン　14, 83
『原論』　3, 22, 47, 148

恒真　12, 26
合成写像　42
合同　105
恒等写像　43
公倍数　100
構文論的　26
公約数　100
公理主義　47, 74
公理的方法　2
コーシー　145
コーシー列　151, 188
個数　45
固有のイデアル　131
根体　180

サ　行

再帰定理　76
最小公倍数　101
最小分解体　180
最大公約数　100, 141
差集合　36
作用域　123
三角不等式　151, 188
算術　3, 19
『算盤の書』　111
算法　123
次元　123
四元数体　119, 200
自己同型写像　163
自然言語　47
自然数　3, 44, 54
自然数論　3, 19
実　154
実効的　83
実数体　119, 159
　　——の一意性　163
実数の連続性　3
実数列　40
実閉体　194
実閉包　198
写像　40, 41, 56
　　1対1の——　42
　　上への——　42
シュヴァレー　62
集合　32
集合族　36, 57
集合論　48

収束　188
収束する　151
従属選出の原理　59, 143
自由変数　25, 48
朱世傑　112
シュタイニツ　62, 182, 184
述語　24
述語記号　24
述語変数　24
述語論理　4, 24, 48
　　——の無矛盾性　29
10進小数展開　152, 164
10進分数　110
シュライアー　193
順序　62
順序体　149
順序対　55
順序同型　63
純粋算術　81
純超越拡大　184
準同型写像　125, 127
　　上への——　125
　　中への——　126
準同型定理　128
商　92
上界　65
商環　133
条件文　10
小数　110
『小数論』　113
商体　115
乗法　78
証明　27
剰余定理
　　孫子の——　107
　　中国の——　108
剰余類環　106
除去
　　二重否定の——　14
　　∀の——　27
　　∃の——　28
　　∧の——　14
初等整数論の基本定理　104
ジラール　86
真　5, 26
『新科学対話』　60
真部分集合　33
新プラトン主義　68

真理値　8, 15
推移律　91
推論規則　14, 27
『数学原論』　62
数学的帰納法　46, 47, 51, 54, 58, 63, 79, 143
数原子論　67, 68
『数とは何であり，何であるべきか』　4, 71, 74
数列　39
スコーレム　52
ステヴィン　113, 144
『ストイケイア』　3, 22, 47, 68, 148
スピノザ　18

正規部分群　129
生成されるイデアル　132
正則性公理　51, 54
整列原理　52, 61, 63, 66, 168
整列集合　62
　　——の比較定理　64
整列定理　61
絶対値　98, 151, 161
切断　147, 156
ZF（ツェルメロ=フレンケルの集合論）　52, 63, 66, 83
ZFC　52
切片　63
線形空間　122
線形写像　127
線形順序集合　62
全射　42, 56
選出関数　58, 185
選出公理　5, 50, 56, 58, 66, 143, 168, 171
全順序集合　62
全称記号　21
選択公理　51
全単射　42

素イデアル　132
像　41
相等　33
添え字　57
添え字集合　57
束縛変数　48

素元分解の一意的可能性 143
素数 102
存在記号 21
孫子の剰余定理 107

タ 行

体 114, 118
対応 56
対偶 8
対象 82
対称律 91
代数拡大 178
代数系 123
代数的 136, 178
　——に独立 135
代数的数 136
代数閉包 62, 181
代表系 92
互いに素 141
多元環 199
多元体 199
多項式 135
多項式環 136
単位分数 111
単項イデアル 132
単項イデアル整域（PID） 132
単射 42, 56
単集合 49

値域 41, 57
チェーン 62
置換 40
置換公理 52
中間値の定理 190
中国の剰余定理 108
中心 199
稠密 152
超越拡大 184
超越基 184
超越元 135
超越次数 184
超越数 136
超越的 178
超基底 84
超限帰納法 63
直積 41, 55, 57
直和 166
直和分割 91

ツェルメロ 52, 61
ツェルメロ=フレンケルの集合論（ZF） 52, 63, 66, 83
ツォルン 62, 182
　——の補題 51, 61, 65, 66, 168, 182, 194, 198
次の自然数 44

ディオドーロス 10
定義域 41
定理 6, 13
ディリクレ 71
デカルト 86, 87, 89, 144
デデキント 3, 5, 34, 61, 70, 72, 74, 145, 147, 172
　——の定理 156

同型 125
同型写像 125, 127
同値関係 91
同値律 91
同値類 91
導入
　∀の—— 27
　∃の—— 28
　∧の—— 14
　∨の—— 14
トートロジー 12, 26
ド・モルガン 18, 24
　——の法則 12, 28, 36, 37

ナ 行

内的演算 123
内的算法 123
中への準同型写像 126

二重否定 8
　——の除去 14
ニュートン 87

濃度 166
　——の比較可能性 167

ハ 行

場合分け証明法 14
倍数 100
排中律 12
背理法 10, 14

パスカル 86
ハミルトン 199
　——の四元数体 119, 199
パラメータ 25
反射律 91

PID（単項イデアル整域） 132
非可算 44
非可算集合 171
BG（ベルナイス=ゲーデルの集合論） 53
左ベクトル空間 122
等しい 33
ピュタゴラス派 67
標準写像 92
標数 119
ヒルベルト 2, 5, 47, 74, 149

フィボナッチ 111
フィロン 10
フェルマー 87
　——の小定理 106
　——の大定理 6, 81
フォン・ノイマン 53, 73
複合命題 11
複素数体 119, 186
　——の一意性 189
フッサール 19
部分環 124
部分空間 124
部分群 124
部分集合 33
部分体 177
普遍領域 32
プラトン 67, 72
ブール 18
ブルバキ 62
フレーゲ 4, 5, 18, 22, 39, 70, 72, 145
フレンケル 52
フロベニウスの定理 200
分解体 180
分子命題 11
分出公理 49
分数 110
分配法則 79
分配律 12

ペアノ　19
　——の公理系　4, 73, 149
冪集合の公理　50
ベクトル空間　122
ベール　62
ベルナイス　53
ベルナイス=ゲーデルの集合論
　　（BG）　53

方程式論の基本定理　1, 189
補集合　35
補題　6
ボルツァーノ　61
ボレル　62
ボンベルリ　86

マ 行

右ベクトル空間　122
ミル　69

無限　44, 61
無限公理　50
無限集合　45
無矛盾　83
無矛盾性
　述語論理の——　29
　命題論理の——　16

命題　5, 6, 11, 19, 32, 48, 82
命題記号　11
命題変数　11
命題論理　12
　——の完全性　16
　——の無矛盾性　16

モデル　31
モードゥス・ポーネンス　14

ヤ 行

約数　100

有界　65
有限　61
有限個　22
有限次拡大　177
有限集合　45
　——の基本定理　46
有限体　119
有理関数体　115, 184
有理数体　119
有理整数環　97
ユークリッド→エウクレイデス
ユークリッド幾何学　47

ラ 行

ライプニッツ　6, 12, 18, 70

ラグランジュ　112
ラッセル　9, 19, 21, 70
ラプラス　176, 190
ランダウ　4, 149

リプシッツ　148
量化記号　25

類　53
累積帰納法　51, 63
類別　72, 89
ルベーグ　62

零列　160
『連続性と無理数』　4, 148
連続体濃度　44

『老子』　67
論理式　11, 49, 82

ワ 行

ワイアシュトラス　146
　——の定理　156
和集合　36, 37
　——の公理　49
割り算の原理　100, 139

著者略歴

足立恒雄(あだちのりお)

1941年　京都府に生まれる
1965年　早稲田大学大学院理工学研究科修士課程修了
現　在　早稲田大学理工学部数理科学科教授
　　　　理学博士
主　著　『フェルマーの大定理—整数論の源流』（初版 1984，第 3 版 1996，
　　　　日本評論社）
　　　　『無限の果てに何があるか』（カッパ・サイエンス，1992；知恵の
　　　　森文庫，2002，光文社）
　　　　『√2の不思議』（カッパ・サイエンス，光文社，1994）
　　　　『ガロア理論講義』（日本評論社，1996）
　　　　『類体論講義』（日本評論社，1998）
　　　　『無限のパラドクス』（ブルーバックス，講談社，2000）

数—体系と歴史—　　　　　　　　　　　定価はカバーに表示

2002年 1 月20日　初版第 1 刷
2003年 4 月20日　　　 第 3 刷

　　　　　　　　　　　著　者　足　立　恒　雄
　　　　　　　　　　　発行者　朝　倉　邦　造
　　　　　　　　　　　発行所　株式会社　朝　倉　書　店
　　　　　　　　　　　　　　東京都新宿区新小川町 6-29
　　　　　　　　　　　　　　郵便番号　162-8707
　　　　　　　　　　　　　　電　話　03 (3260) 0141
　　　　　　　　　　　　　　Ｆ Ａ Ｘ　03 (3260) 0180
〈検印省略〉　　　　　　　　　　http://www.asakura.co.jp

　　© 2002 〈無断複写・転載を禁ず〉　　　平河工業社・渡辺製本

　　ISBN 4-254-11088-X　C 3041　　　　　Printed in Japan

◈ 数学史叢書 ◈
足立恒雄・杉浦光夫・長岡亮介 編集

C.F.ガウス著　九大 高瀬正仁訳
数学史叢書
ガウス 整数論
11457-5 C3341　　A 5 判 532頁 本体9800円

数学史上最大の天才であるF.ガウスの主著『整数論』のラテン語原典からの全訳。小学生にも理解可能な冒頭部から書き起こし、一歩一歩進みながら、整数論という領域を構築した記念碑的な著作。訳者による豊富な補註を付し読者の理解を助ける

H.ポアンカレ著　元慶大 斎藤利弥訳
数学史叢書
ポアンカレ トポロジー
11458-3 C3341　　A 5 判 280頁 本体6200円

「万能の人」ポアンカレが"トポロジー"という分野を構築した原典。図形の定性的な性質を研究する「ゴム風船の幾何学」の端緒。豊富な注・解説付。〔内容〕多様体／同相写像／ホモロジー／ベッチ数／積分の利用／幾何学的表現／基本群／他

N.H.アーベル／E.ガロア著　九大 高瀬正仁訳
数学史叢書
アーベル／ガロア 楕円関数論
11459-1 C3341　　A 5 判 368頁 本体7800円

二人の夭折の天才がその精魂を傾けた楕円関数論の原典。詳細な註記・解説と年譜を付す。〔内容〕〈アーベル〉楕円関数研究／楕円関数の変換／楕円関数論概説／ある種の超越関数の性質／代数的可解方程式／他〈ガロア〉シュヴァリエへの手紙

J.-P.ドゥラエ著　京大 畑 政義訳
π —魅惑の数
11086-3 C3041　　A 5 判 208頁 本体4600円

「πの探求、それは宇宙の探検だ」古代から現代まで、人々を魅了してきた神秘の数の世界を探る。〔内容〕πとの出会い／πマニア／幾何の時代／解析の時代／手計算からコンピュータへ／πを計算しよう／πは超越的か／πは乱数列か／付録／他

中大 小林道正・東大 小林 研著
LaTeX で数学を
—LaTeX2ε＋AMS-LaTeX入門—
11075-8 C3041　　A 5 判 256頁 本体3400円

LaTeX2εを使って数学の文書を作成するための具体例豊富で実用的なわかりやすい入門書。〔内容〕文書の書き方／環境／数式記号／数式の書き方／フォント／AMSの環境／図版の取り入れ方／表の作り方／適用例／英文論文例／マクロ命令

中大 小林道正著
グラフィカル 数学ハンドブック I
—基礎・解析・確率編—〔CD-ROM付〕
11079-0 C3041　　A 5 判 600頁 本体23000円

コンピュータを活用して、数学のすべてを実体験しながら理解できる新時代のハンドブック。面倒な計算や、グラフ・図の作成も付録のCD-ROMで簡単にできる。I巻では基礎、解析、確率を解説〔内容〕数と式／関数とグラフ（整・分数・無理・三角・指数・対数関数）／行列と1次変換（ベクトル／行列／行列式／方程式／逆行列／基底／階数／固有値／2次形式）／1変数の微積分（数列／無限級数／導関数／微分／積分）／多変数の微積分／微分方程式／ベクトル解析／確率と確率過程／他

数学オリンピック財団 野口 廣監修
数学オリンピック財団編
数学オリンピック事典
—問題と解法—
11087-1 C3541　　B 5 判 864頁 本体16000円

国際数学オリンピックの全問題の他に、日本数学オリンピックの予選・本戦の問題、全米数学オリンピックの本戦・予選の問題を網羅し、さらにロシア（ソ連）・ヨーロッパ諸国の問題を精選して、詳しい解説を加えた。各問題は分野別に分類し、易しい問題を基礎編に、難易度の高い問題を演習編におさめた。基本的な記号、公式、概念など数学の基礎を中学生にもわかるように説明した章を設け、また各分野ごとに体系的な知識が得られるような解説を付けた。世界で初めての大集大成

上記価格（税別）は 2003 年 3 月現在